高等职业教育系列教材

西门子 S7-200 SMART PLC 编程及应用教程

第 2 版

主　编　侍寿永　夏玉红

参　编　史宜巧　王　玲

主　审　成建生

机 械 工 业 出 版 社

本书介绍了西门子 S7-200 SMART PLC 的基础知识及其编程与应用。通过大量微课视频、实例和实训项目，通俗易懂地介绍了 S7-200 SMART PLC 的位逻辑指令、功能指令、模拟量与脉冲量指令、网络通信指令及顺序控制系统的编程与使用，同时融入了 1+X 证书及全国职业院校技能大赛高职组"智能电梯装调与维护"赛项相关内容。

书中每个实训项目均配有电路原理图、控制程序及调试步骤，并且每个实训项目容易操作与实现，旨在让读者通过对本书的学习，能尽快地掌握 S7-200 SMART PLC 技术及其应用技能。

本书可作为高等职业院校电气自动化技术、机电一体化技术、轨道交通技术等相关专业及相关技术培训的教材，也可作为工程技术人员自学或参考用书。

本书配套电子资源包括 36 个微课视频、电子课件、习题解答、源程序和参考资料等。读者可扫描本书封底"IT"字样的二维码，关注后并回复 66583，可获取该资源的下载链接，或联系编辑索取（微信：13261377872，电话：010-88379739）。

图书在版编目（CIP）数据

西门子 S7-200 SMART PLC 编程及应用教程／侍寿永，夏玉红主编．
—2 版．—北京：机械工业出版社，2021.1（2024.8 重印）
高等职业教育系列教材
ISBN 978-7-111-66583-0

Ⅰ．①西…　Ⅱ．①侍…　②夏…　Ⅲ．①PLC 技术-程序设计-高等职业教育-教材　Ⅳ．①TM571.61

中国版本图书馆 CIP 数据核字（2020）第 179358 号

机械工业出版社（北京市百万庄大街 22 号　邮政编码 100037）
策划编辑：李文轶　　责任编辑：李文轶
责任校对：张艳霞　　责任印制：李　昂

三河市骏杰印刷有限公司印刷

2024 年 8 月第 2 版·第 10 次印刷
184mm×260mm·16.5 印张·404 千字
标准书号：ISBN 978-7-111-66583-0
定价：59.00 元

电话服务　　　　　　　　网络服务
客服电话：010-88361066　　机　工　官　网：www.cmpbook.com
　　　　　010-88379833　　机　工　官　博：weibo.com/cmp1952
　　　　　010-68326294　　金　书　网：www.golden-book.com
封底无防伪标均为盗版　　机工教育服务网：www.cmpedu.com

前　言

党的二十大报告指出：推进新型工业化，加快建设制造强国，制造业高端化、智能化、绿色化发展。在智能制造系统中，PLC 不仅是机械装备和生产线的控制器，还是制造信息的采集器和转发器，不仅有高性价比、高可靠性、高易用性的特点，还具有分布式 I/O、嵌入式智能和无缝连接的性能，尤其在强有力的 PLC 软件平台的支持下，未来 PLC 将继续在工业自动化的领域发挥着广泛而重要的作用。S7-200 SMART PLC 是国内广泛使用的 S7-200 PLC 的更新换代产品，它继承了 S7-200 PLC 的诸多优点，其指令系统与 S7-200 基本相同，还增加了以太网端口和信号板，因此，在国内将得到更为广泛的应用。为此，编者结合多年的工程经验及电气自动化的教学经验，并在企业技术人员的大力支持下编写了本书，旨在使学生或具有一定电气控制基础知识的工程技术人员能较快地掌握西门子 S7-200 SMART PLC 技术及其应用。本书也融入 1+X 证书及全国职业院校技能大赛高职组"智能电梯装调与维护"赛项相关内容。

本书共分为 5 章，较为全面地介绍了西门子 S7-200 SMART PLC 技术及其应用。

第 1 章介绍了 PLC 的基本知识、编程及仿真软件的安装与应用、以及 PLC 位逻辑指令的应用。

第 2 章介绍了数据的类型及数据处理、数学运算及控制类等功能指令的应用。

第 3 章介绍了模拟量、脉冲量与 PID 控制指令的应用。

第 4 章介绍了通信基本知识，及自由口、以太网和 USS 通信指令的应用。

第 5 章介绍了顺序设计法及顺控指令 SCR 的应用。

为了便于教学和自学，并激发读者的学习热情，本书配备 36 个微课视频，且所有实例和实训项目均设计得较为简单，易于操作和实现。为了巩固、提高和检阅读者所学知识，各章均配有习题与思考。

本书是按照项目教学的思路进行编排的，具备一定实验条件的院校可以按照编排的顺序进行教学。本书电子教学资料包中提供了电子课件、习题答案、仿真软件等，为不具备实验条件的学生或工程技术人员自学提供方便，本书大部分知识，都可以使用仿真软件对项目进行模拟调试。

本书配套电子资源包括 36 个微课视频、电子课件、习题解答、源程序和参考资料等。读者可扫描本书封底"IT"字样的二维码，关注后并回复 66583，可获取该资源的下载链接，或联系编辑索取（微信：13261377872，电话：010-88379739）。

本书的编写得到了江苏电子信息职业学院领导和智能制造学院领导的关心和支持，同时，于建明、居海清、吴会琴三位高级工程师在本书编写中给予了很多的帮助并提供了很好的建议，在此表示衷心的感谢。

本书由江苏电子信息职业学院侍寿永、夏玉红担任主编，史宜巧、王玲参编，成建生担任主审。侍寿永编写本书的第 2、3、4 章，夏玉红编写本书的第 1 章并承担了微课的制作，史宜巧和王玲共同编写第 5 章。

由于编者水平有限，加之时间仓促，书中难免有疏漏之处，恳请读者批评指正。

编　者

目　　录

前言
第1章　基本指令的编程及应用 ··· 1
1.1　PLC 简介 ··· 1
    1.1.1　PLC 的产生及定义 ·· 1
    1.1.2　PLC 的特点及发展 ·· 2
    1.1.3　PLC 的分类及应用 ·· 3
    1.1.4　PLC 的结构与工作过程 ··· 4
    1.1.5　PLC 的编程语言 ··· 5
    1.1.6　S7-200 SMART 硬件 ·· 7
    1.1.7　编程及仿真软件 ·· 14
1.2　实训1　软件安装及使用 ·· 16
    1.2.1　实训目的——掌握软件的安装与使用 ··· 16
    1.2.2　实训任务 ·· 17
    1.2.3　实训步骤 ·· 17
    1.2.4　实训交流——中文界面的切换 ··· 20
    1.2.5　实训拓展——软件的卸载 ··· 20
1.3　位逻辑指令 ·· 21
    1.3.1　触点指令 ·· 21
    1.3.2　输出指令 ·· 22
    1.3.3　逻辑堆栈指令 ·· 22
    1.3.4　取反指令 ·· 25
    1.3.5　置位、复位和触发器指令 ··· 26
    1.3.6　跳变指令 ·· 28
    1.3.7　立即指令 ·· 29
1.4　实训2　电动机点动运行的 PLC 控制 ·· 30
    1.4.1　实训目的——掌握输入/输出点的连接及程序的下载 ··························· 30
    1.4.2　实训任务 ·· 30
    1.4.3　实训步骤 ·· 30
    1.4.4　实训交流——外部电源的使用及负载的驱动 ·································· 38
    1.4.5　实训拓展——开关或多按钮控制灯的亮灭 ···································· 39
    1.4.6　实训进阶——电梯检修轿厢运行控制 ··· 39
1.5　实训3　电动机连续运行的 PLC 控制 ·· 40
    1.5.1　实训目的——掌握起保停方式的程序设计 ···································· 40
    1.5.2　实训任务 ·· 40

　　　1.5.3　实训步骤 ·· 40

　　　1.5.4　实训交流——FR 与 PLC 的连接 ······························· 46

　　　1.5.5　实训拓展——电动机的点动和连续运行的复合控制 ··········· 47

　　　1.5.6　实训进阶——电梯轿厢的运行控制、电动机点动和连续复合及位置控制的装调 ····· 47

　1.6　定时器及计数器指令 ·· 50

　　　1.6.1　定时器指令 ·· 50

　　　1.6.2　计数器指令 ·· 53

　1.7　实训 4　电动机星-三角起动的 PLC 控制 ························· 56

　　　1.7.1　实训目的——掌握定时器指令、梯形图的编程规则及程序的调试方法 ···· 56

　　　1.7.2　实训任务 ·· 56

　　　1.7.3　实训步骤 ·· 56

　　　1.7.4　实训交流——防短路方法及不同负载的连接 ················· 64

　　　1.7.5　实训拓展——电动机的顺序起停控制 ······················ 66

　　　1.7.6　实训进阶——电梯轿厢自动关门控制、电动机的起动控制和装调 ···· 66

　1.8　实训 5　电动机循环起停的 PLC 控制 ····························· 67

　　　1.8.1　实训目的——掌握计数器指令及特殊位寄存器 ·············· 67

　　　1.8.2　实训任务 ·· 68

　　　1.8.3　实训步骤 ·· 68

　　　1.8.4　实训交流——计数范围拓展及数字量输出的组态 ············ 72

　　　1.8.5　实训拓展——灯的亮度及空余车位的显示控制 ·············· 74

　　　1.8.6　实训进阶——电梯内选登记信号销号操作控制 ·············· 74

　1.9　习题与思考 ·· 75

第 2 章　功能指令的编程及应用 ·· 77

　2.1　数据类型及寻址方式 ·· 77

　2.2　数据处理指令 ·· 79

　　　2.2.1　传送指令 ·· 79

　　　2.2.2　比较指令 ·· 82

　　　2.2.3　移位指令 ·· 85

　　　2.2.4　转换指令 ·· 90

　　　2.2.5　表格指令 ·· 94

　　　2.2.6　时钟指令 ·· 96

　2.3　实训 6　抢答器的 PLC 控制 ··· 98

　　　2.3.1　实训目的——掌握数据传送及段码指令和数码管驱动方法 ···· 98

　　　2.3.2　实训任务 ·· 98

　　　2.3.3　实训步骤 ·· 98

　　　2.3.4　实训交流——按字符或段驱动数码管 ······················ 102

　　　2.3.5　实训拓展——4 组优先抢答器的控制 ······················ 103

　　　2.3.6　实训进阶——电梯轿厢所在楼层数值显示控制 ·············· 103

　2.4　实训 7　交通灯的 PLC 控制 ··· 103

2.4.1 实训目的——掌握比较和时钟指令 ·· 103

2.4.2 实训任务 ·· 104

2.4.3 实训步骤 ·· 104

2.4.4 实训交流——日期及时间的设置和时间同步 ··························· 106

2.4.5 实训拓展——分时段的交通灯控制 ·· 107

2.4.6 实训进阶——电梯轿厢所在楼层范围的信号控制 ····················· 107

2.5 数学运算指令 ·· 108

2.5.1 算术运算指令 ·· 108

2.5.2 逻辑运算指令 ·· 113

2.5.3 函数运算指令 ·· 115

2.6 实训8 9s倒计时的PLC控制 ·· 117

2.6.1 实训目的——掌握算术及逻辑运算指令 ··································· 117

2.6.2 实训任务 ·· 117

2.6.3 实训步骤 ·· 117

2.6.4 实训交流——两位数的显示及多个数码管的使用 ····················· 118

2.6.5 实训拓展——带"暂停"功能的倒计时控制 ···························· 119

2.6.6 实训进阶——电梯轿厢所在楼层与外呼信号所在楼层之间的距离计算 ·· 119

2.7 控制指令 ·· 122

2.7.1 跳转指令 ·· 122

2.7.2 子程序指令 ··· 122

2.7.3 中断指令 ·· 125

2.7.4 其他控制指令 ·· 130

2.8 实训9 闪光频率的PLC控制 ··· 132

2.8.1 实训目的——掌握跳转及子程序指令 ······································ 132

2.8.2 实训任务 ·· 132

2.8.3 实训步骤 ·· 132

2.8.4 实训交流——子程序重命名及双线圈的处理 ···························· 135

2.8.5 实训拓展——用子程序实现电动机的顺起逆停控制 ··················· 136

2.9 实训10 电动机轮休的PLC控制 ··· 136

2.9.1 实训目的——掌握中断指令 ·· 136

2.9.2 实训任务 ·· 136

2.9.3 实训步骤 ·· 136

2.9.4 实训交流——中断重命名 ·· 139

2.9.5 实训拓展——用中断实现9s倒计时和电动机停止功能 ··············· 140

2.10 习题与思考 ·· 140

第3章 模拟量及脉冲量的编程及应用 ·· 141

3.1 模拟量 ··· 141

3.1.1 模拟量模块 ··· 141

3.1.2 模拟量模块的接线 ·· 141

3.1.3 模拟量的地址分配 ·· *142*

3.1.4 模拟值的表示 ·· *143*

3.1.5 模拟量的读写 ·· *143*

3.1.6 模拟量的组态 ·· *143*

3.1.7 PID 指令 ·· *145*

3.2 实训 11 炉温系统的 PLC 控制 ································ *148*

3.2.1 实训目的——掌握模拟量模块的连接与组态 ················ *148*

3.2.2 实训任务 ·· *148*

3.2.3 实训步骤 ·· *148*

3.2.4 实训交流——扩展模块与本机连接的识别和节约 PLC 输入/输出点的方法 ········· *150*

3.2.5 实训拓展——用电位器调节模拟量的输入以实现对指示灯的控制 ········· *152*

3.2.6 实训进阶——电梯轿厢载重状态的判别控制 ················ *153*

3.3 实训 12 液位系统的 PLC 控制 ································ *153*

3.3.1 实训目的——掌握 PID 指令 ······························ *153*

3.3.2 实训任务 ·· *153*

3.3.3 实训步骤 ·· *154*

3.3.4 实训交流——PID 指令向导 ······························ *157*

3.3.5 实训拓展——用 PID 指令实现恒温排风系统的控制 ·········· *162*

3.4 高速脉冲 ·· *162*

3.4.1 编码器 ·· *162*

3.4.2 高速计数器 ·· *163*

3.4.3 PLS 指令应用 ·· *171*

3.5 实训 13 钢包车行走的 PLC 控制 ······························ *173*

3.5.1 实训目的——掌握高速计数器指令 ························ *173*

3.5.2 实训任务 ·· *173*

3.5.3 实训步骤 ·· *174*

3.5.4 实训交流——高速计数器指令向导 ························ *177*

3.5.5 实训拓展——用 PLC 的高速计数器测量电动机的转速 ········ *181*

3.5.6 实训进阶——电梯轿厢实时高度的检测控制 ················ *181*

3.6 实训 14 步进电动机的 PLC 控制 ······························ *183*

3.6.1 实训目的——掌握运动控制向导 ·························· *183*

3.6.2 实训任务 ·· *183*

3.6.3 实训步骤 ·· *183*

3.6.4 实训交流——PWM 向导 ·································· *191*

3.6.5 实训拓展——使用 PWM 向导实现灯泡亮度控制 ············ *193*

3.7 习题与思考 ·· *193*

第4章 网络通信的编程及应用 ·· *195*

4.1 通信简介 ·· *195*

4.1.1 通信基础知识 ·· *195*

　　4.1.2　RS-485 标准串行接口 ·· 196

4.2　自由口通信 ·· 197

4.3　以太网通信 ·· 202

4.4　USS 通信 ·· 205

4.5　实训 15　电动机异地起停的 PLC 控制 ·· 211

　　4.5.1　实训目的——掌握自由口通信指令 ··· 211

　　4.5.2　实训任务 ··· 211

　　4.5.3　实训步骤 ··· 211

　　4.5.4　实训交流——超长数据的发送和接收及多台设备之间的自由口通信 ········· 214

　　4.5.5　实训拓展——使用接收中断实现电动机异地起停的 PLC 控制 ·············· 214

4.6　实训 16　电动机同向运行的 PLC 控制 ·· 214

　　4.6.1　实训目的——掌握以太网通信指令 ··· 214

　　4.6.2　实训任务 ··· 214

　　4.6.3　实训步骤 ··· 214

　　4.6.4　实训交流——用 GET/PUT 向导生成客户机的通信程序 ······················ 216

　　4.6.5　实训拓展——3 台 S7-200 SMART PLC 之间的以太网通信 ················ 220

　　4.6.6　实训进阶——呼叫信号及派梯信息的传送控制 ·································· 220

4.7　实训 17　电动机速度的 PLC 控制 ·· 221

　　4.7.1　实训目的——掌握 USS 通信指令 ··· 221

　　4.7.2　实训任务 ··· 222

　　4.7.3　实训步骤 ··· 222

　　4.7.4　实训交流——轮流读/写变频器参数及 USS 通信的 V 存储区地址分配 ······ 225

　　4.7.5　实训拓展——用 USS 通信实现电动机的正反转控制 ·························· 226

4.8　习题与思考 ·· 226

第 5 章　顺序控制系统的编程及应用 ··· 227

5.1　顺序控制系统 ·· 227

　　5.1.1　顺序控制 ··· 227

　　5.1.2　顺序控制系统的结构 ··· 227

5.2　顺序功能图 ·· 228

　　5.2.1　顺序控制设计法 ··· 228

　　5.2.2　顺序功能图的结构 ·· 228

　　5.2.3　顺序功能图的类型 ·· 230

5.3　顺序功能图的编程方法 ·· 231

　　5.3.1　起保停设计法 ·· 231

　　5.3.2　置位/复位指令设计法 ·· 232

5.4　顺序控制继电器指令 SCR ··· 235

5.5　实训 18　液压机系统的 PLC 控制 ·· 239

　　5.5.1　实训目的——掌握顺序功能图的绘制及起保停设计顺序控制程序的编写 ······ 239

　　5.5.2　实训任务 ··· 239

      5.5.3　实训步骤 ……………………………………………………………… 240

      5.5.4　实训交流——仅有两步的闭环处理 ……………………………… 242

      5.5.5　实训拓展——交通灯控制及三台电动机顺起逆停的控制 ……… 243

  5.6　实训 19　剪板机系统的 PLC 控制 ………………………………………… 243

      5.6.1　实训目的——掌握 S、R 指令设计顺序控制系统程序 ………… 243

      5.6.2　实训任务 …………………………………………………………… 243

      5.6.3　实训步骤 …………………………………………………………… 244

      5.6.4　实训交流——首次扫描清除所有步 ……………………………… 247

      5.6.5　实训拓展——用置位/复位指令实现剪板机控制 ……………… 247

  5.7　实训 20　硫化机系统的 PLC 控制 ………………………………………… 247

      5.7.1　实训目的——掌握 SCR 指令设计顺序控制系统程序 ………… 247

      5.7.2　实训任务 …………………………………………………………… 247

      5.7.3　实训步骤 …………………………………………………………… 248

      5.7.4　实训交流——SCR 指令使用注意事项 ………………………… 249

      5.7.5　实训拓展——用起保停电路或置位/复位指令实现硫化机系统的 PLC 控制 ……… 250

  5.8　习题与思考 …………………………………………………………………… 250

参考文献 ………………………………………………………………………………… 252

第1章　基本指令的编程及应用

1.1　PLC 简介

1.1.1　PLC 的产生及定义

1. PLC 的产生

20 世纪 60 年代，当时的工业控制主要是由继电器-接触器组成的控制系统。继电器-接触器控制系统存在着设备体积大，调试维护工作量大，通用及灵活性差，可靠性低，功能简单，不具有现代工业控制所需要的数据通信、网络控制等功能。

1968 年，美国通用汽车公司（GM）为了适应汽车型号的不断翻新，试图寻找一种新型的工业控制器，以解决继电器-接触器控制系统普遍存在的问题。即设想把计算机的功能完备、灵活及通用等优点与继电器控制系统的简单易懂、操作方便、价格便宜等优点结合起来，制成一种适合于工业环境的通用控制装置，并把计算机的编程方法和程序输入方式加以简化，使不熟悉计算机的人也能方便地使用。

1969 年，美国数字设备公司（DEC）根据美国通用汽车公司的要求首先研制成功第一台可编程序控制器，称为"可编程序逻辑控制器"，并在通用汽车公司的自动装配线上试用成功，从而开创了工业控制的新局面。

2. PLC 的定义

PLC 是可编程序逻辑控制器（Programmable Logic Controller）的英文缩写。随着科技的不断发展，PLC 已远远超出逻辑控制功能，应称为可编程序控制器（PC）。为了与个人计算机（Personal Computer）相区别，故仍将可编程序控制器简称为 PLC。几款常见的 PLC 如图 1-1所示。

图 1-1　几款常见的 PLC

1985 年国际电工委员会（IEC）把 PLC 定义为："可编程序控制器是一种数字运算操作的电子系统，专为工业环境下应用而设计。它作为可编程序的存储器，用来在其内部存储执行逻辑运算、顺序控制、定时、计数和算术运算等操作指令，并通过数字式、模拟式的输入和输出，控制各种类型的机械或生产过程。可编程序控制器及其有关设备，都应按易于使工业控制系统形成一个整体、易于扩充其功能的原则设计。"

1.1.2 PLC 的特点及发展

1. PLC 的特点

（1）编程简单，容易掌握

梯形图是使用最多的 PLC 编程语言，其电路符号和表达式与继电器电路原理图相似。梯形图语言形象直观，易学易懂，熟悉继电器电路图的电气技术人员很快就能学会用梯形图语言，并用它来编制用户程序。

（2）功能强，性价比高

PLC 内有成百上千个可供用户使用的编程元件，有很强的功能，可以实现非常复杂的控制功能。与相同功能的继电器控制系统相比，具有很高的性价比。

（3）硬件配套齐全，用户使用方便，适应性强

PLC 产品已经标准化、系列化和模块化，配备品种齐全的硬件装置供用户选用，用户能灵活方便地进行系统配置，组成不同功能、不同规模的系统。硬件配置确定后，可以通过修改用户程序，方便快速地适应工艺条件的变化。

（4）可靠性高，抗干扰能力强

传统的继电器控制系统使用了大量的中间继电器、时间继电器。由于触点接触不良，容易出现故障。PLC 用软元件代替大量的中间继电器和时间继电器，PLC 外部仅剩下与输入和输出有关的少量硬件元件，因触点接触不良造成的故障大幅减少。

（5）系统的设计、安装、调试及维护工作量少

由于 PLC 采用了软元件来取代继电器控制系统中大量的中间继电器、时间继电器等器件，控制柜的设计、安装和接线工作量大幅减少。同时，PLC 的用户程序可以先模拟调试，通过后再到生产现场进行联机调试，这样可减少现场的调试工作量，缩短设计、调试周期。

（6）体积小、重量轻、功耗低

复杂的控制系统使用 PLC 后，可以减少大量的中间继电器和时间继电器，PLC 的体积较小，且结构紧凑、坚固、重量轻及功耗低。并且 PLC 抗干扰能力强，易于装入设备内部，是实现机电一体的理想控制设备。

2. PLC 的发展趋势

PLC 自问世以来，经过 40 多年的发展，在机械、冶金、化工、轻工及纺织等行业得到了广泛的应用，在美、德、日等工业发达的国家已成为重要的产业之一。

目前，世界上有 200 多个生产 PLC 的厂家，国外比较有名的有：美国的 AB 公司、通用电气（GE）公司等；日本的三菱（MITSUBISHI）公司、富士（FUJI）公司、欧姆龙（OMRON）公司、松下电工公司等；德国的西门子（SIEMENS）公司等；法国的 TE 公司、施耐德（SCHNEIDER）公司等；韩国的三星（SAMSUNG）公司、LG 公司等。国产 PLC 有：中国的中国科学院自动化研究所的 PLC-008、北京联想计算机集团公司的 GK-40、上海机床电器厂的 CKY-40、上海香岛机电制造有限公司的 ACMY-S80 和 ACMY-S256、无锡华光电子工业有限公司（合资）的 SR-10 和 SR-20/21 等。

PLC 主要向以下方向发展。

1）产品规模向大、小两个方向发展；中、高档 PLC 向大型、高速、多功能方向发展；

低档 PLC 向小型、模块化结构发展，增加了配置的灵活性，降低了成本。

2）PLC 在闭环过程控制中日益广泛应用。

3）集中控制与网络连接能力加强。

4）不断开发适应各种不同控制要求的特殊 PLC 控制模块。

5）编程语言趋向标准化。

6）发展容错技术，不断提高可靠性。

7）追求软硬件的标准化。

1.1.3　PLC 的分类及应用

1. PLC 的分类

PLC 发展很快，类型很多，可以从不同的角度进行分类。

（1）**按控制规模分为微型、小型、中型和大型**

微型 PLC 的 I/O 点数一般在 64 点以下，其特点是体积小、结构紧凑、重量轻和以开关量控制为主，有些产品具有少量模拟量信号处理能力。

小型 PLC 的 I/O 点数一般在 256 点以下，除有开关量 I/O 外，一般都有模拟量控制功能和高速控制功能。有的产品还有多种特殊功能模板或智能模块，有较强的通信能力。

中型 PLC 的 I/O 点数一般在 1024 点以下，指令系统更丰富，内存容量更大，一般都有可供选择的系列化特殊功能模板，有较强的通信能力。

大型 PLC 的 I/O 点数一般在 1024 点以上，软、硬件功能极强，运算和控制功能丰富。具有多种自诊断功能，一般都有多种网络功能，有的还可以采用多 CPU（中央处理器）结构，具有冗余能力等。

（2）**按结构特点分为整体式、模块式**

整体式 PLC 多为微型、小型，特点是将电源、CPU、存储器及 I/O 接口等部件都集中装在一个机箱内，结构紧凑、体积小、价格低和安装简单，输入/输出点数通常为 10～60 点。

模块式 PLC 是将 CPU、输入和输出单元、电源单元以及各种功能单元集成一体。各模块结构上相互独立，构成系统时，则根据要求搭配组合，灵活性强。

（3）**按控制性能分为低档机、中档机和高档机**

低档 PLC 具有基本的控制功能和一般运算能力，工作速度比较慢，能带的输入和输出模块数量及种类也比较少。

中档 PLC 具有较强的控制功能和较强的运算能力，它不仅能完成一般的逻辑运算，也能完成比较复杂的数据运算，工作速度比较快。

高档 PLC 具有强大的控制功能和较强的数据运算能力，能带的输入和输出模块数量很多，能带的输入和输出模块的种类也很全面。这类 PLC 不仅能完成中等规模的控制工程，也可以完成规模很大的控制任务。在联网中一般作为主站使用。

2. PLC 的应用

（1）**数字量控制**

PLC 用"与""或""非"等逻辑控制指令来实现触点和电路的串联、并联，代替继电器进行组合逻辑控制、定时控制与顺序逻辑控制。

（2）运动量控制

PLC 使用专用的运动控制模块，对直线运动或圆周运动的位置、速度和加速度进行控制，可以实现单轴、双轴、三轴和多轴位置控制。

（3）闭环过程控制

闭环过程控制是指对温度、压力和流量等连续变化的模拟量的控制。PLC 通过模拟量 I/O 模块，实现模拟量和数字量之间的相互转换，并对模拟量实行闭环 PID（比例-积分-微分）控制。

（4）数据处理

现代 PLC 具有数学运算、数据传送、转换、排序、查表和位操作等功能，可以完成数据的采集、分析与处理。

（5）通信联网

PLC 可以实现 PLC 与外设、PLC 与 PLC、PLC 与其他工业控制设备、PLC 与上位机、PLC 与工业网络设备等之间通信，实现远程 I/O 控制。

1.1.4　PLC 的结构与工作过程

1. PLC 的组成

PLC 一般由 CPU（中央处理器）、存储器和输入/输出模块 3 部分组成，PLC 的结构框图如图 1-2 所示。

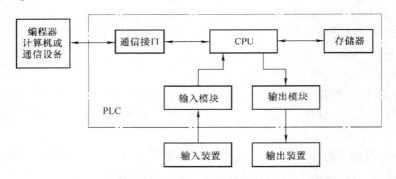

图 1-2　PLC 的结构框图

（1）CPU

CPU 的功能是完成 PLC 内所有的控制和监视操作。中央处理器一般由控制器、运算器和寄存器组成。CPU 通过控制总线、地址总线和数据总线与存储器、输入/输出接口电路连接。

（2）存储器

在 PLC 中有两种存储器：操作系统程序存储器和用户程序存储器。

操作系统程序存储器是用来存放由 PLC 生产厂家编写好的系统程序，并固化在 ROM 内，用户不能直接更改。存储器中的程序负责解释和编译用户编写的程序、监控 I/O 口的状态、对 PLC 进行自诊断、扫描 PLC 中的用户程序等。用户程序存储器是用来存放用户根据控制要求而编制的应用程序。目前大多数 PLC 采用可随时读写的快闪存储器（Flash）作为用户程序存储器，它不需要后备电池，断电时数据也不会丢失。

系统存储器属于随机存储器（RAM），主要用于存储中间计算结果和数据、系统管理，主要包括 I/O 状态存储器和数据存储器。

（3）输入/输出接口

PLC 的输入/输出接口是 PLC 与工业现场设备相连接的端口。PLC 的输入和输出信号可以是开关量或模拟量，接口是 PLC 内部弱电信号和工业现场强电信号联系的桥梁。接口主要起到隔离保护作用（电隔离电路使工业现场和 PLC 内部进行隔离）和信号调整作用（把不同的信号调整成 CPU 可以处理的信号）。

2. PLC 的工作过程

PLC 采用循环扫描的工作方式，其工作过程主要分为 3 个阶段：输入采样阶段、程序执行阶段和输出刷新阶段。PLC 的工作过程如图 1-3 所示。

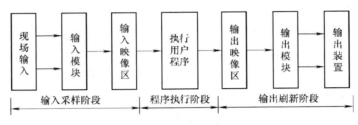

图 1-3　PLC 的工作过程

（1）输入采样阶段

PLC 在开始执行程序之前，首先按顺序将所有输入端子信号读入寄存输入状态的输入映像区中存储，这一过程称为采样。PLC 在运行程序时，所需要的输入信号不是取现在输入端子上的信息，而是取输入映像寄存器中的信息。在本工作周期内这个采样结果的内容不会改变，只有到下一个输入采样阶段才会被刷新。

（2）程序执行阶段

PLC 按顺序进行扫描，即从上到下、从左到右地扫描每条指令，并分别从输入映像寄存器、输出映像寄存器以及辅助继电器中获得所需的数据进行运算和处理。再将程序执行的结果写入到输出映像寄存器中保存。但这个结果在全部程序未被执行完毕之前不会送到输出端子上。

（3）输出刷新阶段

在执行完用户所有程序后，PLC 将输出映像区中的内容送到用于寄存输出状态的输出锁存器中进行输出，驱动用户设备。

PLC 重复执行上述 3 个阶段，每重复一次的时间称为一个扫描周期。PLC 在一个工作周期中，输入采样阶段和输出刷新阶段的时间一般为毫秒级，而程序执行时间因用户程序的长度而不同，一般容量为 1 KB 的程序扫描时间为 10 ms 左右。

1.1.5　PLC 的编程语言

PLC 有 5 种常用编程语言：梯形图（Ladder Diagram，LD，西门子公司简称为 LAD）、指令表语言（Instruction List，IL），也称为语句表语言（Statement List，STL）、功能块图（Function Block Diagram，FBD）、顺序功能图（Sequential Function Chart，SFC）、结构文本

（Structured Text，ST）。最常用的是梯形图和语句表。

1. 梯形图

梯形图是使用最多的 PLC 图形编程语言。梯形图与继电器控制系统的电路图相似，具有直观易懂的优点，很容易被工程技术人员所熟悉和掌握。梯形图程序设计语言具有以下特点：

1）梯形图由触点、线圈和用方框表示的功能块组成。

2）梯形图中触点只有常开和常闭状态，触点可以是 PLC 输入点接的开关，也可以是 PLC 内部继电器的触点或内部寄存器、计数器等的状态。

3）梯形图中的触点可以任意串联、并联，但线圈只能并联不能串联。

4）内部继电器、寄存器等均不能直接控制外部负载，只能作中间结果使用。

5）PLC 是按循环扫描事件，沿梯形图先后顺序执行，在同一扫描周期中的结果留在输出状态寄存器中，所以输出点的值在用户程序中可以作为条件使用。

2. 语句表

语句表是使用助记符来书写程序的，又称为指令表，类似于汇编语言，但比汇编语言通俗易懂，属于 PLC 的基本编程语言。它具有以下特点：

1）利用助记符号表示操作功能，容易记忆，便于掌握。

2）在编程设备的键盘上就可以进行编程设计，便于操作。

3）一般 PLC 程序的梯形图和语句表可以互相转换。

4）部分梯形图及另外几种编程语言无法表达的 PLC 程序，必须使用语句表才能编程。

3. 功能块图

功能块图采用类似于数学逻辑门电路的图形符号，逻辑直观、使用方便。该编程语言中的方框左侧为逻辑运算的输入变量，右侧为输出变量，输入、输出端的小圆圈表示"非"运算，方框被"导线"连接在一起，信号从左向右流动，图 1-4 的控制逻辑与图 1-5 相同。图 1-4 为梯形图与语句表，图 1-5 为功能块图。

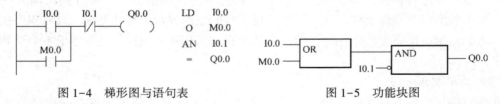

图 1-4　梯形图与语句表　　　　　　　图 1-5　功能块图

功能块图程序设计语言有如下特点：

1）以功能模块为单位，从控制功能入手，使控制方案的分析和理解变得容易。

2）功能模块是用图形化的方法描述功能，它的直观性大大方便了设计人员的编程和组态，有较好的易操作性。

3）对控制规模较大、控制关系较复杂的系统，由于控制功能的关系可以较清楚地表达出来，因此，编程和组态时间可以缩短，调试时间也能减少。

4. 顺序功能图

顺序功能图也称为流程图或状态转移图，是一种图形化的功能性说明语言，专用于描述工业顺序控制程序，使用它可以对具有并行、选择等复杂结构的系统进行编程。顺序功能图程序设计语言有如下特点：

1）以功能为主线，条理清楚，便于对程序操作的理解和沟通。

2）对大型程序可分工设计，采用较为灵活的程序结构，这样能节省程序设计时间和调试时间。

3）常用于系统规模较大，程序关系较复杂的场合。

4）整个程序的扫描时间较其他程序设计语言编制的程序扫描时间要大大缩短。

5. 结构文本

结构文本是一种高级的文本语言，可以用来描述功能、功能块和程序的行为，还可以在顺序功能流程图中描述步、动作和转换的行为。结构文本程序设计语言有如下特点：

1）采用高级语言进行编程，可以完成较复杂的控制运算。

2）需要有计算机高级程序设计语言的知识和编程技巧，对编程人员要求较高。

3）直观性和易操作性较差。

4）常被用于采用功能模块等其他语言较难实现的一些控制功能的实施。

1.1.6　S7-200 SMART 硬件

本书以西门子 S7-200 SMART 系列小型 PLC 为主要讲授对象。S7-200 SMART 是 S7-200 的升级换代产品，它继承了 S7-200 的诸多优点，指令与 S7-200 基本相同。S7-200 SMART 增加了以太网端口与信号板，保留了 RS-485 端口，增加了 CPU 的 I/O 点数。S7-200 SMART 共有 10 种 CPU 模块，分为经济型（两种）和标准型（8 种），以适合不同应用现场。

S7-200 SMART 硬件主要有 CPU 模块、数字量扩展模块、模拟量扩展模块及信号板等。

1. CPU 模块

CPU 模块如图 1-6 所示。模块通过导轨固定卡口固定于导轨上，上方为数字量输入接线端子、以太网通信端口和供电电源接线端子；下方为数字量输出接线端子；左下方为 RS-485 通信端口；右下方为 Micro SD 卡插槽；正面有选择器件（信号板或通信板）接口、多种 CPU 运行状态指示灯（主要有输入/输出指示灯，运行状态指示灯 RUN、STOP 和 ERROR，以太网通信指示灯等）；右侧方有插针式连接器，便于连接扩展模块。

（1）CPU 模块的技术规范

S7-200 SMART 各 CPU 模块的简要技术规范如表 1-1 所示。经济型 CPU CR40/CR60 的价格便宜，无扩展功能，没用实时时钟和脉冲输出功能。其余的 CPU 为标准型，有扩展功能。脉冲输出仅适用于晶体管输出型 CPU。

可断电保持的存储区为 10 KB（B 是字节的简称），各 CPU 的过程映像输入（I）、过程映像输出（Q）和位存储器（M）分别为 256 点，主程序、每个子程序和中断程序的临时局部变量为 64 B。CPU 有两个分辨率为 1 ms 的定时中断定时器，有 4 个上升沿和 4 个下降沿中断，可选信号板 SB DT04 有两个上升沿中断和两个下降沿中断。可使用 8 个 PID 回路。

布尔运算指令执行时间为 0.15 μs，实数数学运算指令执行时间为 3.6 μs。子程序和中断程序最多分别为 128 个。有 4 个累加器，256 个定时器和 256 个计数器。

实时时钟精度为 ±120 s/月，保持时间通常为 7 天，25℃ 时最少为 6 天。

CPU 和扩展模块各数字量 I/O 点的通/断状态用发光二极管（LED）显示，PLC 与外部

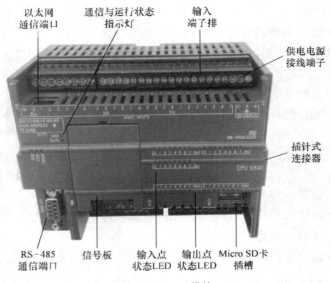

图 1-6 CPU 模块

接线的连接采用可以拆卸的插座型端子板，不需要断开端子板上的外部连线，就可以迅速地更换模块。

表 1-1 S7-200 SMART 各 CPU 模块的简要技术规范

特性	CPU CR40/CR60	CPU SR20/ST20	CPU SR30/ST30	CPU SR40/ST40	CPU SR60/ST60
本机数字量（I/O 点数）	CR40：24DI/16DO CR60：36DI/24DO	12DI/8DO	18DI/12DO	24DI/16DO	36DI/24DO
用户程序区	12 KB	12 KB	18 KB	24 KB	30 KB
用户数据区	8 KB	8 KB	12 KB	16 KB	20 KB
扩展模块数	—	6			
通信端口数	2	2~3			
信号板	—	1			
高速计数器 单相高速计数器 双相高速计数器	共 4 个 单相 100 kHz 4 个 A/B 相 50 kHz 2 个	共 4 个 单相 200 kHz 4 个 A/B 相 50 kHz 2 个			
最大脉冲输出频率	—	两个 100 kHz（仅 ST20）	两个 100 kHz（仅 ST30/ST40）		
实时时钟，可保持 7 天	—	有			
脉冲捕捉输入点数	14	12	14		

视频"CPU 介绍"可通过扫描二维码 1-1 播放。

（2）CPU 的存储器

PLC 的程序分为操作系统和用户程序。操作系统使 PLC 具有基本的功能，能够完成 PLC 设计者规定的各种工作。操作系统由 PLC 生产厂家设计并固化在 ROM（只读存储器）中，用户不能读取。用户程序由用户设计，

二维码 1-1

8

它使 PLC 能完成用户要求的特定功能。用户程序存储器的容量以字节为（Byte，B 为简称）单位，它包括以下 3 种存储器。

随机存取存储器（RAM）：用户程序和编程软件可以读出 RAM 中的数据，也可以改写 RAM 中的数据。RAM 是易失性的存储器，RAM 芯片的电源中断后，储存的信息将会丢失。RAM 的工作速度高、价格便宜、改写方便。在关断 PLC 的外部电源后，可以用锂电池保存 RAM 中的用户程序和某些数据。锂电池可以使用 1～3 年，需要更换锂电池时，由 PLC 发出信号通知用户。S7-200 SMART 不使用锂电池。

只读存储器（ROM）：ROM 的内容只能读出，不能写入。它是非易失性的，它的电源消失后，仍能保存存储器的内容。ROM 用来存放 PLC 的操作系统程序。

电可擦除可编程的只读存储器（E^2PROM）：E^2PROM 是非易失性的，断电后它保存的数据不会丢失。PLC 运行时可以读写它，它兼有 ROM 的非易失性和 RAM 的随机存取的优点，但是写入数据所需的时间比 RAM 长得多，改写的次数有限制。S7-200 SMART 用 E^2PROM 来存储用户程序和需要长期保存的重要数据。

（3）CPU 的存储区

1）输入过程映像寄存器（I）。

在每个扫描过程的开始，CPU 对物理输入点进行采样，并将采样值存于输入过程映像寄存器中。

输入过程映像寄存器是 PLC 接收外部输入的数字量信号的窗口。PLC 通过光电耦合器，将外部信号的状态读入并存储在输入过程映像寄存器中，外部输入电路接通时对应的映像寄存器为 ON（1 状态），反之为 OFF（0 状态）。输入端可以外接常开触点或常闭触点，也可以接多个触点组成的串并联电路。在梯形图中，可以多次使用输入端的常开触点和常闭触点。

2）输出过程映像寄存器（Q）。

在扫描周期的末尾，CPU 将输出过程映像寄存器的数据传送给输出模块，再由后者驱动外部负载。如果梯形图中 Q0.0 的线圈"通电"，则继电器型输出模块中对应的硬件继电器的常开触点闭合，使接在标号为 Q0.0 的端子的外部负载通电，反之则外部负载断电。输出模块中的每一个硬件继电器仅有一对常开触点，但是在梯形图中，每一个输出位的常开触点和常闭触点都可以多次使用。

3）变量存储器区（V）。

变量（Variable）存储器用于在程序执行过程中存入中间结果，或者用来保存与工序或任务有关的其他数据。

4）位存储器区（M）。

位存储器（M0.0～M31.7）又称为标志存储器，其类似于继电器控制系统中的中间继电器，用来存储中间操作状态或其他控制信息。虽然名为"位存储器区"，但是也可以按字节、字或双字来存取。

5）定时器存储区（T）。

定时器相当于继电器系统中的时间继电器。S7-200 SMART 有 3 种定时器，它们的时间基准增量分别为 1 ms、10 ms 和 100 ms。定时器的当前值寄存器是 16 位有符号整数，用于存储定时器累计的时间基准增量值（1～32 767）。

定时器位用来描述定时器延时动作的触点状态，定时器位为 1 时，梯形图中对应的定时器的常开触点闭合，常闭触点断开；为 0 时则触点的状态相反。

用定时器地址（T 和定时器号）来存取当前值和定时器位，带位操作的指令存取定时器位，带字操作数的指令存取当前值。

6）计数器存储区（C）。

计数器用来累计其计数输入端脉冲电平由低到高的次数，S7-200 SMART 提供加计数器、减计数器和加减计数器。计数器的当前值为 16 位有符号整数，用来存放累计的脉冲数（1~32 767）。用计数器地址（C 和计数器号）来存取当前值和计数器位。

7）高速计数器（HC）。

高速计数器用来累计比 CPU 的扫描速率更快的事件，计数过程与扫描周期无关。其当前值和设定值为 32 位有符号整数，当前值为只读数据。高速计数器的地址由区域标识符 HC 和高速计数器号组成。

8）累加器（AC）。

累加器是可以像存储器那样使用的读/写单元，CPU 提供了 4 个 32 位累加器（AC0~AC3），可以按字节、字和双字来存取累加器中的数据。按字节、字只能存取累加器的低 8 位或低 16 位，按双字能存取全部的 32 位，存取的数据长度由指令决定。

9）特殊存储器（SM）。

特殊存储器用于 CPU 与用户之间交换信息，如 SM0.0 一直为 1 状态，SM0.1 仅在执行用户程序的第一个扫描周期为 1 状态。

10）局部存储器（L）。

S7-200 SMART 将主程序、子程序和中断程序统称为程序组织单元（Program Organizational Unit，POU），各 POU 都有自己的 64 B 的局部变量表，局部变量仅仅在它被创建的 POU 中有效。局部变量表中的存储器称为局部存储器，它们可以作为暂时存储器，或用于子程序传递它的输入、输出参数。变量存储器（V）是全局存储器，可以被所有的 POU 存取。

S7-200 SMART 给主程序和它调用的 8 个子程序嵌套级别，中断程序和它调用的 4 个嵌套级别的子程序各分配 64 B 局部存储器。

11）模拟量输入（AI）。

S7-200 SMART 用 A/D 转换器将外界连续变化的模拟量（如压力、流量等）转换为一个字长（16 位）的数字量，用区域标识符 AI 表示、数据长度的 W（字）和起始字节的地址来表示模拟量输入的地址，如 AIW16。因为模拟量输入是一个字长，应从偶数字节地址开始存入，模拟量输入值为只读数据。

12）模拟量输出（AQ）。

S7-200 SMART 将一个字长的数字量用 D/A 转换器转换为外界的模拟量，用区域标识符 AQ 表示、数据长度的 W（字）和字节的起始地址来表示存储模拟量输出的地址，如 AQW16。因为模拟量输出是一个字长，应从偶数字节开始存放，模拟量输出值是只写数据，用户不能读取模拟量输出值。

13）顺序控制继电器（S）。

顺序控制继电器（SCR）用于组织设备的顺序操作，SCR 提供控制程序的逻辑分段，与顺序控制继电器指令配合使用。

14）CPU 存储器的范围与特性。

S7-200 SMART CPU 存储器的范围如表 1-2 所示。

表 1-2　S7-200 SMART CPU 存储器的范围

寻址方式	CPU CR40/CR60	CPU SR20/ST20	CPU SR30/ST30	CPU SR40/ST40	CPU SR60/ST60
位访问 （字节．位）	I0.0~31.7　Q0.0~31.7　M0.0~31.7　SM0.0~1535.7　S0.0~31.7　T0~255　C0~255　L0.0~63.7				
	V0.0~8191.7		V0.0~12287.7	V0.0~16383.7	V0.0~20479.7
字节访问	IB0~31　QB0~31　MB0~31　SMB0~1535　SB0~31　LB0~31　AC0~3				
	VB0~8191		VB0~12287	VB0~16383	VB0~20479
字访问	IW0~30　QW0~30　MW0~30　SMW0~1534　SW0~30　T0~255　C0~255　LW0~30　AC0~3				
	VW0~8190		VW0~12286	VW0~16382	VW0~20478
	—		AIW0~110　AQW0~110		
双字访问	ID0~28　QD0~28　MD0~28　SMD0~1532　SD0~28　LD0~28　AC0~3　HC0~3				
	VD0~8188		VD0~12284	VD0~16380	VD0~20476

2. 数字量扩展模块

当本机集成的数字量输入或输出点数不能满足用户要求时，可通过数字量扩展模块来增加其输入或输出点数。数字量扩展模块如表 1-3 所示。

表 1-3　数字量扩展模块

型号	输入点数（直流输入）	输出点数
EM DE08	8	—
EM DT08	—	8（晶体管型）
EM DR08	—	8（继电器型）
EM DT16	8	8（晶体管型）
EM DR16	8	8（继电器型）
EM DT32	16	16（晶体管型）
EM DR32	16	16（继电器型）

（1）数字量输入电路

图 1-7 是 S7-200 SMART 的直流输入点的内部电路和外部接线图。图中只画出一路输入电路。1M 是输入点各内部输入电路的公共点。S7-200 SMART 既可以用 CPU 模块提供的 DC 24V 电源，也可以用外部稳压电源提供的 DC 24V 作为输入回路电源。CPU 模块提供的 DC

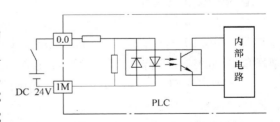

图 1-7　输入点的内部电路和外部接线图

24V 电源，还可以用于外部接近开关、光电开关之类的传感器。CPU 的部分输入点和数字量扩展模块的输入点的输入延迟时间可用编程软件的系统块来设定。

当图 1-7 中的外接触点接通时，光电耦合器中两个反并联的发光二极管中的一个亮，光敏晶体管饱和导通，信号经内部电路传送给 CPU 模块；外接触点断开时，光电耦合器中的发光二极管熄灭，光电晶体管截止，信号则无法传送给 CPU 模块。显然，可以改变图 1-7 中输入回路的电源极性。

图 1-7 中电流从输入端流入，称为漏型输入。将图中的电源反接，电流从输入端流出，称为源型输入。

（2）数字量输出电路

S7-200 SMART 的数字量输出电路的功率元件有驱动直流负载的场效应晶体管（MOS-FET）和既可驱动交流负载又可驱动直流负载的继电器，负载电源由外部提供。输出电路一般分为若干组，对每一组的总电流也有限制。

图 1-8 是继电器输出电路，继电器同时起隔离和功率放大作用，每一路只给用户提供一对常开触点。

图 1-9 是使用场效应晶体管的输出电路。输出信号送给内部电路中的输出锁存器，再经光电耦合器送给场效应晶体管，后者的饱和导通状态和截止状态相当于触点的接通和断开。图中的稳压管用来抑制关断电压和外部浪涌电压，以保护场效应晶体管。场效应晶体管输出电路的工作频率可达 100 kHz。

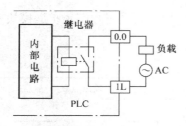

图 1-8　继电器输出电路

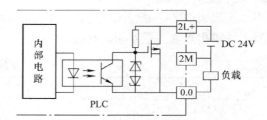

图 1-9　场效应晶体管输出电路

继电器输出模块的使用电压范围广，导通压降小，承受瞬时过电压和过电流的能力较强，但是动作速度较慢，寿命（动作次数）有一定的限制。如果系统输出量变化不是很频繁，则建议优先选用继电器型的输出模块。继电器输出的开关延时最大 10 ms，无负载时触点的机械寿命为 10 000 000 次，额定负载时触点寿命为 100 000 次。

场效应晶体管输出模块用于直流负载，它的反应速度快、寿命长，但过载能力较差。

3. 模拟量扩展模块

在工业控制中，某些输入量（如温度、压力、流量等）是模拟量，某些执行机构（如变频器、电动调节阀等）要求 PLC 输出模拟量信号，而 PLC 的 CPU 只能处理数字量。工业现场采集到的信号经传感器和变送器转换为标准量程的电压或电流，再经模拟量输入模块的 A/D 转换器将它们转换成数字量；PLC 输出的数字量经模拟量输出模块的 D/A 转换器将其转换成模拟量，再传送给执行机构。

S7-200 SMART 有 5 种模拟量扩展模块，如表 1-4 所示。

表 1-4　模拟量扩展模块

型号	描述
EM AE04	4 点模拟量输入

型号	描述
EM AQ02	2 点模拟量输出
EM AM06	4 点模拟量输入/2 点模拟量输出
EM AR02	2 点热电阻输入
EM AT04	4 点热电偶输入

（1）模拟量输入模块

模拟量输入模块 EM AE04 有 4 种量程，分别为 0~20 mA、±10 V、±5 V 和±2.5 V。电压模式的分辨率为 11 位+符号位，电流模式的分辨率为 11 位。单极性满量程输入范围对应的数字量输出为 0~27 648。双极性满量程输入范围对应的数字量输出为−27 648~+27 648。

（2）模拟量输出模块

模拟量输出模块 EM AQ02 有两种量程，分别为±10 V 和 0~20 mA。对应的数字量分别为−27 648~+27 648 和 0~27 648。电压输出和电流输出的分辨率分别为 10 位+符号位和 10 位。电压输出时负载阻抗≥1 kΩ；电流输出时负载阻抗≤600 Ω。

（3）热电阻和热电偶扩展模块

热电阻模块 EM AR02 有两点输入，可以接多种热电阻。热电偶模块 EM AT04 有四点输入，可以接多种热电偶。它们的温度测量的分辨为 0.1°C/0.1°F，电阻测量的分辨率为 15 位+符号位。

4. 信号板

S7-200 SMART 有 4 种信号板。1 点模拟量输出信号板 SB AQ01（如图 1-10 所示）的输出量程为±10 V 和 0~20 mA。电压分辨率分别为 11 位+符号位，电流分辨率为 11 位。

SB DT04（如图 1-11 所示）为两点数字量直流输入/两点数字量场效应晶体管直流输出信号板。

SB CM01（如图 1-12 所示）为 RS-485/RS-232 信号板，可以组态为 RS-485 或 RS-232 通信端口。

图 1-10　信号板 SB AQ01　　图 1-11　信号板 SB DT04　　图 1-12　信号板 SB CM01

SB BA01 为电池信号板，使用 CR1025 纽扣电池，能维持实时时钟运行大约一年。

视频"扩展模块及信号板"可扫描二维码 1-2 播放。

1.1.7 编程及仿真软件

1. 编程软件

S7-200 SMART 的编程软件 STEP 7-Micro/WIN SMART 为用户开发、
编辑和监控应用程序提供了良好的编程环境。为了能快捷高效地开发用户
的应用程序，STEP 7-Micro/WIN SMART 软件提供了 3 种程序编辑器，即梯形图（LAD）、
语句表（STL）和功能块图（FBD）。STEP 7-Micro/WIN SMART 编程软件使用界面如
图 1-13 所示。

二维码 1-2

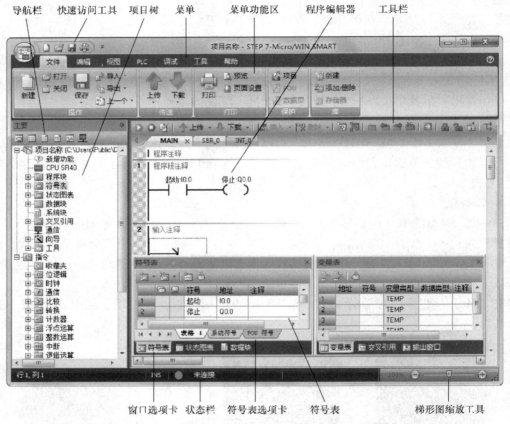

图 1-13 STEP 7-Micro/WIN SMART 编程软件界面

（1）快速访问工具栏

STEP 7-Micro/WIN SMART 编程软件中设置了快速访问工具栏，包括新建、打开、保存
和打印这几个默认的按钮。单击快速访问工具栏右边的 按钮，出现"自定义快速访问工具
栏"菜单，单击"更多命令..."，打开"自定义"对话框，可以增加快速访问工具栏上的
命令按钮。

单击使用界面左上角的"文件"按钮 可以简单快速地访问"文件"菜单的大部分功
能，并显示出最近打开过的文件。单击其中的某个文件，可以直接打开它。

14

（2）菜单

STEP 7-Micro/WIN SMART 采用带状式菜单，每个菜单的功能区占的位置较宽。用鼠标右键单击（书中简称为右击）菜单功能区，执行出现的快捷菜单中的"最小化功能区"命令，在未单击菜单时，不会显示菜单的功能区。单击其中某个菜单项可以打开和关闭该菜单的功能区。如果勾选了某个菜单项的"最小化功能区"功能，则在打开该菜单项后，可单击该菜单功能区之外的区域（菜单功能区的右侧除外），也能关闭该菜单项的功能区。

（3）项目树与导航栏

项目树用于组织项目。右击项目树的空白区域，可以用弹出的快捷菜单中的"单击打开项目"命令，设置单击或双击打开项目中的对象（不选中该命令表示用双击打开）。

图 1-13 的项目树上面的导航栏有符号表、状态图表、数据块、系统块、交叉引用和通信等 6 个按钮。单击它们，可以直接打开项目树中对应的对象。

单击项目树中文件夹左边带加减号的小方框，可以打开或关闭该文件夹。也可以双击文件夹打开它。右击项目树中的某个文件夹，可以用快捷菜单中的命令进行打开、插入、选项等操作，允许的操作与具体的文件夹有关。右击文件夹中的某个对象，可以进行打开、复制、粘贴、插入、删除、重命名和设置属性等操作，允许的操作与具体的对象有关。

单击"工具"菜单功能区中的"选项"按钮，再单击打开的"选项"对话框中左边的"项目树"，右边的复选项"启用指令树自动折叠"用于设置在打开项目树中的某个文件夹时是否自动折叠项目树原来打开的文件夹，如图 1-14 所示。

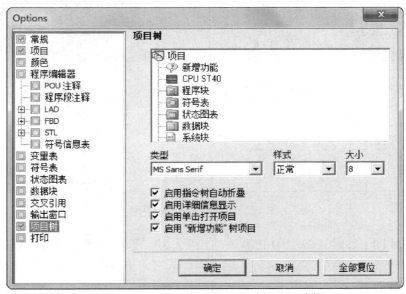

图 1-14　项目树文件夹的"自动折叠"功能

将光标放到项目右侧的垂直分界线上，光标变为水平方向的双向箭头 ⬌，按住鼠标左键，移动鼠标，可以拖动垂直分界线，调节项目树的宽度。

（4）状态栏

状态栏位于图 1-13 中界面底部，提供软件中执行操作的相关信息。在编辑模式，状态栏显示编辑器的信息，例如当前是插入（INS）模式还是覆盖（OVR）模式。可以用计算机的〈Insert〉键切换这两种模式。此外还显示在线状态信息，包括 CPU 的状态、通信连接状态、CPU 的 IP 地址和可能的错误等。可以用状态栏右边的梯形图缩放工具放大或缩小梯形图程序。

视频"编程软件的使用简介及编程语言的切换"可通过扫描二维码 1-3 播放。

二维码 1-3

2. 仿真软件

学习 PLC 最有效的手段是动手编程并进行上机调试。许多读者由于缺乏实验条件，无法事先检测编写的程序是否正确，编程能力很难迅速提高。PLC 的仿真软件是解决这一问题的理想工具，但到目前为止还没有西门子官方仿真软件。

近几年网上已有一种针对 S7-200 仿真软件，可以供读者使用。其使用界面如图 1-15 所示。

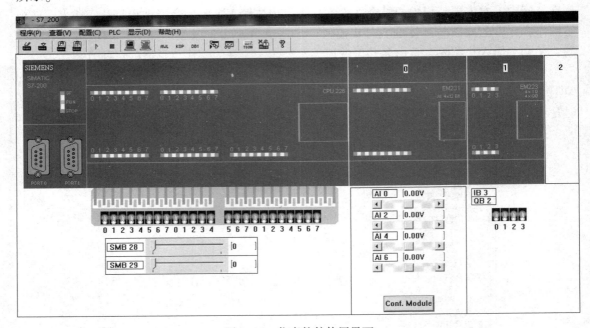

图 1-15　仿真软件使用界面

用户在互联网上搜索"S7-200 仿真软件包 V2.0"，即可找到该软件。该软件不需要安装，执行其中的"S7-200.EXE"文件，就可以打开它。单击屏幕中间出现的画面，在密码输入对话框中输入密码"6596"，即可进入仿真软件。

1.2　实训1　软件安装及使用

1.2.1　实训目的——掌握软件的安装与使用

1）掌握编程软件的安装。

2）掌握编程软件的使用。

3）掌握仿真软件的使用。

1.2.2 实训任务

1）STEP 7–Micro/WIN SMART 编程软件的安装。

2）编程软件的使用。

3）仿真软件的使用。

1.2.3 实训步骤

1. 编程软件

（1）编程软件的安装

编程软件 STEP 7–Micro/WIN SMART V2.0 不到 200 MB，可以在操作系统 Windows XP SP3、32 位和 64 位的 Windows 7 或 Windows 10 下运行。

在安装软件时最好关闭其他的应用程序，特别要关闭可能影响安装的杀毒软件，否则安装可能出错。安装目录最好是英文，尽量不使用带有中文的安装路径。

双击文件夹"STEP 7–Micro/WIN SMART V2.0"中的文件 setup. exe，开始安装软件，使用默认的安装语言简体中文。完成各对话框的设置后单击"下一步"按钮。

在许可证协议对话框中选中"我接受许可证协议和有关安全的信息的所有条件"。在"选择目的地位置"对话框中可以修改安装软件的目标文件夹，单击"安装"按钮开始安装。

在"安装完成"对话框，可以选择是否阅读自述文件和是否启动软件。单击"完成"按钮，结束安装过程。

（2）编程软件的使用

编程软件的使用涉及内容较多，在没有学习后续知识之前，在此只需掌握如何对窗口进行操作及帮助功能的使用。

1）打开和关闭窗口。

在桌面上双击编程软件 STEP 7–Micro/MIN SMART 的快捷方式图标，打开编程软件，刚安装好编程软件时，自动打开了合并为两组的 6 个窗口（符号表、状态图表、数据块、变量表、交叉引用表和输出窗口），合并的窗口下面是标有窗口名称的窗口选项卡，如图 1–13 所示。单击某个窗口选项卡，将会显示该窗口。

单击当前显示的窗口右上角按钮x，可以关闭该窗口。双击项目树中或单击导航栏中的某个窗口对象，可以打开对应的窗口。单击"编辑"菜单功能区的"插入"区域的"对象"按钮，再单击出现的下拉式列表中的某个对象，也可以打开它。新打开的窗口的状态（与其他窗口合并、依靠或浮动）与该窗口上次关闭之前的状态相同。

2）窗口的浮动与停靠。

项目树和上述的各窗口均可以浮动或停靠，以及排列在屏幕上。单击单独的或被合并的窗口的标题栏，按住鼠标左键不放，移动鼠标，窗口变为浮动状态，并随光标一起移动。松开鼠标左键，浮动的窗口被放置在屏幕上当前的任意位置。这一操作称为"拖放"。

拖动被合并的窗口任一选项卡，其窗口脱离其他窗口，成为单独的浮动窗口。可以同时让多个窗口在任意位置浮动。

移动窗口时界面的中间和四周出现定位器符号（8 个带三角形方向符号的矩形），如图 1-16 所示。拖动窗口时光标放在中间的定位器不同的矩形符号上，当该定位器符号变成浅蓝色时，松开鼠标左键，可以将该窗口停靠在定位器所在区域对应的边上。光标放在软件界面边沿某个定位器符号上，当该定位器符号变成浅蓝色时，松开鼠标左键，可以将该窗口停靠在软件界面对应的边上。一般将项目树之外的其他窗口停靠在程序编辑器的下面。

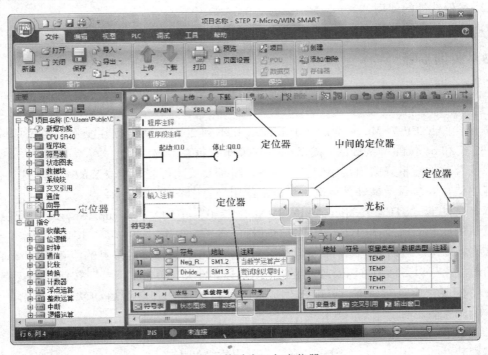

图 1-16　拖动窗口与定位器

3）窗口的合并。

拖动已浮动窗口，在拖动过程中如果光标进入其他窗口的标题栏，或进入合并的窗口下面标有窗口名称的窗口选项卡所在的行，被拖动的窗口将与其他窗口合并，窗口下面出现相应窗口的选项卡，并显示当前被拖动的窗口。

4）窗口高度的调整。

将光标放到两个窗口的水平分界线上，或放在窗口与编辑器的分界线上，光标变为垂直方向的双向箭头 ⇕，按住鼠标左键上、下移动鼠标，可以拖动水平分界线，调整窗口的高度。

5）窗口的隐藏与停靠。

单击某个窗口或几个窗口合并后的窗口右上角的"自动隐藏"按钮 ⊟（如果找不到，双击该窗口标题栏使其最大化），该窗口或已合并的所有窗口被隐藏到界面的左下角状态栏的上面。将光标放到隐藏的窗口的某个图标上，对应的窗口将会自动出现，并停靠在界面的下边沿。此时单击窗口右上角按钮 ⊟，窗口将自动停靠到隐藏之前的位置。

上述操作也可以用于项目树。单击项目树右上角的"自动隐藏"按钮 ⊟，项目树将自动隐藏到界面的最左边。将光标放到隐藏的项目树图标上，项目树将会重新出现。此时单击项目右上角按钮 ⊟，它将自动停靠到界面左边原来的位置。

关闭 STEP 7-Micro/WIN SMART 时，界面的布局被保存，下一次打开软件时继续使用原来的布局。

6）帮助功能的使用。

在线帮助：单击项目树中的某个文件夹或文件夹中的对象、单击某项窗口、选中工具栏上的某个按钮、单击指令树或程序编辑器中的某条指令，按〈F1〉键可以打开选中对象的在线帮助。

用帮助菜单获得帮助：单击"帮助"菜单功能区的"信息"区域的"帮助"按钮，打开在线帮助窗口。借助目录浏览器可以寻找需要的帮助主题，窗口中的"索引"部分提供了按字母顺序排列的主题关键字，双击某一关键字，右边窗口将出现它的帮助信息。在窗口的"搜索"选项卡输入要查找的名词，单击"列出主题"按钮，将列出所有查找到的主题。双击某一主题，在右边窗口将显示有关的帮助信息。单击"帮助"菜单功能区的"Web"区域的"支持"按钮，将打开西门子的全球技术支持网站。可以在该网站按产品分类阅读常见问题，下载大量的手册和软件。

2. 仿真软件的使用

1）导出程序。执行编程软件中"文件"菜单功能区的"导出"列表中的 POU 命令，在弹出来的"导出程序块"对话框中输入导出文件的"名称"、保存类型（务必是.awl 格式）及保存路径，然后单击"保存"按钮进行保存。

2）导入文件。执行仿真软件包中的"S7-200.EXE"文件，在密码输入对话框中输入密码"6596"，打开仿真软件。

单击仿真软件工具栏上的"下载"按钮 ，或执行"程序"→"装载程序"命令，开始装载程序。在出现的"下载 CPU"对话框中选择要下载的块，一般选择下载逻辑块。单击"确定"按钮后，在出现的"打开"对话框中双击要下载的 *.awl 文件，开始下载。

3）硬件设置。软件自动打开的是 CPU 214，应执行"配置"→"CPU 型号"命令，在"CPU 型号"对话框的下拉式列表框中选择 CPU 的新型号 CPU 22X，用户还可以修改 CPU 的网络地址，一般使用默认的地址（2）。仿真软件中没有 SMART PLC 的 CPU 型号，选择输入/输出点数相同的 CPU 型号即可，使用方法同 S7-200 PLC。

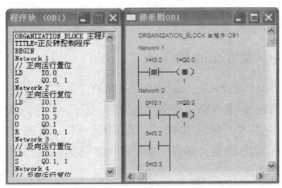

图 1-17　正反转控制的语句表与梯形图窗口

仿真软件界面的左边是 CPU 型号，右边空的方框是扩展模块的位置。双击已配置模块右侧的空的方框（见图 1-15 中的 2 处），在出现的"扩展模块"对话框中，选择需要添加的 I/O 扩展模块前的单选钮后，单击"确定"按钮。双击已存在的扩展模块，在"扩展模块"对话框中选择"无/卸下"单选按钮，可以取消该模块。

4）运行。单击工具栏上的"运行"按钮 ▷，或执行"PLC"→"运行"命令，即可运行仿真软件。图 1-17 为下载"正反转"控制程序的语句表和梯形图窗口，关闭它们不会影响仿真。将鼠标光标放在窗口最上面的标题行，按住鼠标左键不放可以将它们拖曳到其他位置。

如果用户程序中有仿真软件不支持的指令或功能，启动"运行"后，在弹出的对话框将显示出仿真软件不能识别的指令，单击"确定"按钮后，不能切换到 RUN 模式，CPU 模块左侧的"RUN"LED 的状态不会变化。

如果仿真软件支持用户程序中的全部指令和功能，单击工具栏上的"运行"按钮 ▷，则从 STOP 模式切换到 RUN 模式，CPU 模式左侧的"RUN"和"STOP"LED 的状态随之变化。

5）模拟调试程序。单击 CPU 模块下面的开关板上小开关上面黑色的部分，可以使小开关的手柄向上，触点闭合，对应的输入点的 LED 变为绿色。CPU 下面 I0.0 对应的开关为闭合状态，其余的为断开状态。单击闭合的小开关下面的黑色部分，可以使小开关的手柄向下，触点断开，对应的输入点的 LED 变为灰色。扩展模块的下面也有相应的小开关。

与用"真正"的 PLC 做实验相同，在 RUN 模式下调试数字量控制程序时，用鼠标切换各个小开关的通/断状态，改变 PLC 输入变量的状态。通过模块上的 LED 观察 PLC 输出点的状态变化，可以了解程序执行的结果是否正确。

在 RUN 模式下，单击工具栏上的"监视梯形图"按钮 ▨，可以用程序状态功能监视梯形图窗口中的触点和线圈的状态。

6）监视变量。单击工具栏上的"监视内存"按钮 ▨，或执行"查看"→"内存监视"命令，在出现的"内存表"对话框中，可以监控 V、M、T、C 等内部变量的值。输入需要监控的变量的地址后，单击"格式"单元中的按钮 ▾，在出现的下拉式列表中可以选择监视变量的数据格式。"开始"和"停止"按钮分别用来启动和停止监控。

仿真软件还有读取 CPU 和扩展模块的信息、设置 PLC 的实时时钟、控制循环扫描的次数和对 TD 200 文本显示器仿真等功能。

1.2.4　实训交流——中文界面的切换

中英文操作界面的切换：STEP 7-Micro/WIN SMART 软件为用户提供英文和中文（简体中文和繁体中文）两种语言操作界面，供用户选择。那么中英文操作界面如何切换呢？首先单击菜单栏中"工具"选项，然后选择其中的"选项"，再选择"选项"中的"常规"项，选择"语言"栏中的相应语言，单击"确定"按钮，再次打开编程软件时，即切换到用户所选择的语言操作界面。

1.2.5　实训拓展——软件的卸载

编程软件的卸载：首先打开"控制面板"，然后执行"程序"→"卸载程序"命令，再选择相应的 S7-Micro/WIN SMART V2.0 版本卸载即可。

1.3 位逻辑指令

1.3.1 触点指令

1. LD 指令

LD（LoaD）指令。LD 指令称为初始装载指令，其梯形图如图 1-18a 所示，由常开触点和位地址构成。语句表如图 1-18b 所示，由操作码 LD 和常开触点的位地址构成。

LD 指令的功能：常开触点在其线圈没有信号流流过时，触点是断开的（触点的状态为 OFF 或 0）；而线圈有信号流流过时，触点是闭合的（触点的状态为 ON 或 1）。

2. LDN 指令

LDN（LoaD Not）指令。LDN 指令称为初始装载非指令，其梯形图和语句表如图 1-19 所示。LDN 指令与 LD 指令的区别是常闭触点在其线圈没有信号流流过时，触点是闭合的；当其线圈有信号流流过时，触点是断开的。

图 1-18　初始装载指令　　　图 1-19　初始装载非指令
a）梯形图　b）语句表　　　　a）梯形图　b）语句表

3. A 指令

A（And）指令又称为"与"指令，其梯形图如图 1-20a 所示，由串联常开触点和其位地址组成。语句表如图 1-20b 所示，由操作码 A 和位地址构成。

当 I0.0 和 I0.1 常开触点都接通时，线圈 Q0.0 才有信号流流过；当 I0.0 或 I0.1 常开触点有一个不接通或都不接通时，线圈 Q0.0 就没有信号流流过，即线圈 Q0.0 是否有信号流流过取决于 I0.0 和 I0.1 的触点状态"与"关系的结果。

4. AN 指令

AN（And Not）指令又称为"与非"指令，其梯形图如图 1-21a 所示，由串联常闭触点和其位地址组成。语句表如图 1-21b 所示，由操作码 AN 和位地址构成。AN 指令和 A 指令的区别为串联的是常闭触点。

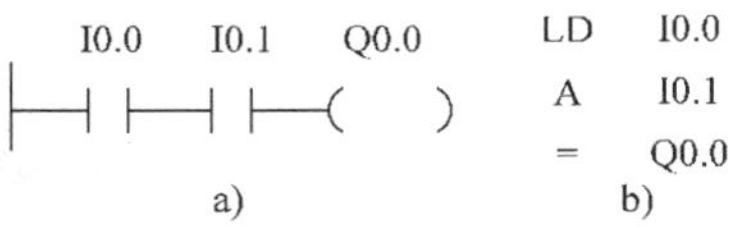

图 1-20　"与"指令　　　　图 1-21　"与非"指令
a）梯形图　b）语句表　　　a）梯形图　b）语句表

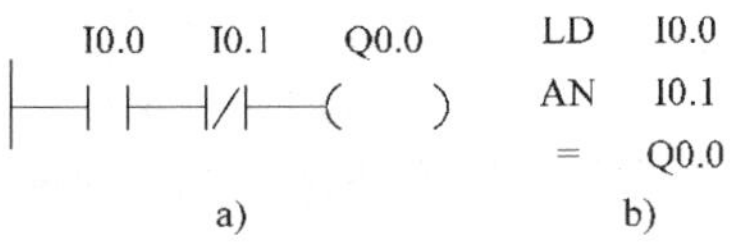

5. O 指令

O（Or）指令又称为"或"指令，其梯形图如图 1-22a 所示，由并联常开触点和其位地址组成。语句表如图 1-22b 所示，由操作码 O 和位地址构成。

当 I0.0 和 I0.1 常开触点有一个或都接通时，线圈 Q0.0 就有信号流流过；当 I0.0 和 I0.1 常开触点都未接通时，线圈 Q0.0 则没有信号流流过，即线圈 Q0.0 是否有信号流流过取决于 I0.0 和 I0.1 的触点状态“或”关系的结果。

6. ON 指令

ON（Or Not）指令又称为“或非”指令，其梯形图如图 1-23a 所示，由并联常闭触点和其位地址组成。语句表如图 1-23b 所示，由操作码 ON 和位地址构成。ON 指令和 O 指令的区别为并联的是常闭触点。

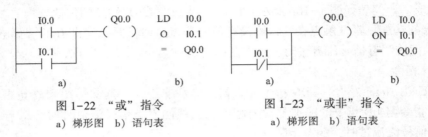

a)

```
LD   I0.0
O    I0.1
=    Q0.0
```

b)

图 1-22 “或”指令

a）梯形图 b）语句表

a)

```
LD   I0.0
ON   I0.1
=    Q0.0
```

b)

图 1-23 “或非”指令

a）梯形图 b）语句表

1.3.2 输出指令

a)

= 位地址

b)

图 1-24 线圈驱动指令

a）梯形图 b）语句表

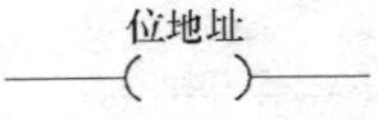

输出指令（=）对应于梯形图中的线圈，其指令的梯形图如图 1-24a 所示，由线圈和位地址构成。线圈驱动指令的语句表如图 1-24b 所示，由操作码=和线圈位地址构成。

输出指令的功能是把前面各逻辑运算的结果通过信号流控制线圈，从而使线圈驱动的常开触点闭合，常闭触点断开。

【例 1-1】 将图 1-25a 所示的梯形图，转换为对应的语句表（如图 1-25b 所示）。

a)

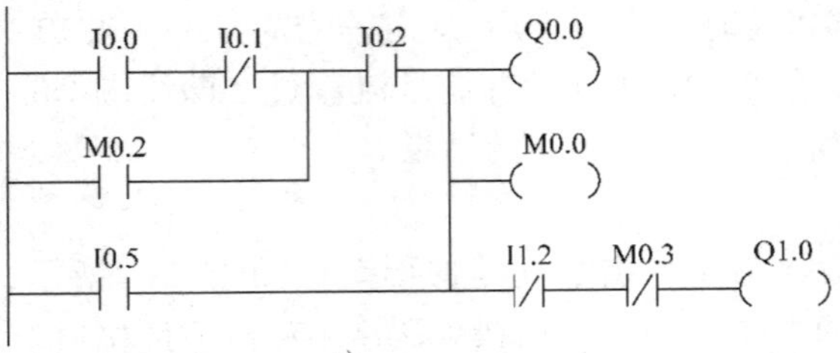

```
LD   I0.0
AN   I0.1
O    M0.2
A    I0.2
O    I0.5
=    Q0.0
=    M0.0
AN   I1.2
AN   M0.3
=    Q1.0
```

b)

图 1-25 将梯形图转换为语句表

a）梯形图 b）语句表

视频“位逻辑指令”可通过扫描二维码 1-4 播放。

二维码 1-4

1.3.3 逻辑堆栈指令

S7-200 SMART 有一个 32 位的逻辑堆栈，最上面的第一层称为栈顶，用来存储逻辑运算的结果，下面的 31 位用来存储中间运算结果。逻辑堆栈中的数据一般按“先进后出”的原则访问，逻辑堆栈指令只有 STL 指令形式。

执行 LD 指令时，将指令指定的位地址中的二进制数据装载入栈顶。

执行 A（与）指令时，指令指定的位地址中的二进制数和栈顶中的二进制数进行"与"运算，运算结果存入栈顶，栈顶之外其他各层的值不变。每次逻辑运算只保留运算结果，栈顶原来的值丢失。

执行 O（或）指令时，指令指定的位地址中的二进制数和栈顶中的二进制数进行"或"运算，运算结果存入栈顶。

执行常闭触点对应的 LDN、AN 和 ON 指令时，取出指令指定的位地址中的二进制数据后，先将它取反（0 变为 1，1 变为 0），然后再进行对应的装载、与、或操作。

触点的串联或并联指令只能用于单个触点的串联或并联，若想将多个触点并联后进行串联或将多个触点串联后进行并联则需要用逻辑堆栈指令。

1. 或装载指令

或装载指令 OLD（Or Load）又称为串联电路块并联指令，由助记符 OLD 表示。它对逻辑堆栈最上面两层中的二进制位进行"或"运算，运算结果存入栈顶。执行 OLD 指令后，逻辑堆栈的深度（即逻辑堆栈中保存的有效数据的个数）减 1。

触点的串并联指令只能将单个触点与别的触点或电路串并联。要想将图 1-26 中的 I0.3 和 I0.4 的触点组成的串联电路与它上面的电路并联，首先需要完成两个串联电路块内部的"与"逻辑运算（即触点的串联），这两个电路块用 LD 指令来表示电路块的起始触点。前两条指令执行完后，"与"运算的结果 S0 = I0.0 · I0.1 存放在图 1-26 的逻辑堆栈的栈顶。执行完第 3 条指令时，将 I0.3 的值压入栈顶，原来在栈顶的 S0 自动下移到逻辑堆栈的第 2 层，第 2 层的数据下移到第 3 层，依次下移，逻辑堆栈最下面一层的数据丢失。执行完成第 4 条指令时，"与"运算的结果 S1 = I0.3 · I0.4 保存在栈顶。

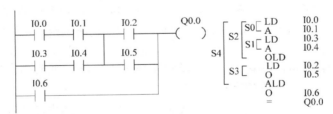

图 1-26　OLD 与 ALD 指令

第 5 条 OLD 指令对逻辑堆栈第 1 层和第 2 层的"与"运算的结果进行"或"运算（将两个串联的电路块并联），并将运算结果 S2 = S0+S1 存入逻辑堆栈的栈顶，第 3~32 层中的数据依次向上移动一层。

OLD 指令不需要地址，它相当于需并联的两块电路右端的一段垂直连线。图 1-27a 为 OLD 指令堆栈操作，其逻辑堆栈中的×表示不确定的值。

2. 与装载指令

与装载指令 ALD（And Load）又称为并联电路块串联指令，由助记符 ALD 表示。它对逻辑堆栈最上面两层中的二进制位进行"与"运算，运算结果存入栈顶。图 1-26 的语句表中 OLD 下面的两条指令将两个触点并联，执行指令"LD I0.2"时，将运算结果压入栈顶，逻辑堆栈中原来的数据依次向下一层推移，逻辑堆栈最底层的值被推出丢失。与装载指令

ALD 对逻辑堆栈第 1 层和第 2 层的数据进行"与"运算（将两个电路块串联），并将运算结果 $S4=S2 \cdot S3$ 存入逻辑堆栈的栈顶，第 3~32 层中的数据依次向上移动一层。

将电路块串并联时，每增加一个用 LD 或 LDN 指令开始的电路块的运算结果，逻辑堆栈中将增加一个数据，堆栈深度加 1，每执行一条 OLD 或 ALD 指令，堆栈深度减 1。图 1-27b 为 ALD 指令的堆栈操作。

3. 其他逻辑堆栈操作指令

逻辑进栈（Logic Push，LPS）指令用于复制栈顶（即第 1 层）的值并将其压入逻辑堆栈的第 2 层，逻辑堆栈中原来的数据依次向下一层推移，逻辑堆栈最底层的值被推出并丢失。OLD 与 ALD 指令的堆栈操作如图 1-28 所示。

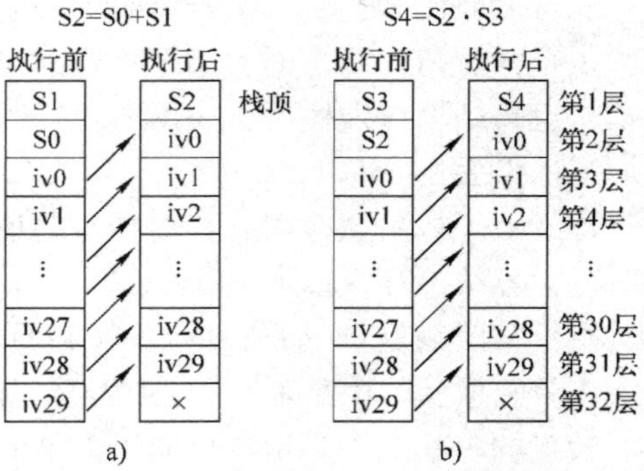

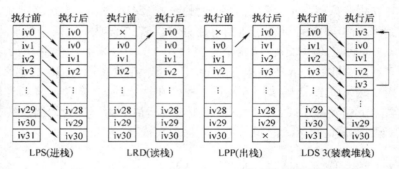

图 1-27　OLD 与 ALD 指令的堆栈操作

图 1-28　LPS、LRD、LPP、LDS 指令的堆栈操作

逻辑读栈（Logic Read，LRD）指令将逻辑堆栈第 2 层的数据复制到栈顶，原来的栈顶值被复制值替代。第 2~32 层的数据不变。

逻辑出栈（Logic Pop，LPP）指令将栈顶值弹出，逻辑堆栈各层的数据向上移动一层，第 2 层的数据成为新的栈顶值。可以用语句表程序状态监控查看逻辑堆栈中保存的数据。

装载堆栈（Load Stack，LDS N，N=1~31）指令用于复制逻辑堆栈内第 N 层的值到栈顶。逻辑堆栈中原来的数据依次向下移动一层，逻辑堆栈最底层的值被推出丢失。一般很少使用这条指令。

AENO 指令，AENO 在 LAD/FBD 功能框 ENO 位的 STL 表示中使用。AENO 对 ENO 位和栈顶值执行逻辑与运算，产生的效果与 LAD/FBD 功能框的 ENO 位相同。与操作的结果值成为新的栈顶值。

编辑梯形图和功能块图时，编辑器自动地插入处理逻辑堆栈操作所需要的指令。用编辑软件将梯形图转换为语句表程序时，编辑软件会自动生成逻辑堆栈指令。写入语句表程序时，必须由编程人员写入这些逻辑堆栈处理指令。

【例 1-2】　将图 1-29a 所示的梯形图，转换成相应的语句表（如图 1-29b 所示）。

a)

LD	I0.0
AN	M0.0
LPS	
A	I0.2
=	Q1.0
LPP	
AN	M2.0
=	Q0.5

b)

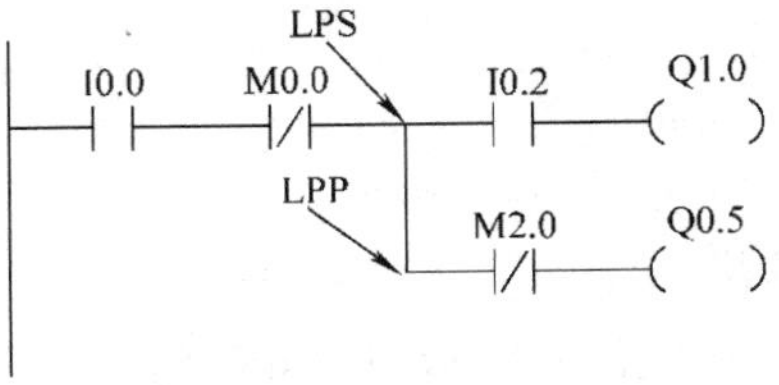

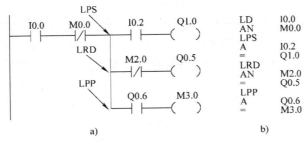

图 1-29　将梯形图转换为语句表

a）梯形图　b）语句表

在只有两条分支电路时，只需要进栈 LPS 和出栈 LPP 两条指令，但必须成对使用。

【例 1-3】　将图 1-30a 所示的梯形图，转换成相应的语句表（如图 1-30b 所示）。

a)

LD	I0.0
AN	M0.0
LPS	
A	I0.2
=	Q1.0
LRD	
AN	M2.0
=	Q0.5
LPP	
A	Q0.6
=	M3.0

b)

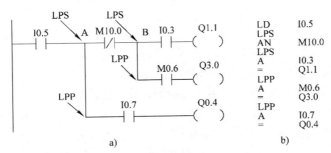

图 1-30　将梯形图转换为语句表

a）梯形图　b）语句表

在有 3 条及以上分支电路时，则需要同时使用进栈 LPS、读栈 LRD 和出栈 LPP 指令。

【例 1-4】　将图 1-31a 所示的梯形图，转换成相应的语句表（如图 1-31b 所示）。

a)

LD	I0.5
LPS	
AN	M10.0
LPS	
A	I0.3
=	Q1.1
LPP	
A	M0.6
=	Q3.0
LPP	
A	I0.7
=	Q0.4

b)

图 1-31　将梯形图转换为语句表

a）梯形图　b）语句表

注意，在多点处出现分支电路时，需要使用堆栈的嵌套来实现语句表的编写。

1.3.4　取反指令

NOT 指令为触点取反指令（输出反相），在梯形图中用来改变能流的状态。取反触点左端逻辑运算结果为 1 时（即有能流），触点断开能流，反之能流可以通过。触点取反指令梯形图如图 1-32 所示。

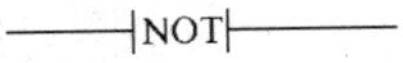

图 1-32　触点取反指令梯形图

用法：NOT　（NOT 指令无操作数）

1.3.5 置位、复位和触发器指令

1. S 指令

S（Set）指令也称为置位指令，其梯形图如图1-33a所示，由置位线圈、置位线圈的位地址（bit）和置位线圈数目（n）构成。语句表如图1-33b所示，由置位操作码、置位线圈的位地址（bit）和置位线圈数目（n）构成。

置位指令的应用如图1-34所示，当图中置位信号I0.0接通时，置位线圈Q0.0有信号流流过。当置位信号I0.0断开以后，置位线圈Q0.0的状态继续保持不变，直到线圈Q0.0的复位信号的到来，线圈Q0.0才恢复初始状态。

置位线圈数目是从指令中指定的位元件开始，共有n个，n取值为1~255。若在图1-34中位地址为Q0.0，n为3，则置位线圈为Q0.0、Q0.1、Q0.2，即线圈Q0.0、Q0.1、Q0.2中同时有信号流流过。因此，这可用于数台电动机同时起动运行的控制要求，使控制程序大大简化。

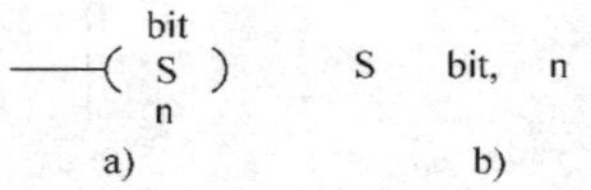

图 1-33 置位指令
a）梯形图 b）语句表

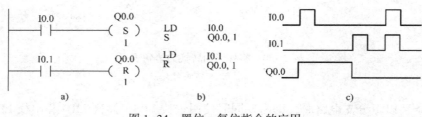

图 1-34 置位、复位指令的应用
a）梯形图 b）语句表 c）时序图

2. R 指令

R（Reset）指令又称为复位指令，其梯形图如图1-35a所示，由复位线圈、复位线圈的位地址（bit）和复位线圈数目（n）构成。语句表如图1-35b所示，由复位操作码、复位线圈的位地址（bit）和复位线圈数目（n）构成。

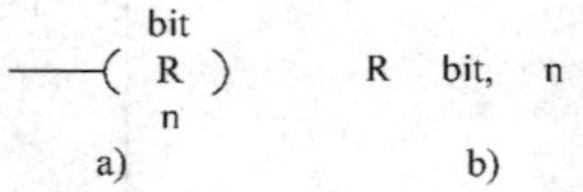

图 1-35 复位指令
a）梯形图 b）语句表

复位指令的应用如图1-34所示，当图中复位信号I0.1接通时，复位线圈Q0.0恢复初始状态。当复位信号I0.1断开以后，复位线圈Q0.0的状态继续保持不变，直到线圈Q0.0的置位信号到来，线圈Q0.0才有信号流流过。

复位线圈数目是从指令中指定的位元件开始，共有n个。如在图1-34中若位地址为Q0.3，n为5，则复位线圈为Q0.3、Q0.4、Q0.5、Q0.6、Q0.7，即线圈Q0.3~Q0.7同时恢复初始状态。因此，这可用于数台电动机同时停止运行以及急停时的控制要求，使控制程序大大简化。

在程序中同时使用S和R指令，应注意两条指令的先后顺序，使用不当有可能导致程序控制结果错误。在图1-34中，置位指令在前，复位指令在后，当I0.0和I0.1同时接通时，复位指令优先级高，Q0.0中没有信号流流过。相反，在图1-36中将置位与复位指令的先后顺序对调，当I0.0和I0.1同时接通时，置位优先级高，Q0.0中有信号流流过。因此，

使用置位和复位指令编程时，哪条指令在后面，则该指令的优先级高，这一点在编程时应引起注意。

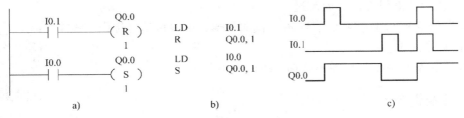

图 1-36 置位、复位指令的优先级

a）梯形图 b）语句表 c）时序图

视频"置位/复位指令"可通过扫描二维码 1-5 播放。

3. SR 指令

SR 指令也称置位/复位触发器（SR）指令，SR 指令梯形图如图 1-37 所示，由置位/复位触发器助记符 SR、置位信号输入端 S1、复位信号输入端 R、输出端 OUT 和线圈的位地址（bit）构成。

【例 1-5】 置位/复位触发器指令的应用（如图 1-38 所示）。当置位信号 I0.0 接通时，线圈 Q0.0 有信号流流过。当置位信号 I0.0 断开时，线圈 Q0.0 的状态继续保持不变，直到复位信号 I0.1 接通时，线圈 Q0.0 没有信号流流过。

1-37 SR 指令
梯形图

图 1-38 SR 和 RS 指令的应用

a）梯形图 b）指令功能图

如果置位信号 I0.0 和复位信号 I0.1 同时接通，则置位信号优先，线圈 Q0.0 有信号流流过。

4. RS 指令

RS 指令也称复位/置位触发器（RS）指令，其梯形图如图 1-39 所示，由复位-置位触发器助记符 RS、置位信号输入端 S、复位信号输入端 R1、输出端 OUT 和线圈的位地址（bit）构成。

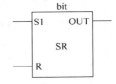

图 1-39 RS 指令
梯形图

置位/复位触发器指令的应用如图 1-38 所示，当置位信号 I0.0 接通时，线圈 Q0.0 有信号流流过。当置位信号 I0.0 断开时，线圈 Q0.0 的状态继续保持不变，直到复位信号 I0.1 接通时，线圈 Q0.0 没有信号流流过。

如果置位信号 I0.0 和复位信号 I0.1 同时接通，则复位信号优先，线圈 Q0.0 无信号流流过。

视频“触发器指令”可通过扫描二维码 1-6 播放。

二维码 1-6

1.3.6 跳变指令

1. EU 指令

EU（Edge Up）指令是正跳变触点指令（又称上升沿检测指令，或称为正跳变指令），其梯形图如图 1-40a 所示，由常开触点加上升沿检测指令助记符 P 构成。其语句表如图 1-40b 所示，由上升沿检测指令操作码 EU 构成。

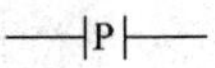

EU

a) b)

图 1-40 上升沿检测指令
a）梯形图 b）语句表

【例 1-6】 正跳变触点指令的应用（如图 1-41 所示）。当 I0.0 的状态由断开变为接通时（即出现上升沿的过程），正跳变触点指令对应的常开触点接通一个扫描周期（T），使得线圈 Q0.1 仅得电一个扫描周期。若 I0.0 的状态一直接通或断开，则线圈 Q0.1 也不得电。

```
1  上升沿指令的应用
   LD    I0.0
   =     Q0.0
2  LD    I0.0
   EU
   =     Q0.1
```

a) b) c)

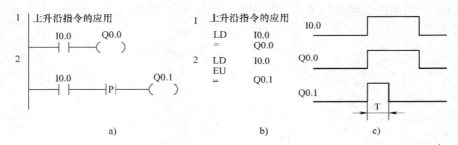

图 1-41 正跳变触点指令的应用
a）梯形图 b）语句表 c）时序图

2. ED 指令

ED（Edge Down）指令是负跳变触点指令（又称为下降沿检测指令，或称为负跳变指令），其梯形图如图 1-42a 所示，由常开触点加下降沿检测指令助记符 N 构成。其语句表如图 1-42b 所示，由下降沿检测指令操作码 ED 构成。

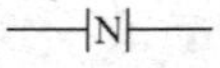

ED

a) b)

图 1-42 下降沿检测指令
a）梯形图 b）语句表

【例 1-7】 负跳变触点指令的应用（如图 1-43 所示）。当 I0.0 的状态由接通变为断开时（即出现下降沿的过程），负跳变触点指令对应的常开触点接通一个扫描周期，使得线圈 Q0.1 仅得电一个扫描周期。

正跳变触点和负跳变触点指令用来检测触点状态的变化，可以用来起动一个控制程序、起动一个运算过程、结束一段控制等。

注意事项：1）EU、ED 指令后无操作数；2）正跳变触点和负跳变触点指令不能直接与左母线相连，必须接在常开或常闭触点之后；3）当条件满足时，正跳变触点和负跳变触点指令的常开触点只接通一个扫描周期，被控制的元件应接在这一触点之后。

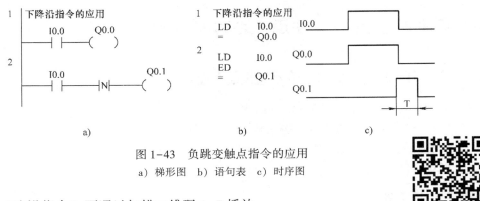

图 1-43　负跳变触点指令的应用

a）梯形图　b）语句表　c）时序图

视频"边沿指令"可通过扫描二维码 1-7 播放。

二维码 1-7

1.3.7　立即指令

立即指令允许对输入和输出点进行快速和直接存取。当用立即指令读取输入点的状态时，相应的输入映像寄存器中的值并未发生更新；用立即指令访问输出点时，访问的同时相应的输出寄存器的内容也被刷新。只有输入继电器 I 和输出继电器 Q 可以使用立即指令。

1. 立即触点指令

在每个标准触点指令的后面加"I（Immediate）"即为立即触点指令。该指令执行时，将立即读取物理输出点的值，但是不刷新对应映像寄存器的值。

这类指令包括：LDI、LDNI、AI、ANI、OI、ONI。下面以 LDI 指令为例说明。

用法：LDI　bit

例如：LDI　I0.1

2. =I（立即输出）指令

用立即输出指令访问输出点时，把栈顶值立即复制到指令所指的物理输出点，同时相应的输出映像寄存器的内容也被刷新。

用法：=I　bit

例如：=I　Q0.0（bit 只能为 Q 类型）

3. SI（立即置位）指令

用立即置位指令访问输出点时，从指定所指出的位（bit）开始的 N 个（最多 255 个）物理输出点被立即置位，同时相应的输出映像寄存器的内容也被刷新。

用法：SI　bit，N

例如：SI　Q0.0，2（bit 只能为 Q 类型）

N 可以为 VB、IB、QB、MB、SMB、LB、SB、AC、*VD、*AC、*LD 或常数。

4. RI（立即复位）指令

用立即复位指令访问输出点时，从指令所指定的位（bit）开始的 N 个（最多 255 个）物理输出点被立即复位，同时相应的输出映像寄存器的内容也被刷新。

用法：RI　bit，N

例如：RI　Q0.0，2（bit 只能为 Q 类型）

N 可以为 VB、IB、QB、MB、SMB、LB、SB、AC、∗VD、∗AC、∗LD 或常数。

1.4　实训 2　电动机点动运行的 PLC 控制

1.4.1　实训目的——掌握输入/输出点的连接及程序的下载

1）掌握触点指令和输出指令的应用。

2）掌握 S7-200 SMART PLC 输入/输出接线方法。

3）掌握项目的创建及下载方法。

4）掌握 PLC 的控制过程。

1.4.2　实训任务

使用 S7-200 SMART PLC 实现三相异步电动机的点动运行控制。

1.4.3　实训步骤

1. 控制原理分析

点动控制是指按下起动按钮，电动机就通电运转；松开按钮，电动机断电停止运转。点动控制常用于机床模具的对模、工件位置的微调、电动葫芦的升降及机床维护调试时对电动机的控制。

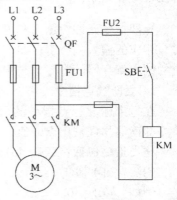

图 1-44　电动机点动运行
控制电路图

三相异步电动机的点动运行控制电路中常用按钮和接触器等元件来实现，如图 1-44 所示。起动时，闭合断路器 QF 后，当按钮 SB 按下时，交流接触器 KM 线圈得电，其主触点闭合，为电动机引入三相电源，电动机 M 接通电源后则直接起动并运行；当松开按钮 SB 时，KM 线圈失电，其主触点断开，电动机停止运行。

在点动控制电路中，由断路器 QF、熔断器 FU1、交流接触器 KM 的主触点及三相交流异步电动机 M 组成主电路部分；由熔断器 FU2、起动按钮 SB、交流接触器 KM 的线圈等组成控制电路部分。用 PLC 实现的电气控制，主要针对控制电路进行，主电路则保持不变。

2. I/O 分配

根据项目分析可知，电动机的点动运行控制 I/O 分配表如表 1-5 所示。

表 1-5　电动机的点动运行控制 I/O 分配表

输　入		输　出	
输入继电器	元　件	输出继电器	元　件
I0.0	起动按钮 SB	Q0.0	交流接触器 KM 线圈

3. PLC 硬件原理图

根据控制要求及表 1-5 的 I/O 分配表，电动机的点动运行控制 PLC 硬件原理图如图 1-45 所示。如不特殊说明，本书均采用 CPU SR40 型（AC/DC/Relay，交流电源/直流输入/继电器输出）西门子 S7-200 SMART PLC。

注意：对于 PLC 的输出端子来说，允许额定电压为 220 V，故接触器的线圈额定电压应为 220 V 及以下，以适应 PLC 的输出端子电压的需要。

视频"输入电路的连接"可通过扫描二维码 1-8 播放。视频"输出电路的连接"可通过扫描二维码 1-9 播放。

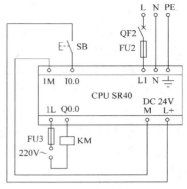

图 1-45　电动机的点动运行控制 PLC 硬件原理图

二维码 1-8

二维码 1-9

4. 创建工程项目

（1）创建项目或打开已有的项目

双击 STEP 7-Micro/WIN SMART 软件图标，起动该编程软件。单击工具栏中的"文件"选择菜单栏"保存"。在"文件名"栏对该文件进行命名，在此命名为"电动机的点动运行控制"，然后再选择文件保存的位置，最后单击"保存"按钮即可。或单击"文件"选择菜单栏"新建"或单击快速访问工具栏上新建项目按钮 生成一个新项目，然后对其命名和保存，如图 1-46 所示。

图 1-46　创建一个工程项目的窗口

单击快速访问工具栏上的按钮，可以打开已有的项目（包括 S7-200 PLC 的项目）。

（2）硬件组态

硬件组态的任务就是用系统块生成一个与实际的硬件系统相同的系统，组态的模块和信号板与实际的硬件安装的位置和型号完全一致。组态元件时还需要设置各模块和信号板的参数，即给参数赋值，这在后续章节中涉及时再介绍。

下载项目时，如果项目中组态的 CPU 型号或固件版本号与实际的 CPU 型号或固件版本号不匹配，STEP 7-Micro/WIN SMART 将发出警告信息。可以继续下载，但是如果连接的 CPU 不支持项目需要的资源和功能，将会出现下载错误。

打开编程软件时，CPU 的默认型号为 CPU ST40，将其按实际的 CPU 型号组态。单击导航栏上的“系统块”按钮，或双击项目树中的系统块图标 系统块，或直接双击项目树中 CPU 的型号，打开“系统块”对话框，如图 1-47 所示。单击 CPU 所在行的“模块”列单元最右边隐藏的按钮，在出现的 CPU 下拉式列表中将它改为实际使用的 CPU。单击信号板 SB 所在行的“模块”列单元最右边隐藏的按钮，设置信号板的型号。如果没有使用信号板，该行为空白。用同样的方法在 EM0～EM5 所在行设置实际使用的扩展模块的型号。扩展模块在物理空间上必须连续排列，中间不能有空行。

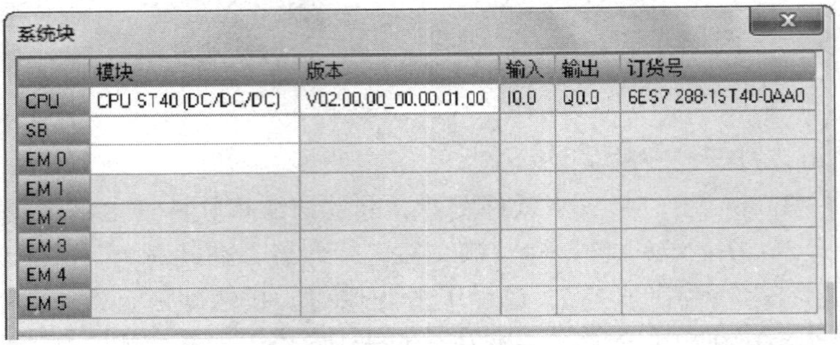

系统块

	模块	版本	输入	输出	订货号
CPU	CPU ST40 (DC/DC/DC)	V02.00.00_00.00.01.00	I0.0	Q0.0	6ES7 288-1ST40-0AA0
SB					
EM 0					
EM 1					
EM 2					
EM 3					
EM 4					
EM 5					

图 1-47 “系统块”上半部分

硬件系统组态如图 1-48 所示，硬件组态完成后，需对其进行保存。如果想删除模块或信号板，则选中“模块”列的某个单元，用计算机的〈Delete〉键删除即可。

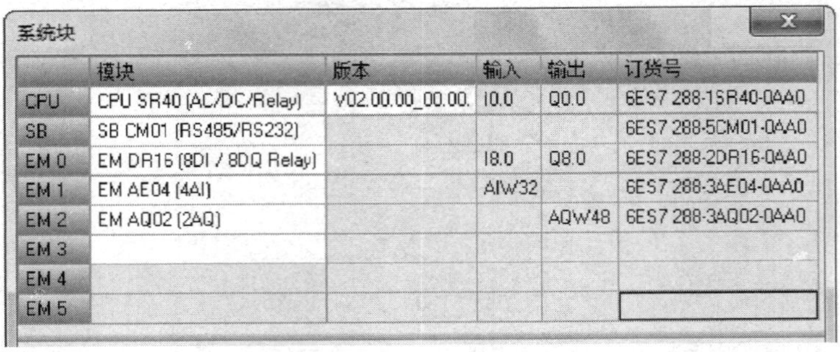

系统块

	模块	版本	输入	输出	订货号
CPU	CPU SR40 (AC/DC/Relay)	V02.00.00_00.00.	I0.0	Q0.0	6ES7 288-1SR40-0AA0
SB	SB CM01 (RS485/RS232)				6ES7 288-5CM01-0AA0
EM 0	EM DR16 (8DI / 8DQ Relay)		I8.0	Q8.0	6ES7 288-2DR16-0AA0
EM 1	EM AE04 (4AI)		AIW32		6ES7 288-3AE04-0AA0
EM 2	EM AQ02 (2AQ)			AQW48	6ES7 288-3AQ02-0AA0
EM 3					
EM 4					
EM 5					

图 1-48 硬件系统组态

硬件组态时给出了 PLC 输入/输出点的地址，为设计用户程序打下了基础。S7-200 SMART 的地址分配原则与 S7-200 有所不同。S7-200 SMART CPU 有一定数量的本机 I/O，本机 I/O 有固定的地址。而同一个扩展模块或信号板安装的位置不同则其地址也不相同，

表 1-6 给出了 CPU、信号板和各信号模块的输入、输出的起始地址。在用系统块组态硬件时，STEP 7-Micro/WIN SMART 自动地分配各模块和信号的地址，如图 1-48 所示，各模块的起始地址不需要读者记忆，使用时打开"系统块"窗口后便可知晓。

表 1-6　模块和信号板的起始 I/O 地址

CPU	信号板	信号模块 0	信号模块 1	信号模块 2	信号模块 3	信号模块 4	信号模块 5
I0.0	I7.0	I8.0	I12.0	I16.0	I20.0	I24.0	I28.0
Q0.0	Q7.0	Q8.0	Q12.0	Q16.0	Q20.0	Q24.0	Q28.0
—	无 AI 信号板	AIW16	AIW32	AIW48	AIW64	AIW80	AIW96
—	AQW12	AQW16	AQW32	AQW48	AQW64	AQW80	AQW96

CPU 分配给数字量 I/O 模块的地址以字节为单位，一个字节由 8 点数字量 I/O 组成，某些 CPU 和信号板的数字量 I/O 点如果不是 8 的整倍数，最后一个字节中未用的位不能分配给 I/O 链中的后续模块。在每次更新输入时，输入模块的输入字节中未用的位被清零。

视频"创建项目及硬件组态"可通过扫描二维码 1-10 播放。

（3）编写程序

生成新项目后，自动打开主程序 MAIN（OB1），程序段 1 最左边的箭头处有一个矩形光标，如图 1-49a 所示。

单击程序编辑器工具栏上的触点按钮┤├，然后单击出现的对话框中的"常开触点"（或打开项目树中指令列表"位逻辑"文件夹后，单击文件夹中常开触点按钮┤├），在矩形光标所在的位置会出现一个常开触点，触点上面红色的问号 ??.? 表示地址未赋值。将光标移动到触点的右边（如图 1-49b 所示），单击程序编辑器工具栏上的线圈按钮，然后单击出现的对话框中的"输出"（或打开项目树中指令列表"位逻辑"文件夹后，单击文件夹中输出按钮┤├），生成一个线圈（如图 1-49c 所示）。选中常开触点，在 ??.? 处输入常开触点

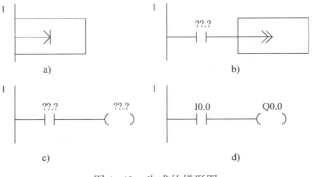

图 1-49　生成的梯形图

的地址 I0.0，再选中线圈，在 ??.? 处输入线圈的地址 Q0.0（如图 1-49d 所示）。或生成一个触点或线圈时，当时也可输入相应的地址。

可以将常用的编程元件拖放到指令列表的"收藏夹"文件夹中，在编程时比较方便。

程序编写后，需要对其进行编译。单击程序编辑器工具栏上的"编译"按钮，对项目进行编译。如果程序有语法错误，编译后在编辑器下面出现的输出窗口将会显示错误的条数，各错误的原因和错误在程序中的位置。双击某一条错误，将会打开出错的程序块，用光标指示出错的位置。必须改正程序中所有的错误才能下载。编译成功后，会显示生成的程序和数据块的大小。

如果没有编译程序，在下载之前编程软件将会自动对程序进行编译，并在输出窗口显示

二维码 1-10

编译的结果。

5. 软件仿真

首先将编写的程序导出，打开仿真软件后将其装载到仿真软件中；其次进行硬件组态，硬件组态好后，起动仿真软件；最后进行仿真，单击 I0.0，这时输入点 I0.0 的指示灯亮，输出点 Q0.0 的指示灯也同时点亮。再单击 I0.0，这时输入点 I0.0 的指示灯熄灭，输出点 Q0.0 的指示灯也同时熄灭。若读者观察到现象与上述相同，则说明程序编写正确。

6. 硬件连接

主电路连接：首先使用导线将三相断路器 QF1 的出线端与熔断器 FU1 的进线端对应相连接；其次使用导线将熔断器 FU1 的出线端与交流接触器 KM 主触点的进线端对应相连接；最后使用导线将交流接触器 KM 主触点的出线端与电动机 M 的电源输入端对应相连接。

控制电路连接：在连接控制电路之前，必须断开 S7-200 SMART PLC 的电源。首先进行 PLC 的输入端外部连接：使用导线将 PLC 右下角的端子 M 与左上角的 1M 相连接，将 PLC 右下角的端子 L+与点动按钮 SB 的进线端相连接，将点动按钮 SB 的出线端与 PLC 输入端 I0.0 相连接（在此，输入信号采用的是 CPU 模块提供的 DC 24V 电源，其中 L+为电源的正极、M 为电源的负极）；其次进行 PLC 的输出端外部连接：使用导线将交流电源 220 V 的火线端 L 经熔断器 FU3 后至 PLC 输出点内部电路的公共端 1L，将交流电源 220 V 的零线端 N 接至交流接触器 KM 线圈的出线端，将交流接触器 KM 线圈的进线端接至 PLC 输出端 Q0.0 相连接。

注意：PLC 的输入端在上方，输出端在下方，图 1-45 只是示意图。

7. 项目下载

CPU 是通过以太网与运行 STEP 7-Micro/WIN SMART 的计算机进行通信。计算机直接连接单台 CPU 时，可以使用标准的以太网电缆，也可以使用交叉以太网电缆。下载之前得先进行正确的通信设置，方可保证下载成功。

（1）CPU 的 IP 设置

打开"系统块"对话框（如图 1-50 所示），自动选中模块列表中的 CPU 和对话框左下边列表中的"通信"节点，在其右下边设置 CPU 的以太网端口和 RS-485 端口参数。

为了使信息能在以太网上准确快捷地传送到目的地，连接到以太网的每台设备必须拥有一个唯一的 IP 地址。

如果选中多选框"IP 地址数据固定为下面的值，不能通过其他方式更改"，输入的是静态 IP 信息（CPU 默认 IP 是 192.168.2.1）。只能在"系统块"对话框中更改 IP 信息并将它下载到 CPU 中。

如果未选中上述多选框，此时的 IP 地址信息为动态信息。可以在"通信"对话框中更改 IP 信息，或使用用户程序中的 SIP_ADDR 指令更改 IP 地址信息。静态和动态 IP 地址信息均存储在永久存储器中。

子网掩码的值通常为 255.255.255.0，CPU 与编程设备的 IP 地址中的子网掩码应完全相同。同一个子网中各设备的子网内的地址不能重叠。如果在同一个网络中有多个 CPU，除了一台 CPU 可以保留出厂时默认的 IP 地址，必须将其他 CPU 默认的 IP 地址更改为网络中唯一的 IP 地址，以避免与其他网络用户冲突。

网关（或 IP 路由器）是局域网（LAN）之间的链接器。局域网中的计算机可以使用网

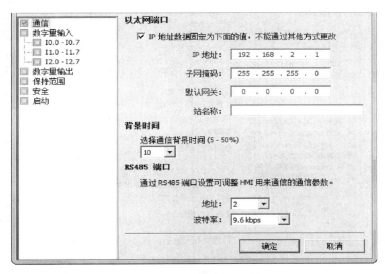

图 1-50 "系统块"对话框

关向其他网络发送消息。如果数据的目的地不在局域网内,网关将数据转发给另一个网络或网络组。网关用 IP 地址来传送和接收数据包。网关在此不设置,采用默认即可。

"背景时间"是用于处理通信请求的时间占扫描周期的百分比。增加背景时间将会增加扫描时间,从而减慢控制过程的运行速度,一般采用默认值 10%。

设置完成后,单击"确定"按钮确认设置的参数,并自动关闭系统块。需要通过系统块将新的设置下载到 PLC,参数被存储在 CPU 模块的存储器中。

视频"CPU 的 IP 地址设置及更改"可通过扫描二维码 1-11 播放。

二维码 1-11

(2) 计算机网卡的 IP 设置

如果是 Windows 7 操作系统,用以太网电缆连接计算机和 CPU,打开"控制面板",单击"查看网络状态任务"按钮,再单击"本地连接"按钮,打开"本地连接状态"对话框,单击"属性"按钮,在"本地连接属性"对话框中(如图 1-51 所示),选中"此连接使用下列项目"列表框中的"Internet 协议版本 4",单击"属性"按钮,打开"Internet 协议版本 4(TCP/IPv4)属性"对话框。用单选框选中"使用下面的 IP 地址",输入 PLC 以太网端口默认的子网地址 192.168.2,IP 地址的第 4 个字节是子网内设备的地址,可以取 0~255 的某个值,但是不能与网络中其他设备的 IP 地址重叠。单击"子网掩码"输入框,自动出现默认的子网掩码 255.255.255.0。一般不用设置网关的 IP 地址。设置结束后,单击各级对话框中的"确定"按钮,最后关闭"网络连接"对话框。

如果是 Windows XP 操作系统,打开计算机的控制面板,双击其中的"网络连接"图标。在"网络连接"对话框中,右击所有的网卡对应的连接图标,如"本地连接"图标,执行出现的快捷菜单中的"属性"命令,打开"本地连接属性"对话框。选中"此连接使用下列项目"列表框最下面的"Internet 协议(TCP/IP)",单击"属性"按钮,打开"Internet 协议(TCP/IP)属性"对话框,设置计算机网卡的 IP 地址和子网掩码。

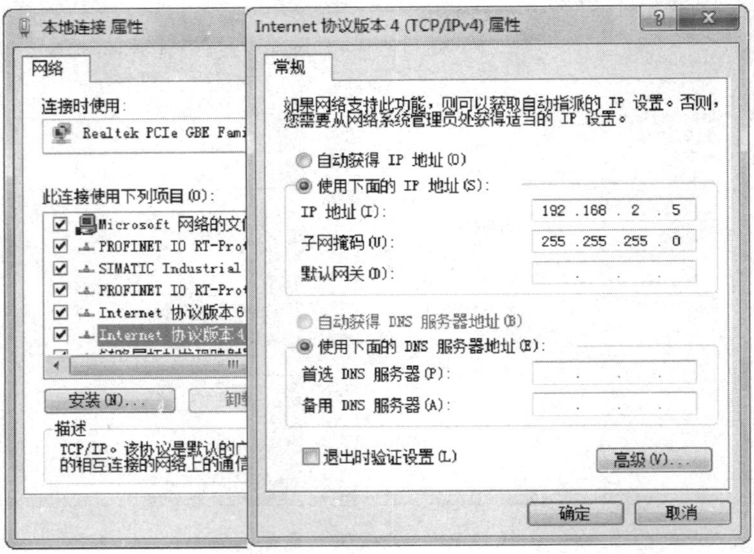

图 1-51 "本地连接属性"对话框

视频"PC IP 地址的修改"可通过扫描二维码 1-12 播放。

（3）项目下载

单击工具栏上的"下载"按钮 下载，如果弹出"通信"对话框（如图 1-52 所示），第 1 次下载时，用"网络接口卡"下拉式列表选中使用的以太网端口。单击"查找 CPU"按钮，应显示出网络上连接的所有 CPU 的 IP 地址，选中需要下载的 CPU，单击"确定"按钮，将会出现"下载"对话框（如图 1-53 所示），用户可以用复选框选择是否下载程序块、数据块和系统块，打勾表示要下载。不能下载（或上传）符号表和状态图表。单击"下载"按钮，开始下载。

二维码 1-12

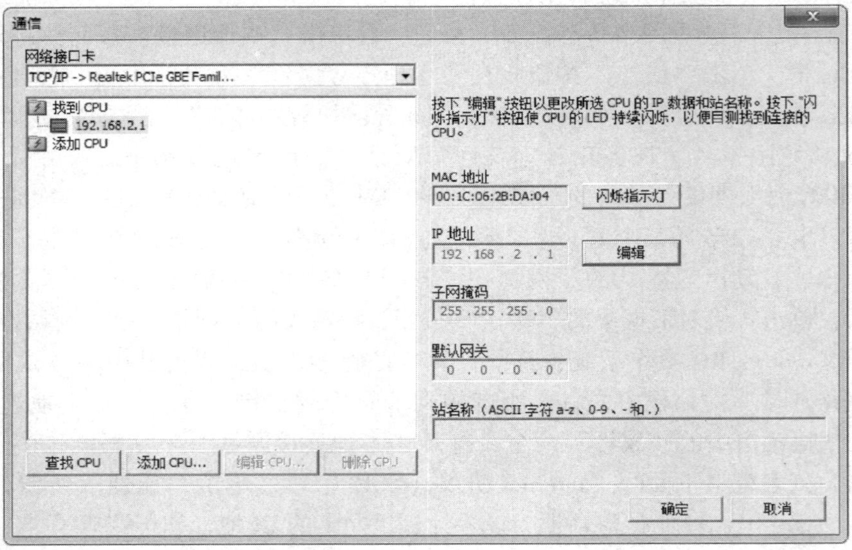

图 1-52 "通信"对话框

36

下载应在 STOP 模式进行，如果下载时为 RUN 模式，将会自动切换到 STOP 模式，下载结束后自动切换到 RUN 模式。可以用复选框选择下载之前从 RUN 切换到 STOP 模式、下载后从 STOP 模式切换到 RUN 模式是否需要提示，下载成功后是否自动关闭对话框。一般采用图 1-53 中的设置，下载操作最为方便快捷。

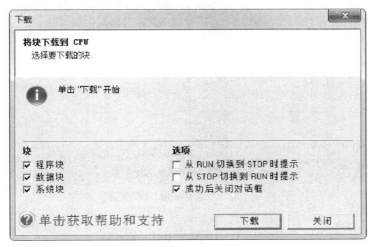

图 1-53 "下载"对话框

视频"PLC 程序的下载"可通过扫描二维码 1-13 播放。

二维码 1-13

8. 调试程序

（1）下载程序并运行

（2）分析程序运行的过程和结果，并编写语句表

1）控制过程分析：如图 1-54 所示，接通断路器 QF1→按下"起动"按钮 SB→输入继电器 I0.0 线圈通电→其常开触点接通→线圈 Q0.0 中有信号流流过→输出继电器 Q0.0 线圈通电→其常开触点接通→接触器 KM 线圈通电→其常开主触点接通→电动机起动并运行。

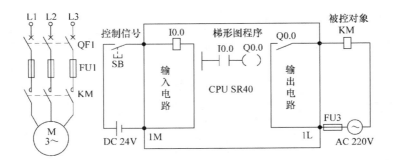

图 1-54 控制过程分析图

松开按钮 SB→输入继电器 I0.0 线圈断电→其常开触点复位断开→线圈 Q0.0 中没有信号流流过→输出继电器 Q0.0 线圈失电→其常开触点复位断开→接触器 KM 线圈断电→其常开主触点复位断开→电动机停止运行。

2）编写语句表：利用菜单栏中的"视图"STL选项，可以将梯形图程序转换为语句表程序，电动机的点动运行控制语句表如图1-55所示，也可人工编写。

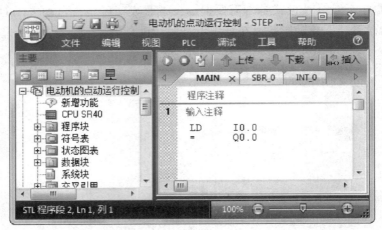

图1-55　电动机的点动运行控制语句表

1.4.4　实训交流——外部电源的使用及负载的驱动

1. 外部电源使用

目前很多PLC内部都有DC.24V电源，可供输入或外部检测等装置使用。内部电源容量不足时必须使用外部电源，以保证系统工作的可靠性。使用外部电源的点动控制PLC硬件原理图如图1-56所示。

2. 晶体管输出型PLC交流负载的驱动

如果读者身边的PLC是直流输出型（如CPU ST40），那如何驱动交流负载呢？其实很简单，这时需要通过直流中间继电器过渡，然后再使用转换电路（将中间继电器的常开触点串联到交流接触器的线圈回路中）即可，具体电路如图1-57所示。其实在PLC的很多工程应用中，绝大多数均采用中间继电器过渡，用以将PLC与强电进行隔离，起到保护PLC的目的。

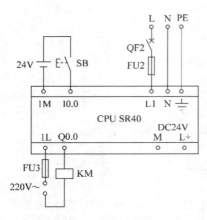

图1-56　使用外部电源的点动
控制PLC硬件原理图

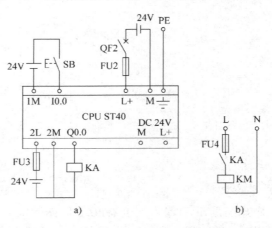

图1-57　直流输出型PLC驱动交流负载
a）控制电路　b）转接电路

1.4.5　实训拓展——开关或多按钮控制灯的亮灭

训练1：用一个开关控制一盏直流 24 V 电源供电的指示灯的亮灭。

训练2：用两个按钮控制一盏直流 24 V 电源供电的指示灯的亮灭，要求同时按下两个按钮，指示灯方可点亮。

1.4.6　实训进阶——电梯检修轿厢运行控制

全国高职院校职业技能大赛"智能电梯装调与维护"赛项中，目前采用浙江天煌科技实业有限公司生产的"THJDDT-5 型电梯控制技术综合实训装置"，该装置由两台高仿真四层电梯模型和两套电气控制柜组成。图 1-58 为一台四层电梯模型的正面和背面。电梯模型的每部电梯控制系统均由一台 PLC（PLC 的型号为西门子 S7-200 SMART CPU SR40，或三菱 FX_{3U}-64MR/ES-A）控制，PLC 之间通过通信模块或以太网进行数据交换，电梯外呼系统采用统一管理模式，可实现电梯的群控功能。本书主要将电梯轿厢的运动控制、内选/外呼信号的登记、载荷判别、两梯信息相互传送等功能，分别嵌入到本书的相关实训中。由于篇幅有限，在此不对此实训装置其他控制功能和机械结构展开详述。

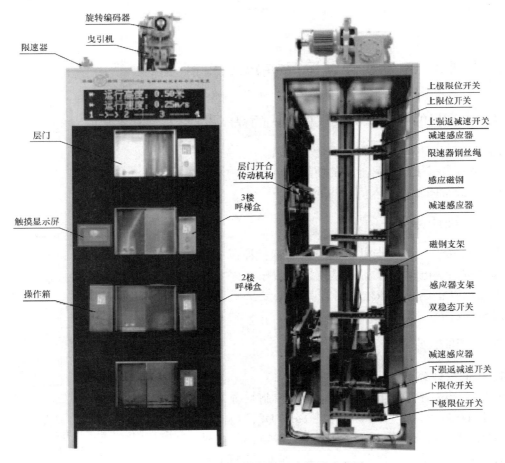

图 1-58　电梯模型各部件相应位置示意图

任务：电梯检修时进行电梯轿厢点动运行控制。电梯处在检修操作模式下，电梯轿厢的上行或下行都处在点动状态，即按下慢上按钮，轿厢缓慢上行，按下慢下按钮，轿厢缓慢下行。轿厢的运行速度受变频器输出频率控制，在此不做要求，以其控制的相应输出继电器为例帮助读者进行职业技能的提升和 PLC 技术应用的拓展。

电梯检修模式转换开关的常开触点与 S7-200 SMART PLC 的 I0.7 相连接，慢上按钮的常开触点与 I2.3 相连接，慢下按钮的常开触点与 I2.0 相连接，轿厢上行时输出继电器 Q0.6 线圈得电，轿厢下行时输出继电器 Q0.7 线圈得电。在此，省略 PLC 的输入/输出接线图，读者可以根据上述描述参考本书中图 1-45 自行绘制，后续的实训进阶中 PLC 的输出/输入接线图也参考图 1-45 自行绘制。

根据上述要求，其控制程序如图 1-59 所示。

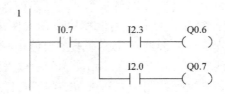

图 1-59　电梯检修时轿厢上下行控制程序

1.5　实训 3　电动机连续运行的 PLC 控制

1.5.1　实训目的——掌握起保停方式的程序设计

1）掌握起保停电路的程序设计方法。
2）掌握符号表与符号地址的使用。
3）掌握常闭触点输入信号的处理方法。

1.5.2　实训任务

用 PLC 实现三相异步电动机的连续运行控制，即按下起动按钮，电动机起动并单向运转，按下停止按钮，电动机停止运转。该电路必须具有必要的短路保护、过载保护等功能。

1.5.3　实训步骤

1. 控制原理分析

三相异步电动机的连续运行继电器控制系统的电路如图 1-60 所示。起动时，闭合断路器 QF，当按下起动按钮 SB1 时，交流接触器 KM 线圈得电，其主触点闭合，电动机接入三相电源而起动。同时与 SB1 并

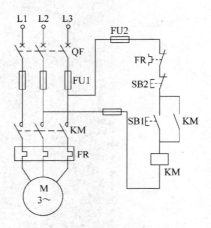

图 1-60　三相异步电动机的连续
运行继电器控制系统电路图

联的交流接触器常开辅助触点闭合形成自锁使交流接触器线圈有两条路通电，这样即使松开按钮 SB1，交流接触器 KM 的线圈仍可通过自身的辅助触点继续通电，保持电动机的连续运行。

当按下停止按钮 SB2 时，交流接触器 KM 线圈失电，其主触点和常开触点复位断开，电动机因无电源而停止运行。同样，当电动机过载时，其常闭触点断开，电动机停止运行。

2. I/O 分配

根据项目分析可知，电动机的连续运行控制 I/O 分配表如表 1-7 所示。

表 1-7　电动机的连续运行控制 I/O 分配表

输入		输出	
输入继电器	元器件	输出继电器	元器件
I0.0	起动按钮 SB1	Q0.0	交流接触器 KM 线圈
I0.1	停止按钮 SB2		
I0.2	热继电器 FR		

3. PLC 硬件原理图

根据控制要求及表 1-7 的 I/O 分配表，电动机的连续运行控制 PLC 硬件原理图如图 1-61所示（停止按钮和热继电器触点像继电器-接触器控制一样采用常闭触点），主电路同图 1-60 的主电路。

4. 创建工程项目

双击 STEP 7-Micro/WIN SMART 软件图标，起动编程软件，按实训 2 中所介绍方式新建一个项目，并命名为电动机的连续运行控制。硬件组态同实训 2，后续项目中若未作特殊说明则硬件组态同实训 2。

5. 编辑符号表

在软件较为复杂的控制系统中使用的输入/输出点较多，在阅读程序时每个输入/输出点对应的元器件不易熟记，若使用符号地址则会大大提高阅读和调试程

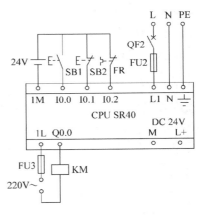

图 1-61　电动机连续运行控制
PLC 硬件原理图 1

序的便利。S7-200 SMART 提供符号表功能，可以用符号表来定义地址或常数的符号。可以为存储器类型 I、Q、M、SM、AI、AQ、V、S、C、T、HC 创建符号表。在符号表中定义的符号属于全局变量，可以在所有程序组织单元（POU）中使用它们。也可以在创建程序之前或创建之后定义符号。

（1）打开符号表

单击导航栏最左边的"符号表"图标，或双击项目树的"符号表"文件夹中的图标，可以打开符号表。新建的项目的"符号表"文件夹中，有"表格 1""系统符号""POU 符号"和"I/O 符号"这四个符号表，如图 1-62 所示。可以右击"符号表"文件夹中的对象，用快捷菜单中的命令删除或插入 I/O 符号表和系统符号表。

（2）专用符号表

系统符号表：单击符号表窗口下面的"系统符号"选项卡，可以看到各特殊存储器

（SM）的符号、地址和功能（如图1-63所示）。

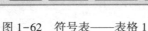

图1-62　符号表——表格1

图1-63　符号表——系统符号

POU符号表：单击符号表窗口下面的"POU符号"选项卡，可以看到项目中主程序、子程序、中断程序的默认名称（如图1-64所示），该表格为只读表格（背景为灰色），不能用它修改POU符号。可右击项目树文件夹中的某个POU，用快捷菜单中的"重命名"命令修改它的名称。或选中符号表窗口下面的某个符号选项卡，右击并执行"重命名"命令也可修改它的名称。

I/O符号表：I/O符号表列出了CPU的每个数字量I/O点默认的符号（如图1-65所示）。例如"CPU输入_0"，对应的是输入I0.0。

图1-64　符号表——POU符号

图1-65　符号表——I/O符号

（3）生成符号

"表格1"是自动生成的用户符号表。在"表格1"的"符号"列中输入符号名，如"起动按钮"，在"地址"列中输入地址或常数。可以在"注释"列输入最多79个字符的注释。符号名最多可以包含23个字符，可以使用英文字母、数字字符、下划线及ASCII128～255的扩充字符和汉字。

在为符号指定地址或常数值之前，用绿色波浪下划线表示该符号为未定义符号。在"地址"列中输入地址或常数后，绿色波浪下划线消失。

符号表用🗂图标表示地址重叠的符号（如VB10和VD10），用🖥图标表示未使用的符号。

输入时用红色的文本表示下列语法错误：符号以数字开始、使用关键字作为符号或使用无效的地址。红色波浪下划线表示用法无效，如重复的符号名和重复的地址。

若符号表选项卡中存在"I/O符号表"选项，则在地址列中输入地址或常数后，符号下方的绿色波浪下划线不会消失，而且在地址或常数下方会出现红色波浪下划线，此时可删除 I/O 符号表。若想再次显示"I/O 符号表"选项卡，则右击项目树中的"符号表"，执行快捷菜单中的"插入"选项中的"I/O 映射表"命令即可。

注意：如果用户符号表的地址和 I/O 符号表的地址重叠，可以删除 I/O 符号表。

（4）生成用户符号表

可以创建多个用户符号表，但是不同的符号表不能使用相同的符号名或相同的地址。右击项目树中的"符号表"，执行快捷菜单中的"插入"选项中的"符号表"命令，可以生成新的符号表。成功插入新的符号表后，符号表窗口底部会出现一个新的选项卡。可以单击这些选项卡来打开不同的符号表。本项目的符号表如图 1-66 所示。

图 1-66 项目符号表

（5）表格的通用操作

将鼠标的光标放在表格的列标题分界处，光标出现水平方向的双向箭头 ◀▮▶ 后，按住鼠标的左键，将列分界线拉至所需的位置，可以调节列的宽度。

右击表格中的某一单元，执行弹出菜单中的"插入"选项中的"行"命令，可以在所选行的上面插入新的行。将光标置于表格最下面的任意单元后，按计算机的〈↓〉键，在表格的底部将会增添一个新的行。将光标移到某行的"符号"列或"地址"列，按计算机的〈Enter〉键，在当前选中行的下一行将会增添一个新行，并且地址会自动加 1，符号名也在当前行的符号名后面自动增加 1。

按计算机的〈Tab〉键光标将移至表格右边的下一单元格。单击某个表格，按住〈Shift〉键同时单击另一个单元格，将会同时选中两个所选单元格定义的矩形范围内所有的单元格。

单击最左边的行号，可选中整个行。按住鼠标左键在最左边的行号列拖动，可以选中连续的若干行。按删除键〈Delete〉可删除选中的行或单元格，可以用剪贴板复制和粘贴选中的对象。

（6）在程序编辑器和状态图表中定义、编辑和选择符号

在程序编辑器和状态图表中，右击未连接任务符号的地址，如 I0.2。执行出现的快捷菜单中的"定义符号"命令，可以在打开的对话框中定义符号，如图 1-67 所示。单击"确定"按钮确认操作并关闭对话框。被定义的符号将同时出现在程序编辑器或状态图表和符号表中。

右击程序编辑器或状态图表中的某个符号，执行快捷菜单中的"编辑符号"命令，可以编辑该符号的地址和注释。右击某个未定义的地址，执行快捷菜单中的"选择符号"命令，出现"选择符号"列表，可以为变量选用打开的符号表中的可用的符号。

可以在程序中指令的参数域输入尚未定义的有效的符号名。这样生成了一组未分配存储区的地址和符号名。单击符号表中的"创建未定义符号表"按钮 ▦ ，将这组符号名称传送

到新的符号表选项卡，可以在这个新符号表中为符号定义地址。

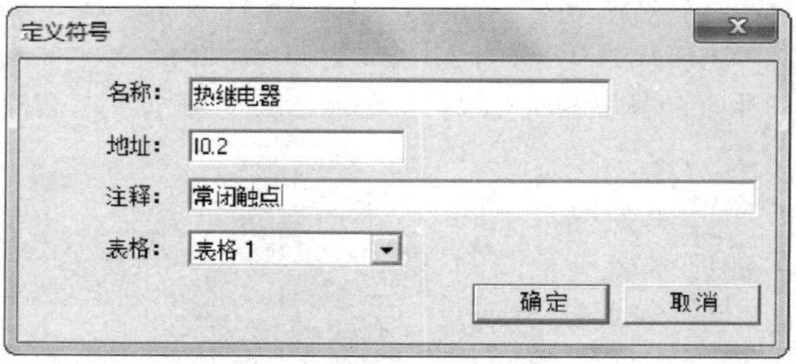

图 1-67　在程序编辑器中定义符号

（7）符号表的排序

为了方便在符号表中查找符号，可以对符号表中的符号排序。单击符号列和地址列的列标题，可以改变排序的方式。如单击"符号"所在的列标题，该单元出现向上的三角形，表中的各行按符号升序排列，即按符号的字母或汉语拼音从 A 到 Z 的顺序排列。再次单击"符号"列标题，该单元出现向下的三角形，表中的各行按符号降序排列。也可以单击地址列的列标题，按地址排序。

（8）切换地址的显示方式

在程序编辑器、状态表、数据块和交叉引用表中，可以用下述 3 种方式切换地址的显示方式。

单击"视图"菜单功能区的"符号"区域中的"仅绝对"按钮 VBx 仅绝对、"仅符号"按钮 仅符号、"符号：绝对"按钮 符号：绝对，可以分别只显示绝对地址、只显示符号名称、同时显示绝对地址和符号名称。

在符号地址显示方式处输入地址时，可以输入符号地址或绝对地址，输入后按设置的显示方式显示地址。

单击工具栏上的"切换寻址"按钮 左侧的，将在 3 种显示方式之间进行切换，每单击一次该按钮进行一次切换。单击右侧的 按钮，将会列出 3 种显示方式供选择。如果为常量值定义了符号，不能按仅显示常量值的方式显示。

使用〈Ctrl+Y〉快捷键，也可以在 3 种符号显示方式之间切换。

如果符号地址过长，并且选择了显示符号地址或同时显示符号地址和绝对地址，程序编辑器只能显示部分符号名。将鼠标的光标放到这样的符号上，可以在出现的"符号"框中看到显示的符号全称、绝对地址和符号表中的注释。当然可以通过设置程序编辑器的参数来显示符号的全称（单击"工具"菜单功能区的"设置"区域中的"选项"按钮，打开"Options"（"选项"）对话框，如图 1-68 所示。选中"LAD"，可以设置梯形图编辑中网络，即矩形光标的宽度、字符的字体、样式和大小等属性）。

在程序编辑器中使用符号时，可以像绝对地址一样对符号名使用间接寻址的记号 & 和 *。

（9）符号信息表

单击"视图"菜单功能区的"符号"区域中的"符号信息表"按钮 ，或单击工具

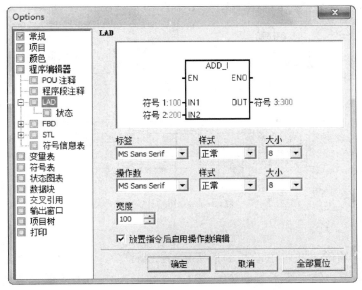

图 1-68 "Options"("选项")对话框

栏上的该按钮,将会在每个程序段的程序下面显示或隐藏符号信号表。

显示绝对地址时,单击"视图"菜单功能区的"符号"区域中的"将符号应用到项目"按钮,或单击符号表中该按钮,或使用〈Shift+F3〉快捷键,将符号表中定义的所有符号名称应用到项目,从显示绝对地址切换到显示符号地址。

视频"编辑符号表及地址显示方式切换"可通过扫描二维码 1-14 播放。

二维码 1-14

6. 编写程序

根据要求,使用起保停方法编写本项目。

按实训 2 介绍的方法完成程序段 1 的第 1 行,如图 1-69a 所示。下面完成程序自锁环节的编程:将光标移到 I0.0 的常开触点的下面,生成 Q0.0 的常开触点,将光标放到新生成的触点上,单击工具栏上的"插入向上垂直线"按钮,使 Q0.0 的触点与它上面的 I0.0 的触点并联,如图 1-69b 所示。

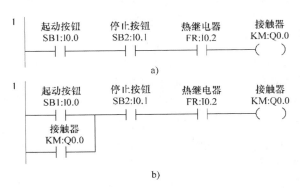

图 1-69 电动机的连续运行控制梯形图

图 1-70 为显示符号信息表的项目梯形图。

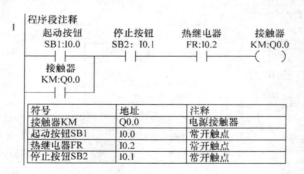

符号	地址	注释
接触器KM	Q0.0	电源接触器
起动按钮SB1	I0.0	常开触点
热继电器FR	I0.2	常开触点
停止按钮SB2	I0.1	常开触点

图 1-70 显示符号信息表的项目梯形图

7. 调试程序

按照实训 2 介绍的方法将电动机的连续运行控制程序下载到 CPU 中。首先断开负载交流接触器 KM 的电源，然后按下起动按钮 SB1，观察输入点 I0.0 和输出点 Q0.0 的指示灯状态。松开起动按钮 SB2，观察输出点 Q0.0 的指示灯是否依然点亮。按下停止按钮 SB1，观察输出点 Q0.0 的指示灯是否熄灭。若熄灭，则再次按下起动按钮 SB2，此时输出点 Q0.0 的指示灯再次点亮，然后人工拨动热继电器 FR 的测试开关，观察输出点 Q0.0 的指示灯是否熄灭。若熄灭，则说明程序及 PLC 的输入外部接线正确。别忘了按下热继电器 FR 的复位按钮，使其触点复位，以便电动机的正常工作。最后，给负载交流接触器 KM 供电，按上述方法操作，观察电动机的工作是否和控制要求一致，如一致，则说明程序及外部硬件接线全部正确。

1.5.4 实训交流——FR 与 PLC 的连接

1. FR 与 PLC 的连接

在工程项目实际应用中，经常遇到很多工程技术人员将热继电器 FR 的常闭触点接到 PLC 的输出端，如图 1-71 所示。

这样编写梯形图时，只需要将图 1-69 和图 1-70 中 FR 的常开触点 I0.2 删除即可，从程序上好像变得简单明了，但在实际运行过程中会出现电动机二次起动现象。图 1-71 中若电动机长期过载时，FR 常闭触点会断开，电动机则停止运行，保护了电动机。但随着 FR 热元件的热量散发而冷却后，常闭触点又会自动恢复，或人为手动复位。若 PLC 仍未断电，程序依然在执行，由于 PLC 内部 Q0.0 的线圈依然处于"通电"状态，交流接触器 KM 的线圈会再次得电，这样电动机将在无人操作的情况下再次起动，

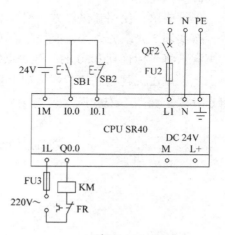

图 1-71 电动机连续运行控制 PLC 硬件原理图 2

这会给机床设备或操作人员带来危害或灾难。而热继电器 FR 的常闭触点或常开触点作为

PLC 的输入信号时，不会出现上述现象。一般情况下在 PLC 输入点数量充足的情况下不建议将 FR 的常闭触点接在 PLC 的输出端使用。

视频"热继电器的使用"可通过扫描二维码 1-15 播放。

2. 起动和停止按钮的常用触点

很多工程技术人员在设计梯形图时都比较习惯将按钮常开触点作为起动使用，将常闭触点作为停止使用，这样的梯形图则与继电器-接触器控制系统的线路非常相似，便于工程技术人员维护和检修设备。若本实训采用停止按钮 SB2 和热继电器 FR 的常开触点作为输入信号，程序又该如何编写呢？只要将控制程序中停止按钮 SB2 和热继电器 FR 的常开触点换成常闭触点即可（如图 1-72 所示），这也是很多工程技术人员所熟悉的设计方法，也就是最为典型的编程方法，即起保停程序设计法。

二维码 1-15

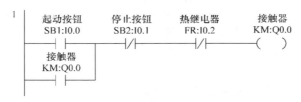

图 1-72 电动机的连续运行控制程序

3. 两台电动机的同时起停控制

在工程应用中，常常用一个起动按钮和一个停止按钮同时控制两台小容量电动机的起动和停止，那硬件连接和程序该如何编写呢？

（1）两个接触器线圈并联

在 PLC 的输出端将两个接触器线圈并联，这样只需要编写一行起保停程序（注意两个热继电器触点的连接）。千万不能将两个接触器线圈串联，初学者易犯这样的错误。

（2）两个输出线圈并联

用 PLC 的两个输出端分别连接两个接触器线圈，在程序编写时将两个输出线圈相并联即可。

两台电动机同时起停控制两种方法的电路原理图和程序请读者自行绘制和编写。

1.5.5 实训拓展——电动机的点动和连续运行的复合控制

训练 1：用 PLC 实现点动和连续运行的控制，要求用一个点动按钮、一个连续按钮和一个停止按钮实现其控制功能。

训练 2：用 PLC 实现点动和连续运行的控制，要求用一个转换开关、一个起动按钮和一个停止按钮实现其控制功能。

1.5.6 实训进阶——电梯轿厢的运行控制、电动机点动和连续复合及位置控制的装调

任务 1：电梯轿厢的运行控制。

THJDDT-5 型电梯模型轿厢正常运行时应处于连续运行状态，当电梯轿厢处在外呼信号

47

的下方时，电梯需要上行，当电梯轿厢处在外呼信号的上方时，电梯需要下行，到达外呼信号所在的楼层时，电梯停止运行。

设电梯正停靠在二层，当用户按下三层上/下外呼按钮或三层内选按钮时，电梯应上行；当按下一层上外呼按钮或一层内选按钮时，电梯应下行。现以按下一层上或三层上外呼按钮为例进行相关控制程序的编写。电梯的一层和三层外呼上行按钮的常开触点分别与 I2.4 和 I2.6 相连接。电梯轿厢的上行或下行的控制信号仍为输出继电器 Q0.6 和 Q0.7。

根据上述要求，其控制程序如图 1-73 所示，图中 I1.0 为上限位开关，I1.1 为下限位开关，上、下限位开关分别为防止电梯失灵冲顶、下行墩地而设；位存储器 M3.1 为截梯信号，即上行或下行至呼叫层时其位为 ON；常闭触点 Q0.6 和 Q0.7 为互锁控制，即电梯上行时不能下行，电梯下行时不能上行。

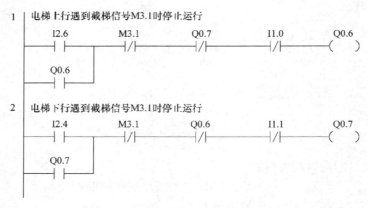

图 1-73　电梯轿厢上下行运行控制程序

维修电工中级（四级）职业资格鉴定中，PLC 考核部分由"实操+笔试"组成，考核时间为 120 min，要求考生按照电气安装规范，依据提供的继电器-接触器控制系统主电路及控制电路原理图绘制 PLC 的 I/O 接线图，正确完成 PLC 控制线路的安装、接线和调试。

笔试部分需求：

1）正确识读给定的电路图，将控制电路部分改为 PLC 控制，在答题纸上正确绘制 PLC 的 I/O 口（输入/输出）接线图并设计 PLC 梯形图。

2）正确使用工具，简述某工具的使用注意事项，如电烙铁、剥线钳和螺钉旋具等。

3）正确使用仪表，简述某仪表的使用方法，如万用表的某档位、钳形电流表和兆欧表等。

4）安全文明生产方面，如回答何为安全电压等。

操作部分要求：

1）按照电气安装规范，依据所提供的主电路和绘制的 I/O 接线图正确完成 PLC 控制线路的安装和接线。

2）正确编制程序并输入到 PLC 中。

3）通电试运行。

维修电工中级（四级）职业资格鉴定中，PLC 部分考题相对比较简单，主要涉及的指令为 PLC 中的位逻辑指令和定时器指令，本书列举部分考题仅供读者参考。

任务 2：PLC 对电动机的点动连续复合控制的装调，所提供的继电器–接触器控制电路如图 1–74 所示。

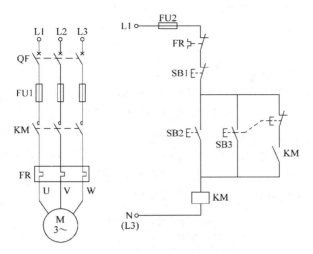

图 1–74　电动机的点动连续复合控制电路

任务 3：PLC 对三相交流异步电动机位置控制的装调，所提供的继电器–接触器控制电路如图 1–75 所示。

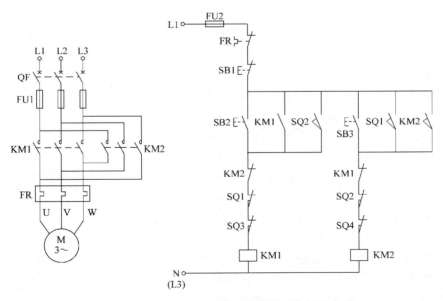

图 1–75　三相交流异步电动机位置控制电路

　　请读者根据上述电路及控制功能自行绘制 PLC 的 I/O 接线图并编写相应控制程序，本书后续实训进阶中有关维修电工中级（四级）职业资格鉴定任务的要求亦相同。

1.6 定时器及计数器指令

1.6.1 定时器指令

1. 定时器的分类及分辨率

在继电器-接触器控制系统中，常用时间继电器 KT 作为延时功能使用，在 PLC 控制系统中则不需要使用时间继电器，可使用内部软元件定时器来实现延时功能。S7-200 SMART 提供了 256 个定时器，定时器编号为 T0~T255，定时器共有 3 种类型，分别是接通延时定时器（TON）、断开延时定时器（TOF）和保持型接通延时定时器（TONR）。定时器有 1 ms、10 ms 和 100 ms 三种分辨率，分辨率取决于定时器的编号（如表 1-8 所示）。输入定时器编号后，在定时器方框的右下角内将会出现定时器的分辨率。

表 1-8 定时器的分类

指令类型	分辨率/ms	定时范围/s	定时器编号
TONR	1	32.767（0.546 min）	T0、T64
	10	327.67（5.46 min）	T1~T4、T65~T68
	100	3276.7（54.6 min）	T5~T31、T69~T95
TON、TOF	1	32.767（0.546 min）	T32、T96
	10	327.67（5.46 min）	T33~T36、T97~T100
	100	3276.7（54.6 min）	T37~T63、T101~T255

2. 接通延时定时器

接通延时定时器指令（TON，On-Delay Timer）的梯形图如图 1-76a 所示。由定时器助记符 TON、定时器的起动信号输入端 IN、时间设定值输入端 PT 和 TON 定时器编号 Tn 构成。其语句表如图 1-76b 所示，由定时器助记符 TON、定时器编号 Tn 和时间设定值 PT 构成。

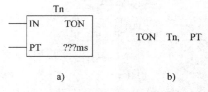

图 1-76 接通延时定时器指令
a）梯形图　b）语句表

【例 1-8】 接通延时定时器指令应用（如图 1-77 所示）。

定时器的设定值为 16 位有符号整数（INT），允许的最大值为 32 767。延时定时器的输入端 I0.0 接通时开始定时，每过一个时基时间（100 ms），定时器的当前值 SV=SV+1，当定时器的当前值大于等于预置时间（PT，Preset Time）端指定的设定值（1~32 767）时，定时器的位变为 ON，梯形图中该定时器的常开触点闭合，常闭触点断开，这时线圈 Q0.0 中就有信号流流过。达到设定值后，当前值仍然继续增大，直到最大值 32 767。输入端 I0.0 断开时，定时器自动复位，当前值被清零，定时器的位变为 OFF，这时线圈 Q0.0 中就没有信号流流过。CPU 第一次扫描时，定时器位清零。定时器的设定时间等于设定值与分辨率的乘积。

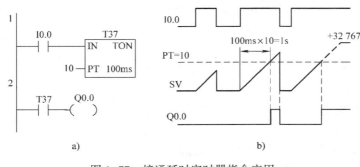

图 1-77　接通延时定时器指令应用

a）梯形图　b）时序图

视频"定时器指令"可通过扫描二维码 1-16 播放。

3. 断开延时定时器指令

断开延时定时器指令（TOF，OFF-Delay Timer）的梯形图如图 1-78a 所示。由定时器助记符 TOF、定时器的起动信号输入端 IN、时间设定值输入端 PT 和 TOF 定时器编号 Tn 构成。其语句表如图 1-78b 所示，由定时器助记符 TOF、定时器编号 Tn 和时间设定值 PT 构成。

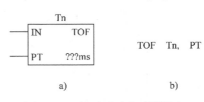

图 1-78　断开延时定时器指令

a）梯形图　b）语句表

【例 1-9】　断开延时定时器指令应用（如图 1-79 所示）。

当接在断开延时定时器的输入端起动信号 I0.0 接通时，定时器的位变成 ON，当前值清零，此时线圈 Q0.0 中有信号流流过。当 I0.0 断开后，开始定时，当前值从 0 开始增大，每过一个时基时间（10ms），定时器的当前值 SV = SV + 1，当定时器的当前值等于预置值 PT 时，定时器延时时间到，定时器停止计时，输出位变为 OFF，线圈 Q0.0 中则没有信号流流过，此时定时器的当前值保持不变，直到输入端再次接通。

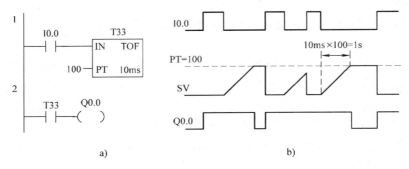

图 1-79　断开延时定时器指令应用

a）梯形图　b）时序图

4. 保持型接通延时定时器指令

保持型接通延时定时器（TONR，Retentive On-Delay Timer）指令的梯形图如图 1-80a 所示。由定时器助记符 TONR、定时器的起动信号输入端 IN、时间设定值输入端 PT 和

TONR 定时器编号 Tn 构成。其语句表如图 1-80b 所示，由定时器助记符 TONR、定时器编号 Tn 和时间设定值 PT 构成。

【例 1-10】 保持型接通延时定时器指令应用（如图 1-81 所示）。

其工作原理与接通延时定时器大致相同。当定时器的起动信号 I0.0 断开时，定时器的当前值 SV ＝0，定时器没有信号流流过，不工作。当起动信号 I0.0 由断开变为接通时，定时器开始定时，每过一个时基时间（10 ms），定时器的当前值 SV ＝ SV+1。

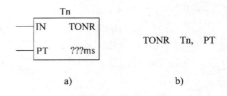

图 1-80 保持型接通延时定时器指令
a）梯形图 b）语句表

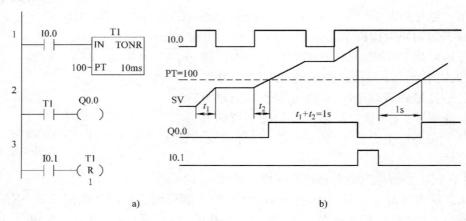

a) b)

图 1-81 保持型接通延时定时器指令应用
a）梯形图 b）时序图

当定时器的当前值等于其设定值 PT 时，定时器的延时时间到，这时定时器的输出位变为 ON，线圈 Q0.0 中有信号流流过。达到设定值 PT 后，当前值仍然继续计时，直到最大值 32 767 才停止计时。只要 SV≥PT 值，定时器的常开触点就接通，如果不满足这个条件，定时器的常开触点应断开。

保持型接通延时定时器与接通延时定时器不同之处在于，保持型接通延时定时器的 SV 值是可以记忆的。当 I0.0 从断开变为接通后，维持的时间不足以使得 SV 达到 PT 值时，I0.0 又从接通变为断开，这时 SV 可以保持当前值不变；当 I0.0 再次接通时，SV 在保持值的基础上累计，当 SV ＝ PT 值时，定时器输出位变为 ON。

只有复位信号 I0.1 接通时，保持型接通延时定时器才能停止计时，其当前值 SV 被复位清零，常开触点复位断开，线圈 Q0.0 中没有信号流流过。

5. 间隔时间定时器指令

间隔时间定时器有两种，分别为开始时间间隔定时器指令和计算时间间隔定时器指令，如图 1-82 和图 1-83 所示。

图 1-82 开始时间间隔定时器指令　　　　　图 1-83 计算时间间隔定时器指令
a) 梯形图　b) 语句表　　　　　　　　　　a) 梯形图　b) 语句表

开始时间隔定时器指令读取内置 1ms 计数器的当前值，并将该值存储在 OUT 中。双字毫秒值的最大计时间隔为 2 的 32 次方（ms）或 49.7 天。

计算时间隔定时器指令计算当前时间与 IN 中提供的时间的时间差，然后将差值存储在 OUT 中。双字毫秒值的最大计时间隔为 2 的 32 次方（ms）或 49.7 天。根据 BITIM 指令的执行时间，CITIM 指令会自动处理在最大间隔内发生的 1ms 定时器翻转。

【例 1-11】　时间间隔定时器指令应用（如图 1-84 所示）。

程序段 1：在 Q0.0 的上升沿执行"开始时间间隔"指令，读取内置 1ms 计数器的当前值，也就是捕捉 Q0.0 接通的时刻，并将该值存储在 VD0 中。程序段 2：计算 Q0.0 接通的时长，即将当前时间减去 VD0 中提供的时间的差值存储在 VD4 中（双字 VD 有关知识将在第 2 章介绍）。

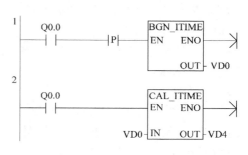

图 1-84　间隔时间定时器指令应用

1.6.2　计数器指令

S7-200 SMART 提供了 256 个计数器，编号为 C0~C255，共有 3 种计数器，分别为加计数器、减计数器和加/减计数器，不同类型的计数器不能共用同一个计数器号。

1. 加计数器指令

加计数器（CTU，Counter Up）指令的梯形图如图 1-85a 所示，由加计数器助记符 CTU、计数脉冲输入端 CU、复位信号输入端 R、设定值 PV 和计数器编号 Cn 构成，编号范围为 0 ~ 255。加计数器指令的语句表如图 1-85b 所示，由加计数器操作码 CTU、计数器编号 Cn 和设定值 PV 构成。

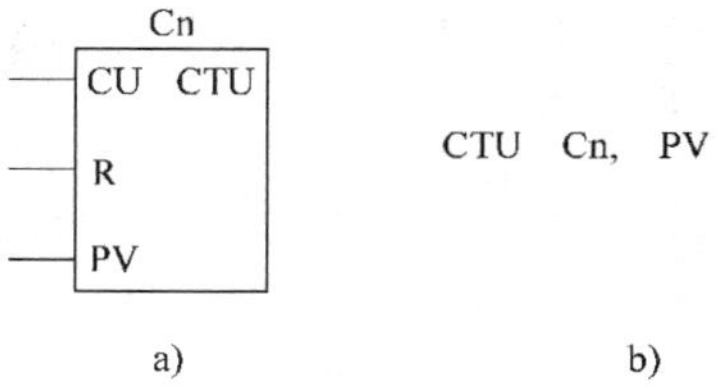

图 1-85　加计数器指令
a) 梯形图　b) 语句表

【例 1-12】　加计数器指令应用（如图 1-86 所示）。

加计数器的复位信号 I0.1 接通时，计数器 C0 的当前值 SV = 0，计数器不工作。当复位信号 I0.1 断开时，计数器 C0 可以工作。每当一个计数脉冲的上升沿到来时（I0.0 接通一次），计数器的当前值 SV = SV+1。当 SV 等于设定值 PV 时，计数器的输出位变为 ON，线圈 Q0.0 中有信号流流过。若计数脉冲仍然继续，计数器的当前值仍不断累加，直到 SV = 32 767（最大）时，才停止计数。只要 SV ≥ PV，计数器的常开触点接通，常闭触点则断开。直到复位信号 I0.1 接通时，计数器的 SV 复位清零，计数器停止工作，其常开触点断开，线圈 Q0.0 没有信号流流过。

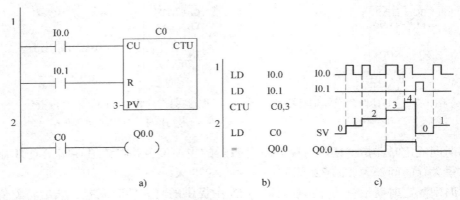

图 1-86 加计数器指令应用
a）梯形图 b）语句表 c）时序图

可以用系统块设置有断电保持功能的计数器的范围。断电后又上电，有断电保持计数器保持断电时的当前值不变。

视频"计数器指令"可通过扫描二维码 1-17 播放。

2. 减计数器指令

减计数器（CTD，Counter Down）指令的梯形图如图 1-87a 所示，由减计数器助记符 CTD、计数脉冲输入端 CD、装载输入端 LD、设定值 PV 和计数器编号 Cn 构成，编号范围为 0～255。减

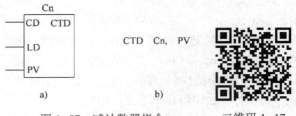

图 1-87 减计数器指令
a）梯形图 b）语句表

二维码 1-17

计数器指令的语句表如图 1-87b 所示，由减计数器操作码 CTD、计数器编号 Cn 和设定值 PV 构成。

【例 1-13】 减计数器指令应用（如图 1-88 所示）。

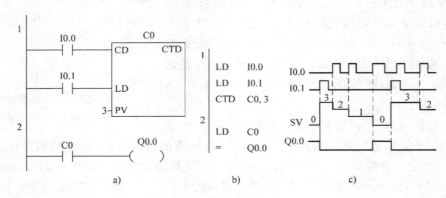

图 1-88 减计数器指令应用
a）梯形图 b）语句表 c）指令功能图

减计数器的装载输入端信号 I0.1 接通时，计数器 C0 的设定值 PV 被装入计数器的当前值寄存器，此时 SV＝PV，计数器不工作。当装载输入信号端信号 I0.1 断开时，计数器 C0

54

可以工作。每当一个计数脉冲到来时（即 I0.0 接通一次），计数器的当前值 SV=SV−1。当 SV=0 时，计数器的位变为 ON，线圈 Q0.0 有信号流流过。若计数脉冲仍然继续，计数器的当前值仍保持 0。这种状态一直保持到装载输入端信号 I0.1 接通，再一次装入 PV 值之后，计数器的常开触点复位断开，线圈 Q0.0 没有信号流流过，计数器才能重新开始计数。只有在当前值 SV=0 时，减计数的常开触点接通，线圈 Q0.0 有信号流流过。

3. 加/减计数器指令

加/减计数器（CTUD，Counter Up/Down）指令的梯形图如图 1-89a 所示，由加减计数器助记符 CTUD、加计数脉冲输入端 CU、减计数脉冲输入端 CD、复位端 R、设定值 PV 和计数器编号 Cn 构成，编号范围为 0~255。加减计数器指令的语句表如图 1-89b 所示，由加减计数器操作码 CTUD、计数器编号 Cn 和设定值 PV 构成。

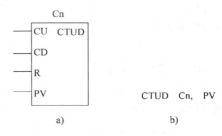

图 1-89　加减计数器指令
a）梯形图　b）语句表

【例 1-14】　加减计数器指令应用（如图 1-90 所示）。

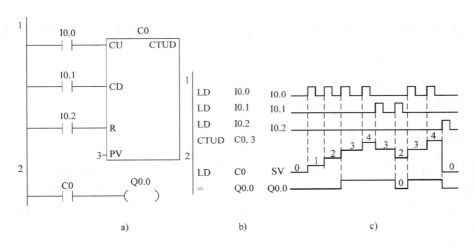

图 1-90　加减计数器指令应用
a）梯形图　b）语句表　c）指令功能图

计数器的复位信号 I0.2 接通时，计数器 C0 的当前值 SV=0，计数器不工作。当复位信号断开时，计数器 C0 可以工作。

每当一个加计数脉冲到来时，计数器的当前值 SV=SV+1。当 SV≥PV 时，计数器的常开触点接通，线圈 Q0.0 有信号流流过。这时若再来加计数器脉冲，计数器的当前值仍不断地累加，直到 SV=+32 767（最大值），如果再有加计数脉冲到来，当前值变为−32 768，再继续进行加计数。

每当一个减计数脉冲到来时，计数器的当前值 SV=SV−1。当 SV<PV 时，计数器的常开触点复位断开，线圈 Q0.0 没有信号流流过。这时若再来减计数器脉冲，计数器的当前值仍不断地递减，直到 SV=−32 768（最小值），如果再有减计数脉冲到来，当前值变为+32 767，再继续进行减计数。

复位信号 I0.2 接通时，计数器的 SV 复位清零，计数器停止工作，其常开触点复位断开，线圈 Q0.0 没有信号流流过。

使用计数器指令时应注意：

1）加计数器指令用语句表示时，要注意计数输入（第 1 个 LD）、复位信号输入（第 2 个 LD）和加计数器指令的先后顺序不能颠倒。

2）减计数器指令用语句表示时，要注意计数输入（第 1 个 LD）、装载信号输入（第 2 个 LD）和减计数器指令的先后顺序不能颠倒。

3）加减计数器指令用语句表示时，要注意加计数输入（第 1 个 LD）、减计数输入（第 2 个 LD）、复位信号输入（第 3 个 LD）和加减计数器指令的先后顺序不能颠倒。

4）在同一个程序中，虽然 3 种计数器的编号范围都为 0~255，但不能使用两个相同的计数器编号，否则会导致程序执行时出错，无法实现控制目的。

5）计数器的输入端为上升沿有效。

1.7 实训 4 电动机星-三角起动的 PLC 控制

1.7.1 实训目的——掌握定时器指令、梯形图的编程规则及程序的调试方法

1）掌握定时器的使用。
2）掌握梯形图的编程规则。
3）掌握用程序状态监控和调试程序的方法。

1.7.2 实训任务

用 PLC 实现电动机的丫-△降压起动控制，即按下起动按钮，电动机星形（丫）起动；起动结束后（起动时间为 5 s），电动机切换成三角形（△）运行；若按下停止按钮，电动机停止运转。系统要求起动和运行时有相应指示，同时电路还必须具有必要的短路保护、过载保护等功能。

1.7.3 实训步骤

1. 继电器-接触器控制原理分析

图 1-91 为三相异步电动机丫-△降压起动控制原理图。KM1 为电源接触器，KM2 为三角形接触器，KM3 为星形接触器，KT 为起动时间继电器。其工作原理是：起动时合上断路器 QF，按下起动按钮 SB1，则 KM1、KM3 和 KT 线圈同时得电并自锁，这时电动机定子绕组接成星形起动。随着转速提高，电动机定子电流下降，KT 延时达到设定值，其延时断开的常闭触点断开，延时闭合的常开触点闭合，从而使接触器 KM3 线圈断电释放，接触器 KM2 线圈得电吸合并自锁，这时电动机切换成三角形运行。停止时只要按下停止按钮 SB2，KM1 和 KM2 线圈同时断电，电动机停止运行。图 1-92 中为了防止电源短路，接触器 KM2 和 KM3 线圈不能同时得电，在电路中设置了电气互锁。

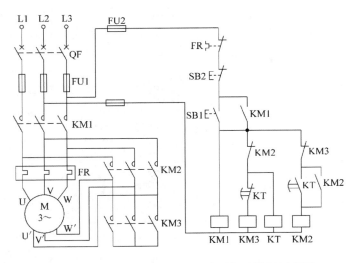

图 1-91 三相异步电动机丫-△降压起动控制原理图

2. I/O 分配

根据项目分析可知，电动机星-三角降压起动控制 I/O 分配表如表 1-9 所示。

表 1-9 电动机星三角降压起动控制 I/O 分配表

输 入		输 出	
输入继电器	元器件	输出继电器	元器件
I0.0	起动按钮 SB1	Q0.0	电源接触器 KM1
I0.1	停止按钮 SB2	Q0.1	角形接触器 KM2
I0.2	热继电器 FR	Q0.2	星形接触器 KM3
		Q0.3	星形起动指示 HL1
		Q0.4	角形运行指示 HL2

3. PLC 硬件原理图

根据控制要求及表 1-9 的 I/O 分配表，电动机星-三角降压起动控制 PLC 硬件原理图如图 1-92 所示。

4. 创建工程项目

创建一个工程项目，并命名为电动机的星-三角降压起动控制。

5. 编辑符号表

编辑符号表如图 1-93 所示。

6. 编写程序

（1）编写程序

电动机的星-三角起动控制梯形图如图 1-94 所示。按实训 2 和实训 3 介绍的方法完成程序段 1。在程序段中，先完成程序段 2 的第 1 行，将光标放到 T37 的常闭触点上，单击工具栏上的"插入向下垂直线"按钮 📎，生成带双箭头的折线，然后生成一个线圈 Q0.3；将光标放到角形接触器 KM2 的常闭触点上，单击工具栏上的"插入分支"按钮 📎，生成带双箭头的折线，然后生成一个接通延时定时器 T37（或将光标放到角形接触器 KM2 的常闭触点上，两次单击工具栏上的"插入向下垂直线"按钮 ⬇，生成带双箭头的折线，再生成一个接通延时定时器 T37）。按上述方法编写程序段 3。

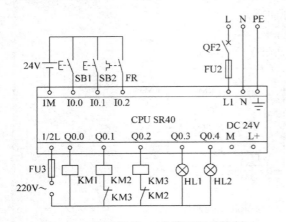

图 1-92　电动机星-三角降压起动控制
PLC 硬件原理图

图 1-93　符号表

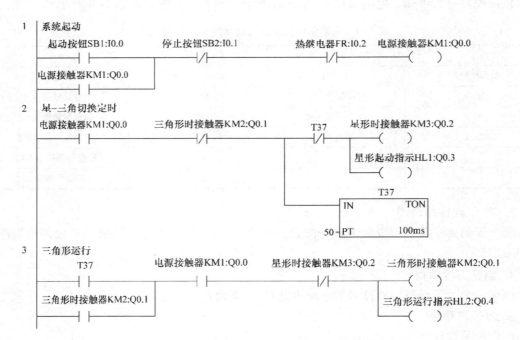

图 1-94　电动机的星-三角起动控制梯形图

（2）梯形图的编程规则

梯形图与继电器控制电路图相近，结构形式、元件符号及逻辑控制功能是类似的，但梯形图具有自己的编程规则。

1）输入/输出继电器、内部辅助继电器、定时器等元件的触点可多次重复使用，不需要用复杂的程序结构来减少触点的使用次数。

2）梯形图按自上而下、从左到右的顺序排列。每个继电器线圈为一个逻辑行，即一层阶梯。每一逻辑行开始于左母线，然后是触点的连接，最后终止于继电器线圈，触点不能放在线圈的右边。线圈与触点的位置如图1-95所示。

3）线圈也不能直接与左母线相连。若需要，可以通过专用内部辅助继电器SM0.0（SM0.0为S7-200 PLC中常接通辅助继电器）的常开触点连接，如图1-96所示。

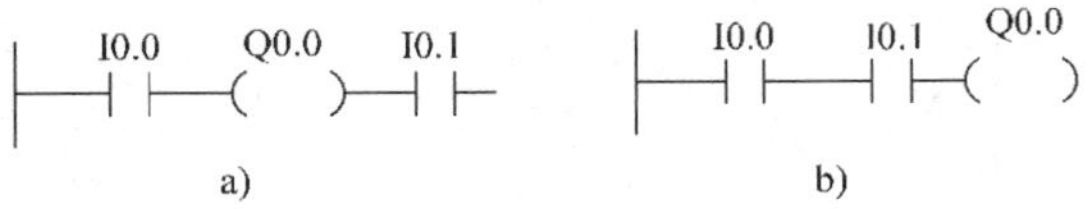

图1-95　线圈与触点的位置

a）不正确梯形图　b）正确梯形图

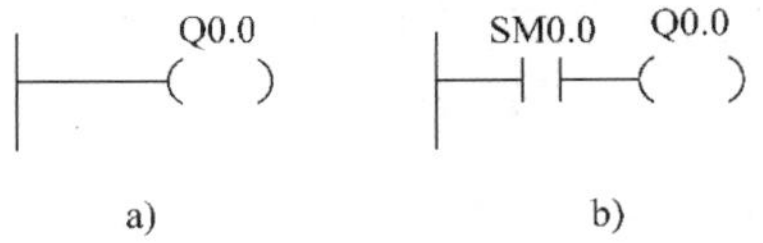

图1-96　SM0.0常开触点的应用

a）不正确梯形图　b）正确梯形图

4）同一编号的线圈在一个程序中使用两次及以上，则为双线圈输出，双线圈输出容易引起误操作，应避免线圈的重复使用（前面的线圈输出无效，只有最后一个线圈输出有效）。双线圈输出的程序图如图1-97所示。

5）在梯形图中，串联触点和并联触点可无限制使用。串联触点多的应放在程序的上面，并联触点多的应放在程序的左面，以减少指令条数，缩短扫描周期。合理化程序设计图如图1-98所示。

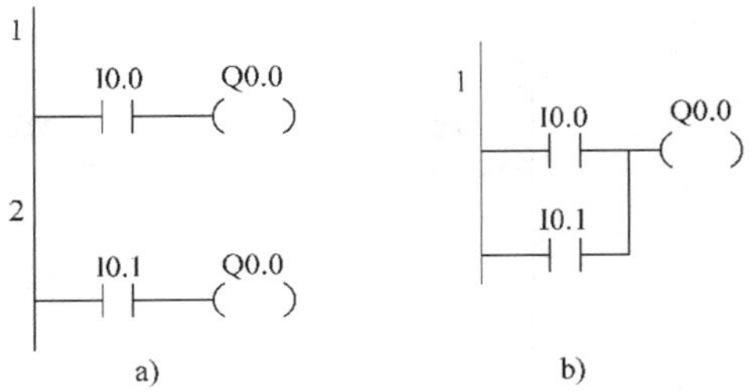

图1-97　双线圈输出的程序图

a）不正确梯形图　b）正确梯形图

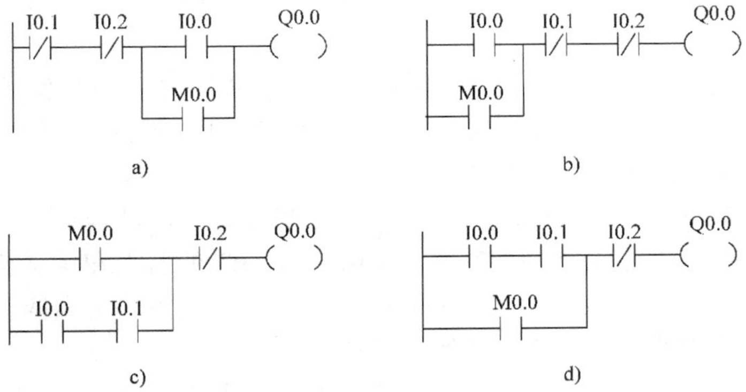

图1-98　合理化程序设计图

a）串联触点放置不当图　b）串联触点放置正确图

c）并联触点放置不当图　d）并联触点放置正确图

6）遇到无法编程的梯形图时，可根据信号流的流向规则，即自左而右、自上而下，对原梯形图重新设计，以便程序的执行。不符合编程规则的程序图如图1-99所示。

7）两个或两个以上的线圈可以并联输出。多线圈并联输出程序图如图1-100所示。

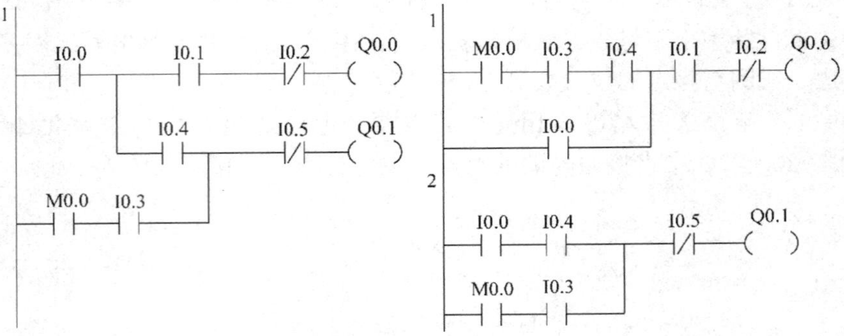

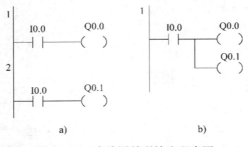

a)   b)

图 1-99 不符合编程规则的程序图

a) 不正确梯形图   b) 正确梯形图

a)   b)

图 1-100 多线圈并联输出程序图

a) 复杂的梯形图   b) 简化的梯形图

二维码 1-18

视频"梯形图的编程规则"可通过扫描二维码 1-18 播放。

7. 调试程序

在工程应用中，用户或调试人员常常需要实时了解程序的运行状态，这时可使用 STEP 7-Micro/MIN SMART 的监视和调试功能。对于初学者来说，掌握程序的监控功能，能快速提高编程的正确性和调试程序的有效性。

在运行 STEP 7-Micro/MIN SMART 的计算机与 PLC 之间成功地建立起通信连接，并将程序下载到 PLC 后，便可使用 STEP 7-Micro/MIN SMART 的监视和调试功能。可以用程序编辑器的程序状态、状态图表中的表格和状态图表的趋势视图中的曲线，读取和显示 PLC 中数据的当前值，将数据值写入或强制到 PLC 的变量中去。

可通过单击工具栏上的按钮或单击"调试"菜单功能区（如图 1-101 所示）的按钮来选择调试工具。

图 1-101 "调试"菜单功能区

（1）梯形图的程序状态监控

在程序编辑器中打开要监控的POU（程序组级单元），单击工具栏上的"程序状态"按钮，或单击"调试"菜单功能区中的"程序监控"按钮，开始启用程序状态监控。

如果CPU中的程序和打开的项目的程序不同，或者在切换使用的编程语言后启用监控功能，可能会出现"时间戳不匹配"对话框，如图1-102所示。单击图1-102"比较"按钮，如果经检查确认PLC中的程序和打开的项目中的程序相同，对话框中将显示"已通过"。单击"继续"按钮，开始监控。如果CPU处于STOP模式，将出现对话框询问是否切换到RUN模式。如果检查出问题，应重新下载程序。

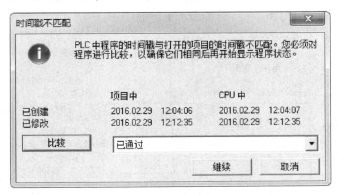

图1-102 "时间戳不匹配"对话框

PLC必须处于RUN模式才能查看连续的状态更新。不能显示未执行的程序区（如未调用的子程序、中断程序或被JMP指令跳过的区域）的程序状态。

在RUN模式下启用程序状态监控功能后，将用颜色显示出梯形图中各元件的状态（如图1-103所示），左边的垂直"电源线"和与它相连的水平"导线"变为深蓝色。如果有能流流入方框指令的EN（使能）输入端，且该指令被成功执行时，方框指令的方框变为深蓝色。定时器和计数器的方框为绿色时表示它们包含有效数据。红色方框表示执行指令时出现了错误。灰色表示无能流、指令被跳过、未调用，或PLC处于STOP模式。

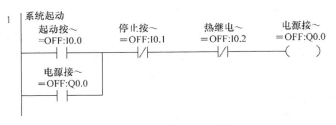

图1-103 梯形图的程序状态监控

在RUN模式下启用程序状态监控，将以连续方式采集状态值。"连续"并非意味着实时，而是指编程设备不断地从PLC轮询状态信息，并在屏幕上显示，按照通信允许的最快速度更新显示。可能捕获不到某些快速变化的值（如流过边沿检测触点的能流），即无法在屏幕中显示，或者因为这些值变化太快，无法读取。

开始监控图1-104中的梯形图时，各输入点均为OFF，梯形图中I0.0的常开触点断开，I0.1和I0.2的常闭触点接通。按下起动按钮SB1，梯形图中Q0.0的线圈"通电"，Q0.0的常

61

开触点闭合，Q0.2 和 Q0.3 的线圈"通电"，同时定时器 T37 开始定时（如图 1-104 所示），方框上面 T37 的当前值不断增大。当前值大于等于预设值 50（5 s）时，梯形图中 T37 的常闭触点断开（程序段 2），使得此时梯形图中 Q0.2 和 Q0.3 的线圈"失电"，同时 T37 的常开触点接通（程序段 3），使得梯形图中 Q0.1 和 Q0.4 的线圈"通电"。由于 Q0.1 的线圈"通电"，使得 Q0.1 的常闭触点断开，进而使得定时器 T37 被复位，此时电动机星-三角起动完成。启用程序状态监控，可以形象直观地看到触点、线圈的状态和定时器当前值的变化情况。

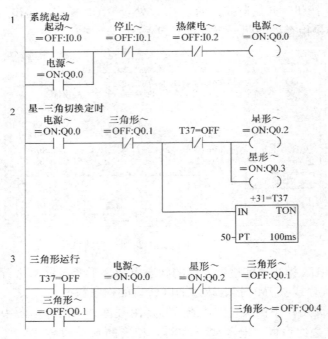

图 1-104　开始监控中的梯形图

按下停止按钮 SB2，梯形图中 I0.1 的常闭触点断开，Q0.0、Q0.1 和 Q0.4 的线圈断电。

如果在调试程序阶段，外部元器件未连接到 PLC 的输入端，则可通过"强制"功能来进行程序的调试。右击程序状态中的 I0.0，执行出现的快捷菜单中的"强制""写入"等命令，可以用出现的对话框来完成相应的操作。图 1-105 中的 I0.0 已被强制为 ON，在 I0.0 旁边的图标表示它被强制。强制后不能用外接按钮或开关改变 I0.0 的强制值。若想取消强制，则先选择显示强制的操作数，然后单击状态图表工具栏上的"取消强制"按钮，被选择的地址的强制图标将会消失。具体操作将在第 2 章中详细介绍。

单击工具栏上的"暂停状态开/关"按钮，暂停程序状态的采集，在星-三角未切换前 T37 的当前值停止变化。再次单击该按钮，T37 的当前值重新开始变化。

（2）语句表程序状态监控

单击程序编辑器工具栏上的"程序状态"按钮，关闭程序状态监控。单击"视图"菜单功能区的"编辑器"区域的"STL"按钮，切换到语句表编辑器。单击"程序监控"按钮，起动语句表的程序状态监控功能，出现"时间戳不匹配"对话框。图 1-106 是图 1-104 中程序段 2 对应的语句表的程序状态。程序编辑窗口分为左边的代码区和用蓝色字符显示数据的状态区。图 1-106 中操作数 3 的右边是逻辑堆栈中的值。最右边的列是方框指令的使能输出位（ENO）的状态。按下起动按钮 SB1 和停止按钮 SB2，可以看到指令中位地址的 ON/OFF 状态的变化和 T37 的当前值不断变化的情况。

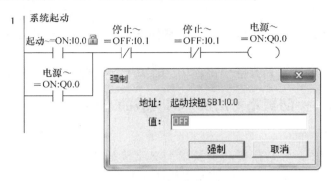

图 1-105 "强制"功能的使用

		操作数 1	操作数 2	操作数 3	0123	字
LD	电源接触器KM1:Q0.0	ON			1100	1
AN	三角形接触器KM2:Q0.1	OFF			1100	1
LPS					1110	1
AN	T37	OFF			1110	1
=	星形接触器KM3:Q0.2	ON			1110	1
=	星形起动指示HL1:Q.	ON			1110	1
LPP					1100	1
TON	T37, 50	+21	50		1100	0

图 1-106 语句表的程序状态监控

状态信息从位于编辑窗口顶端的第一条 STL 语句开始显示。向下滚动编辑器窗口时，将从 CPU 获取新的信息。

单击"工具"菜单功能区的"选项"按钮 ，或在语句表编辑器中右击后执行"选项"命令，打开"选项"对话框。选中其左侧"STL"下面的"状态"（如图 1-107 所示），可以设置语句表程序中状态监控的内容，每条指令最多可以监控 17 个操作数、逻辑堆栈中4 个当前值和 11 个指令状态位。

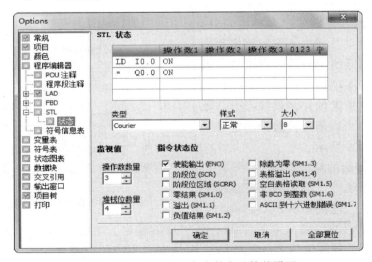

图 1-107 语句表程序中状态监控的设置

按照上述介绍调试程序的方法，若按下起动按钮 SB1，输出线圈 Q0.0、Q0.2 和 Q0.3 得电，延时 5 s 后，输出线圈 Q0.0、Q0.1 和 Q0.4 得电；按下停止按钮 SB2 后，所有输出都失电，说明程序编写正确。接下来就可以连接硬件线路，进行联机调试了。没有特殊说明，后续实训项目的调试仅指软件调试。

二维码 1-19

视频"PLC 程序的监控和调试"可扫描二维码 1-19 播放。

1.7.4 实训交流——防短路方法及不同负载的连接

1. 电气互锁

在很多工程应用中，经常需要两个及以上交流接触器不能同时得电（如本项目的星形和三角形交流接触器，可逆运行中的控制电动机正转和反转的两个交流接触器等），如果同时得电则会造成电源短路。在继电器-接触器控制系统中通过使用机械和电气互锁来解决此问题。在 PLC 控制系统中，虽然可通过软件实现互锁，即正反两输出线圈不能同时得电，但不能从根本上杜绝电源短路现象的发生（如一个接触器线圈虽失电，若其触点因熔焊不能分离，此时另一个接触器线圈再得电，就会发生电源短路现象），所以必须在交流接触器的线圈回路中串联对方的辅助常闭触点，如图 1-92 所示。

2. 星-三角切换时发生短路现象

在工业应用现场，在电动机星-三角降压起动切换时偶有发生跳闸（电源短路）现象。经检查电气线路和程序均正确，那怎么会发生电源短路呢？究其原因，是因为星-三角切换时，星形和三角形接触器主触点的动作几乎是同时进行，可能由于交流接触器使用时间较长而使触点动作不迅速或交流接触器主触点断开时产生的电弧原因，导致主电路的三相电源短路。这种情况下该如何解决呢？一是更换接触器；二是优化程序设计，在星形向三角形切换时，先断开星形接触器，数百毫秒后再接通三角形接触器。同样，在电动机可逆运行切换时若不经类似处理，也会发生跳闸现象。

3. 指示灯的连接

在较大型工程应用中，经常要求设备有运行状态指示。如果合理连接各种指示灯，则可节省很多输出点，减少系统扩展模块的数量，从而可提高系统运行的可靠性并节约系统硬件成本。如本项目中两个状态指示灯可并联在星形和三角形的接触器线圈上，如图 1-108 所示。也可以通过接触器的常开触点点亮，如图 1-109 所示。

4. 不同电压等级的输出

在很多控制系统中，经常遇到有多种不同的电压等级负载，这就要求 PLC 的输出点

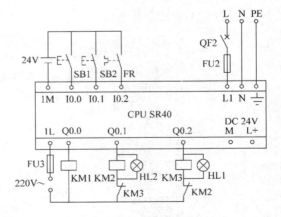

图 1-108　指示灯的连接方法之一

不能任意安排，必须做到同一电源使用一组 PLC 的输出，不能混用，否则会有事故发生。如本项目中，接触器线圈电压为 AC 220 V，而从安全用电角度考虑，作为指示或监控用的指示灯电压大多数情况下取 AC 6.3 V 或 DC 24 V。不同电压等级输出的 PLC 硬件接线图如

图 1-110 所示。对于西门子 CPU SR40 型的 PLC 输出端子来说，Q0.0~Q0.3 为一组、Q0.4~Q0.7 为一组、Q1.0~Q1.3 为一组、Q1.4~Q1.7 为一组，使用时应特别注意。

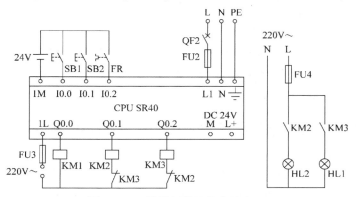

图 1-109　指示灯的连接方法之二

5. 定时范围扩展

在工业现场应用，设备动作延时的时间可能比较长，而 S7-200 SMART PLC 中定时器的最长定时时间为 3276.7 s，如果需要更长的定时时间那怎么办呢？可以采用多个定时器串联来延长定时范围。

如图 1-111 所示的梯形图中，当 I0.0 接通时，定时器 T37 中有信号流流过，定时器开始定时。当 SV = 18 000 时，定时器 T37 的延时时间 0.5 h 到，T37 的常开触点由断开变为接通，定时器 T38 中有信号流

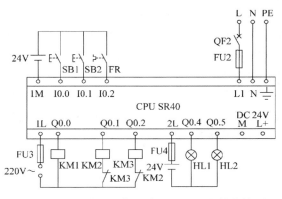

图 1-110　不同电压等级输出的 PLC 硬件接线图

流过，开始计时。当 SV = 18 000 时，定时器 T38 延时时间 0.5 h 到，T38 的常开触点由断开变为接通，线圈 Q0.0 有信号流流过。当 I0.0 断开时，T37、T38 的常开触点立即复位断开。这种延长定时范围的方法形象地称为接力定时法。

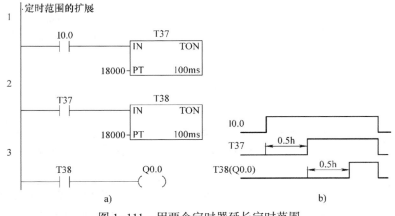

图 1-111　用两个定时器延长定时范围
a）梯形图　b）指令功能图

1.7.5　实训拓展——电动机的顺序起停控制

训练1：用断电延时定时器实现电动机的丫-△降压起动控制（可增加以下功能：由手动提前进行丫-△切换控制功能）。

训练2：用PLC实现两台小容量电动机的顺序起动和逆序停止控制，要求第1台电动机起动5s后第2台电动机才能起动；第2台电动机停止5s后第1台电动机方能停止。若有任一台电动机过载，两台电动机均立即停止运行。

1.7.6　实训进阶——电梯轿厢自动关门控制、电动机的起动控制和装调

任务1： 电梯轿厢自动关门控制。

THJDDT-5型电梯轿厢开门后，若一直没有按下关门按钮，过4s后（系统设定）电梯轿厢自动关门。另外，若电梯处于早间模式、晚间模式、区间模式下，电梯停止运行一段时间后自动返回到此模式下指定的楼层。现以轿厢自动关门为例。

开门继电器的常开触点与I1.3相连接，关门继电器线圈与输出端Q0.2相连接（关门继电器线圈与输出继电器Q0.2端子之间还串联了关门到位开关和开门继电器常闭互锁触点）。门联锁继电器（四层电梯厅门和轿厢门都关好的情况下，此继电器线圈得电）常开触点与I0.6相连接。

根据上述要求，其控制程序如图1-112所示，图中I1.4为门安全触板开关，I1.6为超载开关，I1.7为门感应器开关，Q0.1为开门继电器，M0.3为关门超时信号。电梯在关门过程中，若发生门安全触板动作、门感应器开关动作、人员超载时，电梯轿厢的门都不能关闭。

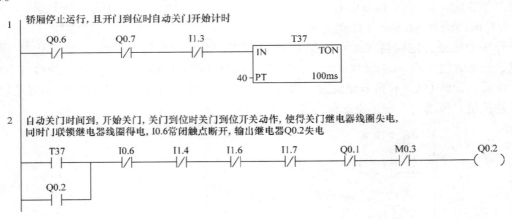

图1-112　电梯轿厢自动关门控制程序

任务2： 维修电工中级（四级）职业资格鉴定中，有一考题为PLC控制三相异步电动机的起动和装调，所提供的继电器-接触器控制电路同本书1.7.3小节星-三角降压起动控制原理图。

任务3： 维修电工中级（四级）职业资格鉴定中，有一考题为PLC控制多台电动机的顺序起停和装调，所提供的继电器-接触器控制电路如图1-113或图1-114所示。

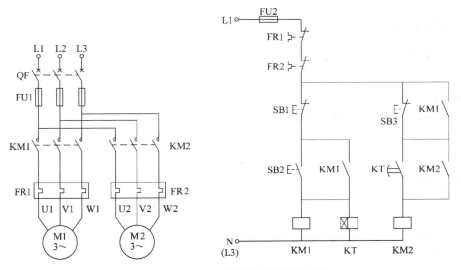

图 1-113　多台电动机顺序起停控制电路一

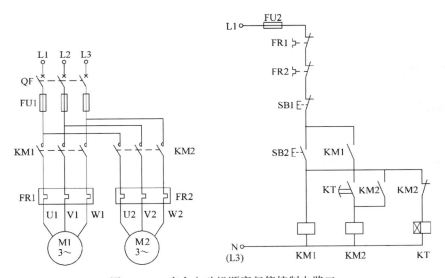

图 1-114　多台电动机顺序起停控制电路二

1.8　实训 5　电动机循环起停的 PLC 控制

1.8.1　实训目的——掌握计数器指令及特殊位寄存器

1）掌握计数器的使用。

2）掌握特殊存储器位的使用。

3）掌握用状态图表监控与调试程序的方法。

1.8.2 实训任务

用 PLC 实现三相异步电动机的循环起停控制，即按下起动按钮，电动机起动并正向运转 5s，停止 3s，再反向运转 5s，停止 3s，然后再正向运转，如此循环 5 次后停止运转，此时循环结束指示灯以秒级闪烁，以示循环过程结束。若停止按钮按下松开时，电动机才停止运行。该电路必须具有必要的短路保护、过载保护等功能。

1.8.3 实训步骤

1. I/O 分配

根据项目分析可知，电动机的循环起停控制 I/O 分配表如表 1-10 所示。

表 1-10　电动机的循环起停控制 I/O 分配表

输　入		输　出	
输入继电器	元器件	输出继电器	元器件
I0.0	起动按钮 SB1	Q0.0	正转接触器 KM1
I0.1	停止按钮 SB2	Q0.1	反转接触器 KM2
I0.2	热继电器 FR	Q0.4	指示灯 HL

2. PLC 硬件原理图

根据控制要求及表 1-10 的 I/O 分配表，电动机的循环起停控制 PLC 硬件原理图如图 1-115 所示。

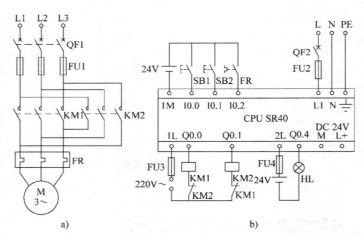

图 1-115　电动机的循环起停控制 PLC 硬件原理图

a）主电路　b）控制电路

3. 创建工程项目

创建一个工程项目，并命名为电动机的循环起停控制。

4. 编辑符号表

编辑符号表如图 1-116 所示。

5. 编写程序

（1）特殊存储器 SMB0 和 SMB1

系统要求，循环结束后指示灯以秒级闪烁，即闪烁周期为 1 s。如何产生秒级周期脉冲呢？使用定时器指令便可实现，但以目前所学知识需要两个定时器，这则增加了编程工作量。而 S7-200 SMART 提供了多个特殊存储器，它们具有特殊功能（如存储系统的状态变量、有关的控制参数和信息），称之为特殊标志继电器（用"SM"表示）。这些特殊存储器为用户编程提供方便。用户可以通过特殊标志进行

图 1-116　符号表

PLC 与被控对象之间信息的沟通，如可以读取程序运行过程中的设备状态和运算结果信息，利用这些信息用程序实现一定的控制动作。用户也可通过直接设置某些特殊标志继电器位来使设备实现某种功能。在此先学习 SMB0 和 SMB1 两个特殊存储器，SM0.0 ~ SM1.7 为系统状态位，只能读取其中的状态数据，不能改写。SMB0 和 SMB1 特殊存储器位及含义如表 1-11 所示。

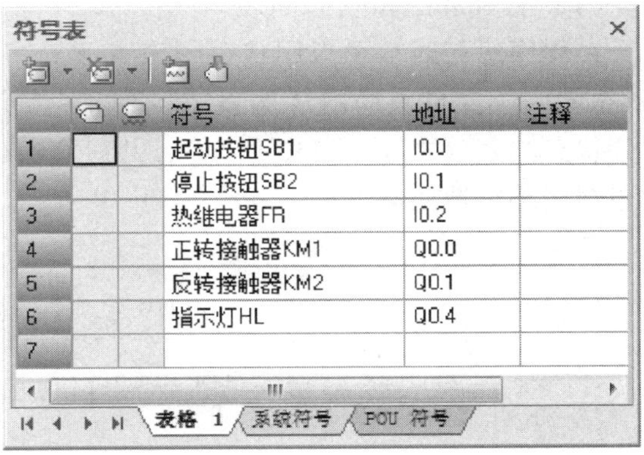

表 1-11　SMB0 和 SMB1 特殊存储器位及含义

位号	含　义	位号	含　义
SM0.0	该位始终为 1	SM1.0	操作结果为 0 时置 1
SM0.1	首次扫描时为 1，以后为 0	SM1.1	结果溢出或非法数值时置 1
SM0.2	保持数据丢失时为 1	SM1.2	结果为负数时置 1
SM0.3	开机上电进行 RUN 时为 1 一个扫描周期	SM1.3	被 0 除时置 1
SM0.4	时钟脉冲：周期为 1 min，30 s 闭合/30 s 断开	SM1.4	超出表范围时置 1
SM0.5	时钟脉冲：周期为 1 s，0.5 s 闭合/0.5 s 断开	SM1.5	空表时置 1
SM0.6	时钟脉冲：闭合一个扫描周期，断开一个扫描周期	SM1.6	BCD 到二进制转换出错时置 1
SM0.7	开关放置在 RUN 位置时为 1	SM1.7	ASCII 到十六进制转换出错时置 1

（2）编写程序

结合以上所学特殊存储器位，循环结束指令灯的秒级闪烁可用 SM0.5 来实现。首次开机时可使用 SM0.1 让循环计数器复位。电动机的循环起停控制梯形图如图 1-117 所示。

6. 调试程序

S7-200 SMART 既可使用程序状态功能来监控和调试程序，还可使用状态图表来监控和调试程序。现介绍使用状态图表调试的过程。

（1）打开和编辑状态图表

在程序运行时，可以用状态图表来读、写、强制和监控 PLC 中的变量。双击项目树的"状态图表"文件夹中的"图表1"图标，或者单击导航栏上的"状态图表"按钮▦，均可打开状态图表（如图 1–118 所示），并对它进行编辑。如果项目中有多个状态图表，可以用状态图表编辑器底部的标签切换它们。

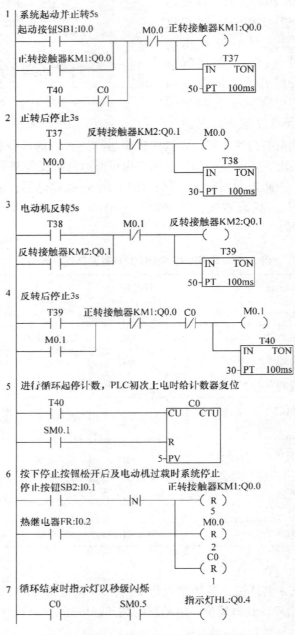

图 1–117　电动机的循环起停控制梯形图

70

（2）生成要监控的地址

未起动状态图表的监控功能时，在状态图表的"地址"列输入要监控的变量的绝对地址或符号地址，可以采用默认的显示格式，或用"格式"列隐藏的下拉式列表来改变显示格式。工具栏上的按钮 ⬚ ▾ 用来切换地址的显示方式。

图1-118　状态图表

定时器和计数器可以分别按位或按字监控。如果按位监控，显示的是它们的输出位的ON/OFF状态。如果按位监控，显示的是它们的当前值。

选中符号表中的符号单元或地址单元，并将其复制到状态图表的"地址"列，可以快速创建要监控的变量。单击状态图表某个"地址"列的单元格（如T37）后按〈Enter〉键，可以在下一行插入或添加一个具有顺序地址（如T38）和相同显示格式的新行（如图1-118所示）。

按住〈Ctrl〉键，将选中的操作数从程序编辑器拖放到状态图表，可以向状态图表添加条目。此外，还可以从Excel电子表格复制和粘贴数据到状态图表。

（3）创建新的状态图表

可以根据不同的监控任务，创建几个状态图表。右击项目树中的"状态图表"，执行弹出的菜单中的"插入"选项下的"图表"命令，或单击状态图表工具栏上的"插入图表"按钮 ⬚ ，可以创建新的状态图表。

（4）起动和关闭状态图表的监控功能

与PLC的通信连接成功后，打开状态图表，单击工具栏上的"图表状态"按钮 ▶ ，该按钮被"按下"（按钮背景变为黄色），起动了状态图表的监控功能。编程软件从PLC收集状态信息，在状态图表的"当前值"列将会出现从PLC中读取的连续更新的动态数据。

起动监控功能后按下起动按钮SB1和停止按钮SB2，可以看到各个位地址的ON/OFF状态和定时器当前值变化的情况。

单击状态图表工具栏上的"图表状态"按钮 ▶ ，该按钮"弹起"（按钮背景变为灰色），监视功能被关闭，当前值列显示的数据消失。

用二进制格式监控字节、字或双字，可以在一行中同时监控8点、16点或32点位变量。

（5）单次读取状态信息

状态图表的监控功能被关闭时，或 PLC 切换到 STOP 模式，单击状态图表工具栏上的"读取"按钮 ，可以获得打开的状态图表中数值的单次"快照"（更新一次状态图表中所有的值），并在状态图表的"当前值"列显示出来。

（6）趋势视图

趋势视图是用随时间变化的曲线跟踪 PLC 的状态数据（如图 1-119 所示）。单击状态图表工具栏上的"趋势视图"按钮 ，可以在表格与趋势视图之间切换。右击状态图表内部，然后执行弹出的菜单中的命令"趋势形式的视图"，也可以完成同样的操作。

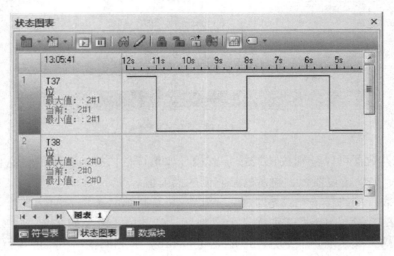

图 1-119　趋势视图

右击趋势视图，执行弹出的菜单中的命令，可以在趋势视图运行时删除被单击的变量行、插入新的行和修改趋势视图的时间基准（即时间轴的刻度）。如果更改了时间基准（0.25 s～5 min），整个图的数据都被清除，并用新的时间基准重新显示。执行弹出的菜单中的"属性"命令，在弹出的对话框中，可以修改单击的行变量的地址和显示格式，以及显示的上限和下限。

启动趋势视图后单击工具栏上的"暂停图表"按钮 ，可以"冻结"趋势视图。再次单击该按钮将结束暂停。

实时趋势功能不支持历史趋势，即不会保留超出趋势视图窗口的时间范围的趋势数据。

按照上述介绍的调试方法，对程序进行调试。如果按下起动按钮 SB1 后，输出线圈 Q0.0 和 Q0.1 动作 5 s 后再过 3 s 能相互切换，循环切换 5 次后指令灯 HL 被点亮，并且在停止按钮 SB2 释放时，所有输出均失电，说明程序编写正确。

1.8.4　实训交流——计数范围拓展及数字量输出的组态

1. 计数范围扩展

在工业生产中，常需要对加工零件进行计数，若采用 S7-200 SMART 中计数器进行计数只能计 32 767 个零件，远远达不到计数要求，那如何拓展计数范围呢？只需要将多个计数器进行串联即可解决计数器范围拓展问题，即第一个计数器计到某个数（如 30 000），再触发第二个计数器，将其当前值加 1，当其计数到 30 000 时，计数范围已扩大到 9 亿个。如若不够可再触发第三个计数器，这样串联使用，可将计数范围拓展到无限大。

2. 计数器的计数频率

普通计数器能否对高速且连续不断运行的零件进行计数，即它的计数脉冲的频率为多少呢？这与控制系统用户程序容量有关系，即与 PLC 的扫描周期有关。PLC 在每个扫描周期开始的时候读取数字量输入的值。如果前一扫描周期读取的是 0，本次扫描周期读取的是 1，操作系统就知道出现了计数脉冲的上升沿，将计数器的当前值加 1 或减 1。假设 PLC 的扫描周期和计数脉冲的周期都是恒定的。如果计数脉冲的周期小于两倍扫描周期，就会丢失计数脉冲的上升沿。实际上 PLC 的扫描周期不是恒定的，由于程序的跳转或中断等原因，都会使扫描周期不断变化，导致时而丢失计数脉冲的上升沿。计数脉冲的高电平和低电平脉冲的宽度小于扫描周期，也会丢失脉冲的上升沿。一般情况下计数脉冲频率在 50 Hz 以上，建议使用后续章节中所介绍的高速计数器，此计数器最高计数脉冲频率可达 100 kHz。

3. 数字量输出的组态

一般情况下 CPU 处于 STOP 模式下，所有的数字量输出点都输出"0"。S7-200 SMART 可以组态数字量在 STOP 模式下的输出状态。

选中系统块上面的 CPU 模块、有数字量输出的模块或信号板，单击左边窗口的"数字量输出"节点，在右边窗口设置从 RUN 模式变为 STOP 模式后，各输出点的状态（如图 1-120 所示），可将数字量输出设置为特定值，或者保持在切换到 STOP 模式之前存在的输出状态。

（1）将输出冻结在最后状态

勾选"将输出冻结在最后一个状态"复选框，最后单击"确定"按钮。就可在 CPU 进行 RUN 模式到 STOP 模式转换时将所有数字量输出冻结在其最后的状态（如图 1-120 所示）。如 CPU 最后的状态 Q0.0 和 Q0.5 是高电平，那么 CPU 从 RUN 模式到 STOP 模式切换时，Q0.0 和 Q0.5 仍是高电平。

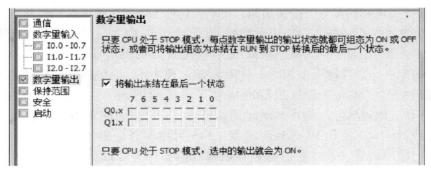

图 1-120 将数字量冻结在最后状态

（2）替换值

不选择"冻结"模式，CPU 从 RUN 模式切换到 STOP 模式时各输出点的状态用输出表来设置。希望进入 STOP 模式之后某一点或几点输出为 ON，则单击该位对应的小方框，使之出现勾号。输出表默认的设置是未选"冻结"模式，从 RUN 模式切换到 STOP 模式时，所有的输出点被复位为 OFF。在此勾选 Q0.2 和 Q0.6（如图 1-121 所示），单击"确定"按钮，表示当 CPU 从 RUN 模式切换到 STOP 模式时，Q0.2 和 Q0.6 将是高电平，不管 Q0.2 和 Q0.6 之前是什么状态。

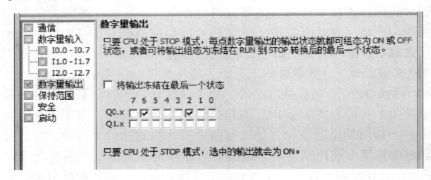

图 1-121　替换值

视频"数字量的输出组态"可通过扫描二维码 1-20 播放。

二维码 1-20

1.8.5　实训拓展——灯的亮度及空余车位的显示控制

训练 1：用 PLC 实现组合吊灯三档亮度控制，即按下第 1 次按钮只有 1 盏灯点亮，按下第 2 次按钮有 2 盏灯点亮，按下第 3 次按钮有 3 盏灯点亮，按下第 4 次按钮 3 盏灯全熄灭。

训练 2：用 PLC 实现地下车库有无空余车位显示控制，设地下车库共有 100 个停车位。要求有车辆入库时，空余车位数少 1；有车辆出库时，空余车位数多 1；当有空余车位时绿灯亮；无空余车位时红灯亮并以秒级闪烁，以提示车库已无空余车位。

1.8.6　实训进阶——电梯内选登记信号销号操作控制

任务：电梯内选登记信号销号操作控制。

THJDDT-5 型电梯模型有一控制功能，要求内选信号可实现错误时销号功能，即错误按下某层内选按钮又按下所去楼层内选按钮时，可通过 0.5 s 内双击此内选按钮将错误选择的内选信号销掉，而且只能销号一次。现以二层内选登记信号的销号为例。

根据上述要求，其控制程序如图 1-122 所示，图中 I2.1 为二层内选按钮，M10.1 为二层内选登记信号，M30.2 为二层范围信号（当轿厢进入二层范围时，其位为 ON），M3.2 为内选登记撤销信号（即电梯运行到二层时，将已登记的 M10.1 复位），C2 为内选错误销号计数器，T40 为 0.5 s 循环定时器，T46 为错误登记撤销后延时定时器，M14.7 为二层销号记忆位信号（若二层已经销号则将其销号行为加以记忆，使其不能进行第二次销号）。

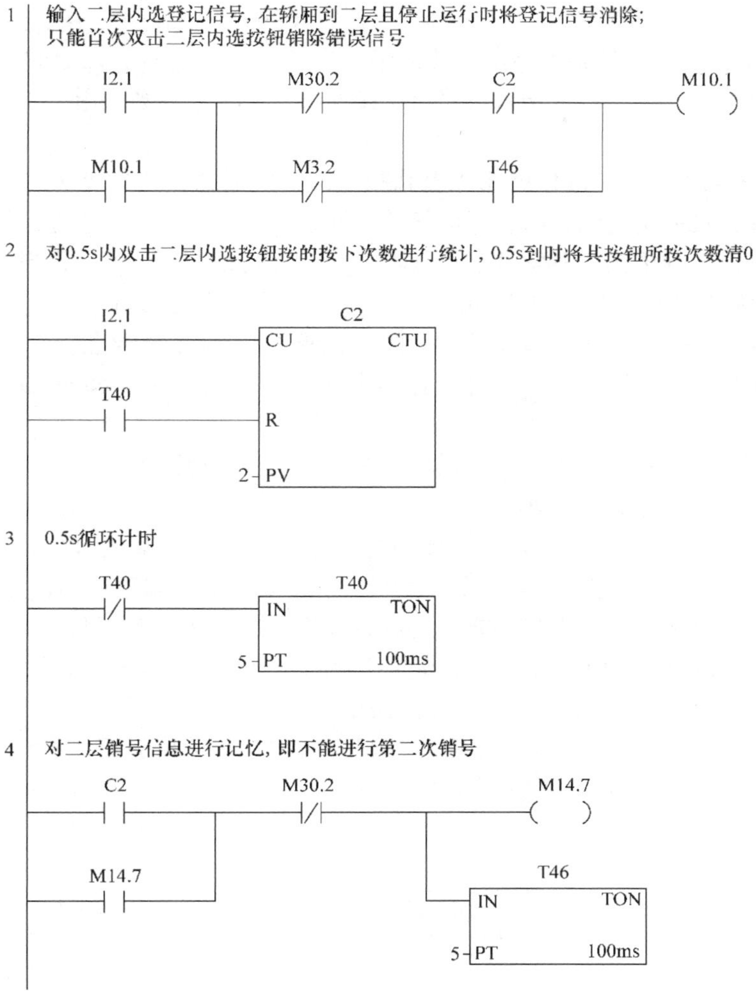

1　输入二层内选登记信号，在轿厢到二层且停止运行时将登记信号消除；
只能首次双击二层内选按钮销除错误信号

```
   I2.1        M30.2       C2              M10.1
  ─┤ ├──┬──────┤/├────┬────┤/├──────────────( )
   M10.1 │     M3.2   │    T46
  ─┤ ├───┘     ┤/├────┴────┤ ├
```

2　对0.5s内双击二层内选按钮按的按下次数进行统计，0.5s到时将其按钮所按次数清0

```
   I2.1           C2
  ─┤ ├───────┤CU      CTU├
   T40
  ─┤ ├───────┤R
         2 ──┤PV
```

3　0.5s循环计时

```
   T40          T40
  ─┤/├───────┤IN      TON├
        5 ──┤PT    100ms
```

4　对二层销号信息进行记忆，即不能进行第二次销号

```
   C2        M30.2           M14.7
  ─┤ ├──┬────┤/├──────┬──────( )
   M14.7 │           │  T46
  ─┤ ├───┘           └─┤IN     TON├
                   5 ──┤PT   100ms
```

图 1-122　电梯内选登记信号销号操作控制程序

1.9　习题与思考

1. 美国数字设备公司于_____年研制出世界上第一台 PLC。

2. PLC 主要由_____、_____、_____、_____等组成。

3. PLC 的常用语言有_____、_____、_____、_____、_____等。

4. PLC 是通过周期扫描工作方式来完成控制的，每个周期包括_____、_____、_____。

5. 输出指令（对应于梯形图中的线圈）不能用于过程映像_____寄存器。

6. 特殊存储器位 SM_____在首次扫描时为 ON，SM0.0 一直为_____。

7. 接通延时定时器 TON 的使能（IN）输入电路_____时开始定时，当前值大于等于预设值时其定时器位变为_____，梯形图中常开触点_____，常闭触点_____。使能输入电路_____时被复位，复位后梯形图中其常开触点_____，常闭触点_____，当

前值等于_____。

8. 保持型接通延时定时器 TONR 的使能输入电路_____时开始定时，使能输入电路断开时，当前值_____。使能输入电路再次接通时_____。必须用_____指令来复位 TONR。

9. 断开延时定时器 TOF 的使能输入电路接通时，定时器位立即变为_____，当前值被_____。使能输入电路断开时，当前值从 0 开始_____。当前值等于预设值时，定时器位变为_____，梯形图中其常开触点_____，常闭触点_____，当前值_____。

10. 若加计数器的计数输入电路 CU _____、复位输入电路 R _____，计数器的当前值加 1。当前值 SV 大于等于预设值 PV 时，梯形图中其常开触点_____，常闭触点_____。复位输入电路_____时，计数器被复位，复位后梯形图中其常开触点_____，常闭触点_____，当前值_____。

11. PLC 内部的"软继电器"能提供多少个触点供编程使用？

12. 输入继电器有无输出线圈？

13. 用一个转换开关控制两盏直流 24 V 指示灯，以示控制系统运行时所处的"自动"或"手动"状态，即向左旋转转换开关，其中一盏灯亮表示控制系统当前处于"自动"状态；向右旋转转换开关，另一盏灯亮表示控制系统当前处于"手动"状态。

14. 使用 CPU ST40 的 PLC 设计两地均能控制同一台电动机的起动和停止。

15. 用 R、S 指令或 RS 指令编程实现电动机的正反转运行控制。

16. 两台电动机的顺序起动和顺序停止控制，即按下起动按钮第一台电动机立即起动，10 s 后第二台电动机方能起动。按下停止按钮后，第一台电动机立即停止运行，15 s 后第二台电动机方能停止运行。

第2章 功能指令的编程及应用

2.1 数据类型及寻址方式

1. 数据类型

在 S7-200 SMART 的编程语言中，大多数指令要同具有一定大小的数据对象一起进行操作。不同的数据对象具有不同的数据类型，不同的数据类型具有不同的数制和格式选择。程序中所用的数据可指定一种数据类型。在指定数据类型时，要确定数据大小和数据位结构。

S7-200 SMART 的数据类型有以下几种：字符串、布尔型（0 或 1）、整型和实型（浮点数）等。任何类型的数据都是以一定格式采用二进制的形式保存在存储器内。一位二进制数称为 1 位（bit），包括"0"或"1"两种状态，表示处理数据的最小单位。可以用一位二进制数的两种不同取值（"0"或"1"）来表示开关量的两种不同状态。对应于 PLC 中的编程元件，如果该位为"1"，则表示梯形图中对应编程元件的线圈有信号流流过，其常开触点接通，常闭触点断开。如果该位为"0"，则表示梯形图中对应编程元件的线圈没有信号流流过，其常开触点断开，常闭触点接通。

数据从数据长度上可分为位、字节、字或双字等。8 位二进制数组成 1 个字节（Byte），其中第 0 位为最低位（LSB），第 7 位为最高位（MSB）。两个字节组成 1 个字（Word），两个字组成 1 个双字（Double Word）。一般用二进制补码形式表示有符号数，其最高位为符号位。最高位为 0 时表示正数，为 1 时表示负数，最大的 16 位正数为 16#7FFF，16#表示十六进制数。

S7-200 SMART PLC 的基本数据类型及范围如表 2-1 所示。

表 2-1 S7-200 SMART PLC 的基本数据类型及范围

基本数据类型	位数	范围
布尔型 Bool	1	0 或 1
字节型 Byte	8	0~255
字型 Word	16	0~65 535
双字型 Dword	32	$0 \sim (2^{32} - 1)$
整型 Int	16	$-32\,768 \sim +32\,767$
双整型 Dint	32	$-2^{31} \sim (2^{31} - 1)$
实数型 Real	32	IEEE 浮点数

数据类型为 STRING 的字符串由若干个 ASCII 码字符组成，第一个字节定义字符串的长度（0~254），后面的每个字符占 1 B。变量字符串最多占 255 B（长度字节加上 254 个字符）。

2. PLC 寻址方式

S7-200 SMART 每条指令由两部分组成：一部分为操作码，另一部分为操作数。操作码指出指令的功能，操作数则指明操作码操作的对象。所谓寻址，就是寻找操作数的过程。S7-200 SMART PLC 的寻址分为 3 种：立即寻址、直接寻址和间接寻址。

（1）立即寻址

在一条指令中，如果操作数本身就是操作码所需要处理的具体数据，这种操作的寻址方式就是立即寻址。

如：MOVW　16#1234,　　VW10

该指令为双操作数指令，第一个操作数称为源操作数，第二个操作数称为目的操作数。该指令的功能是将十六进制数 1234 传送到变量存储器 VW10 中，指令中的源操作数 16#1234 即为立即数，其寻址方式就是立即寻址方式。

（2）直接寻址

在一条指令中，如果操作数是以其所在地址形式出现的，这种指令的寻址方式称为直接寻址。

如：MOVB　VB40,　　VB50

该指令的功能是将 VB40 中的字节数据传给 VB50，指令中的源操作数的数值在指令中并未给出，只给出了存储源操作数的地址 VB40，寻址时要到该地址中寻找源操作数，这种给出操作数地址形式的寻址方式是直接寻址。

1）位寻址方式。

位存储单元的地址由字节地址和位地址组成，如 I1.2，其中区域标识符"I"表示输入，字节地址为 1，位地址为 2，位数据的存放如图 2-1 所示。这种存取方式也称为"字节. 位"寻址方式。

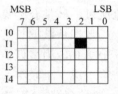

图 2-1　位数据的存放

2）字节、字和双字寻址方式。

对字节、字和双字数据，直接寻址时需指明区域标识符、数据类型和存储区域内的首字节地址。例如，输入字节 VB10，V 为变量存储区域标识符，B 表示字节（B 是 Byte 的缩写），10 为起始字节地址。相邻的两个字节组成一个字，VW10 表示由 VB10 和 VB11 组成的 1 个字，VW10 中的 V 为变量存储区域标识符，W 表示字（W 是 Word 的缩写），10 为起始字的地址。VD10 表示由 VB10～VB13 组成的双字，V 为变量存储区域标识符，D 表示双字（D 是 Double Word 的缩写），10 为起始字节的地址。同一地址的字节、字和双字存取操作的比较如图 2-2 所示。

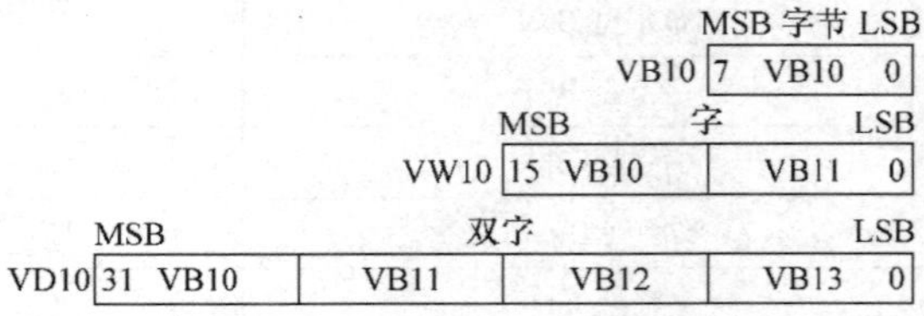

图 2-2　同一地址进行字节、字和双字存取操作的比较

可以用直接方式进行寻址的存储区包括：输入映像存储区 I、输出映像存储区 Q、变量存储区 V、位存储区 M、定时器存储区 T、计数器存储区 C、高速计数器 HC、累加器 AC、特殊存储器 SM、局部存储器 L、模拟量输入映像区 AI、模拟量输出映像区 AQ、顺序控制继电器 S。

（3）间接寻址

在一条指令中，如果操作数是以操作数所在地址的地址形式出现的，这种指令的寻址方式就是间接寻址。操作数地址的地址也称为地址指针。地址指针前加"＊"。

如：MOVW　2010,＊VD20

该指令中,＊VD20 就是地址指针,在 VD20 中存放的是一个地址值,而该地址值是源操作数 2010 存储的地址。如 VD20 中存入的是 VW0,则该指令的功能是将十进制数 2010 传送到地址 VW0 中。

可以用间接方式进行寻址的存储区包括：输入映像存储区 I、输出映像存储区 Q、变量存储区 V、位存储区 M、顺序控制继电器 S、定时器存储区 T、计数器存储区 C,其中 T 和 C 仅仅是对于当前值进行间接寻址,而对独立的位值和模拟量值是不能进行间接寻址的。

使用间接寻址对某个存储器单元读、写时,首先要建立地址指针。指针为双字长,用来存入另一个存储器的地址,只能用 V、L 或累加器 AC 作为指针。建立指针必须用双字传送指令（MOVD）,将需要间接寻址的存储器地址送到指针中,例如：MOVD &VB200,AC1。指针也可以为子程序传递参数。&VB200 表示 VB200 的地址,而不是 VB200 中的值。

1）用指针存取数据。

用指针存取数据时,操作数前加"＊"号,表示该操作数为一个指针。图 2-3 中的＊AC1 表示 AC1 是一个指针,MOVW 指令决定了指针指向的是一个字长的数据。此例中,存于 VB200 和 VB201 的数据被传送到累加器 AC0 的低 16 位。

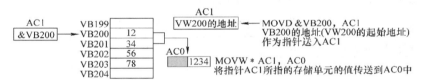

图 2-3　使用指针的间接寻址

2）修改指针。

在间接寻址方式中,指针指示了当前存取数据的地址。连续存取指针所指的数据时,当一个数据已经存入或取出,如果不及时修改指针以后存取时仍将使用已用过的地址。为了使存取地址不重复,必须修改指针。因为指针是 32 位的数据,应使用双字指令来修改指针值,例如双字加法或双字加 1 指令。修改时记住需要调整的存储器地址的字节数：存取字节时,指针值加 1;存取字时,指针值加 2;存取双字时,指针值加 4。

视频"数据类型及寻址"可扫描二维码 2-1 播放。

二维码 2-1

2.2　数据处理指令

2.2.1　传送指令

1. 数据传送指令

数据传送指令包括字节、字、双字和实数传送指令,其梯形图及语句表如表 2-2 所示。

表 2-2 数据传送指令的梯形图及语句表

梯形图	语句表	指令名称
MOV_B EN ENO IN OUT	MOVB IN, OUT	字节传送指令
MOV_W EN ENO IN OUT	MOVW IN, OUT	字传送指令
MOV_DW EN ENO IN OUT	MOVD IN, OUT	双字传送指令
MOV_R EN ENO IN OUT	MOVR IN, OUT	实数传送指令

字节传送（MOVB）、字传送（MOVW）、双字传送（MOVD）和实数传送（MOVR）指令在不改变原值的情况下，将 IN 中的值传送到 OUT 中。

数据传送指令的操作数范围如表 2-3 所示。

表 2-3 数据传送指令的操作数范围

指令	输入或输出	操作数
字节传送指令	IN	IB、QB、VB、MB、SMB、SB、LB、AC、＊VD、＊LD、＊AC、常数
	OUT	IB、QB、VB、MB、SMB、SB、LB、AC、＊VD、＊LD、＊AC
字传送指令	IN	IW、QW、VW、MW、SMW、SW、T、C、LW、AC、AIW、＊VD、＊AC、＊LD、常数
	OUT	IW、QW、VW、MW、SMW、SW、T、C、LW、AC、AQW、＊VD、＊AC、＊LD
双字传送指令	IN	ID、QD、VD、MD、SMD、SD、LD、HC、&IB、&QB、&VB、&MB、&SMB、&SB、&T、&C、&AIW、&AQW、AC、＊VD、＊AC、＊LD、常数
	OUT	ID、QD、SD、MD、SMD、VD、LD、AC、＊VD、＊LD、＊AC
实数传送指令	IN	ID、QD、SD、MD、SMD、VD、LD、AC、＊VD、＊LD、＊AC、常数
	OUT	ID、QD、SD、MD、SMD、VD、LD、AC、＊VD、＊LD、＊AC

【例 2-1】 字传送指令的应用（如图 2-4 所示）。

当常开触点 I0.0 接通时，有信号流流入 MOVW 指令的使能输入端 EN，字传送指令将十六进制数 C0F2，不经过任何改变传送到输出过程映像寄存器 QW0 中。

2. 块传送指令

块传送指令的梯形图及语句表如表 2-4 所示。

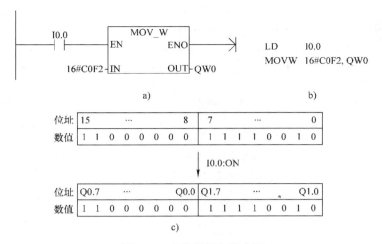

图 2-4 字传送指令的应用

a) 梯形图 b) 语句表 c) 指令功能图

表 2-4 块传送指令的梯形图及语句表

梯形图	语句表	指令名称
BLKMOV_B EN ENO IN OUT N	BMB IN, OUT, N	字节块传送指令
BLKMOV_W EN ENO IN OUT N	BMW IN, OUT, N	字块传送指令
BLKMOV_D EN ENO IN OUT N	BMD IN, OUT, N	双字块传送指令

字节块传送指令、字块传送指令和双字块传送指令用以传送指定数量的数据到一个新的存储区, IN 为数据的起始地址, 数据的长度为 N (N 为 1~255) 个字节、字或双字, OUT 为新存储区的起始地址。

块传送指令的操作数范围如表 2-5 所示。

表 2-5 块传送指令的操作数范围

指令	输入或输出	操作数
字节块传送指令	IN	IB、QB、VB、MB、SMB、SB、LB、AC、﹡VD、﹡LD、﹡AC
	OUT	
	N	IB、QB、VB、MB、SMB、SB、LB、AC、﹡VD、﹡LD、﹡AC、常数
字块传送指令	IN	IW、QW、VW、MW、SMW、SW、LW、AIW、AQW、AC、HC、T、C、﹡VD、﹡LD、﹡AC
	OUT	
	N	IB、QB、VB、MB、SMB、SB、LB、AC、﹡VD、﹡LD、﹡AC

指令	输入或输出	操作数
双字块传送指令	IN	ID、QD、VD、MD、SMD、SD、LD、AC、＊VD、＊LD、＊AC
	OUT	
	N	IB、QB、VB、MB、SMB、SB、LB、AC、＊VD、＊LD、＊AC、常数

3. 字节立即传送指令和交换字节指令

字节立即传送指令和交换字节指令的梯形图及语句表如表 2-6 所示。

字节立即传送指令和交换字节指令的操作数范围如表 2-7 所示。

表 2-6　字节立即传送指令和交换字节指令的梯形图及语句表

梯形图	语句表	指令名称
MOV_BIR EN　ENO IN　　OUT	BIR　IN, OUT	字节立即读指令
MOV_BIW EN　ENO IN　　OUT	BIW　IN, OUT, N	字节立即写指令
SWAP EN　ENO IN　　OUT	SWAP　IN	交换字节指令

表 2-7　字节立即传送指令和交换字节指令的操作数范围

指令	输入或输出	操作数
字节立即读指令	IN	IB、＊VD、＊LD、＊AC
	OUT	IB、QB、VB、MB、SMB、SB、LB、AC、＊VD、＊LD、＊AC
字节立即写指令	IN	IB、QB、VB、MB、SMB、SB、LB、AC、＊VD、＊LD、＊AC、常数
	OUT	QB、＊VD、＊LD、＊AC
交换字节指令	IN	IW、QW、VW、MW、SMW、SW、T、C、LW、AC、＊VD、＊LD、＊AC

字节立即读指令用以读取物理量输入 IN 的状态，并将结果写入存储器地址 OUT，但不会更新过程映像寄存器。

字节立即写指令用以从存储器地址 IN 读取数据，并将其写入物理量输出 OUT 及其过程映像寄存器的相应位置。

字节交换指令用于将字 IN 的最高有效字节和最低有效字节进行交换。

视频"MOV 指令的使用"可通过扫描二维码 2-2 播放。

二维码 2-2

2.2.2　比较指令

比较指令是用于两个相同数据类型的有符号或无符号数 IN1 和 IN2 之间的比较判断操作。字节比较操作是无符号的，整数、双整数和实数比较操作都是有符号的。

比较运算符包括：等于（==）、大于等于（>=）、小于等于（<=）、大于（>）、小于（<）、不等于（<>）。

比较指令的梯形图及语句表如表 2-8 所示。

在梯形图中，比较指令是以常开触点的形式编程的，在常开触点的中间注明比较参数和比较运算符。当比较的结果为真时，该常开触点闭合。

在功能块图中，比较指令以功能框的形式编程。当比较结果为真时，输出接通。

在语句表中，比较指令与基本逻辑指令 LD、A 和 O 进行组合编程。当比较结果为真时，PLC 将栈顶置 1。

在程序编辑器中，对常数字符串参数赋值必须用双引号字符开始和结束。常数字符串的最大长度为 126 个字符，每个字符占一个字节。如果字符串变量从 VB100 开始存放，字符串比较指令中该字符串对应的输入参数为 VB100。字符串变量的最大长度为 254 个字符（字节），可以用数据块初始化字符串。

表 2-8 比较指令的梯形图及语句表

指令类型	梯形图	语句表
字节比较指令	IN1 —| ==B |— IN2	LDB= IN1, IN2 AB= IN1, IN2 OB= IN1, IN2
	IN1 —| <>B |— IN2	LDB<> IN1, IN2 AB<> IN1, IN2 OB<> IN1, IN2
	IN1 —| >=B |— IN2	LDB>= IN1, IN2 AB>= IN1, IN2 OB>= IN1, IN2
	IN1 —| <=B |— IN2	LDB<= IN1, IN2 AB<= IN1, IN2 OB<= IN1, IN2
	IN1 —| >B |— IN2	LDB> IN1, IN2 AB> IN1, IN2 OB> IN1, IN2
	IN1 —| <B |— IN2	LDB< IN1, IN2 AB< IN1, IN2 OB< IN1, IN2
整数比较指令	IN1 —| ==I |— IN2	LDW= IN1, IN2 AW= IN1, IN2 OW= IN1, IN2
	IN1 —| <>I |— IN2	LDW<> IN1, IN2 AW<> IN1, IN2 OW<> IN1, IN2
	IN1 —| >=I |— IN2	LDW>= IN1, IN2 AW>= IN1, IN2 OW>= IN1, IN2
	IN1 —| <=I |— IN2	LDW<= IN1, IN2 AW<= IN1, IN2 OW<= IN1, IN2
	IN1 —| >I |— IN2	LDW> IN1, IN2 AW> IN1, IN2 OW> IN1, IN2
	IN1 —| <I |— IN2	LDW< IN1, IN2 AW< IN1, IN2 OW< IN1, IN2

指令类型	梯形图	语句表
双整数比较指令	IN1 ─┤ ==D ├─ IN2	LDD= IN1, IN2 AD= IN1, IN2 OD= IN1, IN2
	IN1 ─┤ <>D ├─ IN2	LDD<> IN1, IN2 AD<> IN1, IN2 OD<> IN1, IN2
	IN1 ─┤ >=D ├─ IN2	LDD>= IN1, IN2 AD>= IN1, IN2 OD>= IN1, IN2
	IN1 ─┤ <=D ├─ IN2	LDD<= IN1, IN2 AD<= IN1, IN2 OD<= IN1, IN2
	IN1 ─┤ >D ├─ IN2	LDD> IN1, IN2 AD> IN1, IN2 OD> IN1, IN2
	IN1 ─┤ <D ├─ IN2	LDD< IN1, IN2 AD< IN1, IN2 OD< IN1, IN2
实数比较指令	IN1 ─┤ ==R ├─ IN2	LDR= IN1, IN2 AR= IN1, IN2 OR= IN1, IN2
	IN1 ─┤ <>R ├─ IN2	LDR<> IN1, IN2 AR<> IN1, IN2 OR<> IN1, IN2
	IN1 ─┤ >=R ├─ IN2	LDR>= IN1, IN2 AR>= IN1, IN2 OR>= IN1, IN2
	IN1 ─┤ <=R ├─ IN2	LDR<= IN1, IN2 AR<= IN1, IN2 OR<= IN1, IN2
	IN1 ─┤ >R ├─ IN2	LDR> IN1, IN2 AR> IN1, IN2 OR> IN1, IN2
	IN1 ─┤ <R ├─ IN2	LDR< IN1, IN2 AR< IN1, IN2 OR< IN1, IN2
字符串比较指令	IN1 ─┤ ==S ├─ IN2	LDS= IN1, IN2 AS= IN1, IN2 OS= IN1, IN2
	IN1 ─┤ <>S ├─ IN2	LDS<> IN1, IN2 AS<> IN1, IN2 OS<> IN1, IN2

比较指令的操作数范围如表 2-9 所示。

表 2-9　比较指令的操作数范围

指令	输入或输出	操作数
字节比较指令	IN1、IN2	IB、QB、VB、MB、SMB、SB、LB、AC、∗VD、∗LD、∗AC、常数
	OUT	I、Q、V、M、SM、S、L、T、C、信号流
整数比较指令	IN1、IN2	IW、QW、VW、MW、SMW、SW、LW、AIW、AC、T、C、∗VD、∗LD、∗AC、常数
	OUT	I、Q、V、M、SM、S、L、T、C、信号流
双整数比较指令	IN1、IN2	ID、QD、VD、MD、SMD、SD、LD、AC、HC、∗VD、∗LD、∗AC、常数
	OUT	I、Q、V、M、SM、S、L、T、C、信号流
实数比较指令	IN1、IN2	ID、QD、VD、MD、SMD、SD、LD、AC、∗VD、∗LD、∗AC、常数
	OUT	I、Q、V、M、SM、S、L、T、C、信号流
字符串比较指令	IN1	VB、LB、∗VD、∗LD、∗AC、常数字符串
	IN2	VB、LB、∗VD、∗LD、∗AC
	OUT	LAD：能流 FBD：I、Q、V、M、SM、S、T、C、L、逻辑流

【例 2-2】　比较指令的应用（如图 2-5 所示）。

将变量存储器 VW10 中的数值与十进制数 30 相比较，当变量存储器 VW10 中的数值等于 30 时，常开触点接通，Q0.0 有信号流流过。

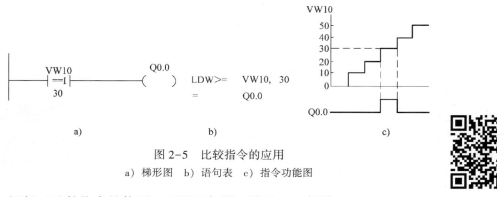

图 2-5　比较指令的应用

a）梯形图　b）语句表　c）指令功能图

视频"比较指令的使用"可通过扫描二维码 2-3 播放。

二维码 2-3

2.2.3　移位指令

1. 移位指令

移位指令包括左移位（SHL，Shift Left）和右移位（SHR，Shift Right）指令，其梯形图及语句表如表 2-10 所示。

移位指令是将输入 IN 中的各位数值向左或向右移动 N 位后，将结果送给输出 OUT 中。移位指令对移出的位自动补 0，如果移动的位数 N 大于或等于最大允许值（对于字节操作为 8 位，对于字操作为 16 位，对于双字操作为 32 位），实际移动的位数为最大允许值。如果移位次数大于 0，则溢出标志位（SM1.1）中就是最后一次移出位的值；如果移位操作的结果为0，则零标志位（SM1.0）被置为1。

表2-10 移位指令的梯形图及语句表

梯形图	语句表	指令名称
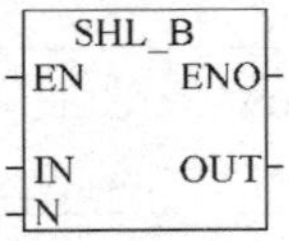 SHL_B EN ENO IN OUT N	SLB OUT, N	字节左移位指令
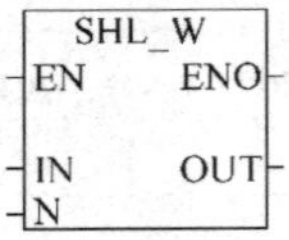 SHL_W EN ENO IN OUT N	SLW OUT, N	字左移位指令
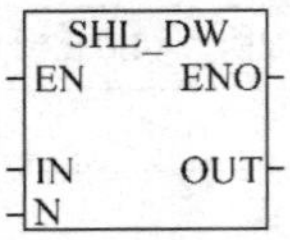 SHL_DW EN ENO IN OUT N	SLD OUT, N	双字左移位指令
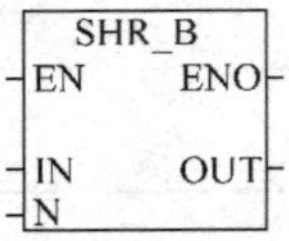 SHR_B EN ENO IN OUT N	SRB OUT, N	字节右移位指令
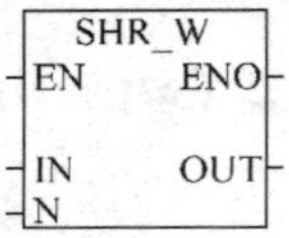 SHR_W EN ENO IN OUT N	SRW OUT, N	字右移位指令
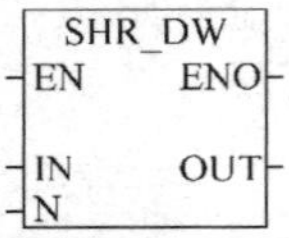 SHR_DW EN ENO IN OUT N	SRD OUT, N	双字右移位指令

另外，字节操作是无符号的。对于字和双字操作，当使用符号数据类型时，符号位也被移位。

视频"移位指令的使用"可通过二维码2-4播放。

2. 循环移位指令

循环移位指令包括循环左移位（ROL，Rotate Left）和循环右移位（ROR，Rotate Right）指令，其梯形图及语句表如表2-11所示。

二维码2-4

表2-11 循环移位指令的梯形图及语句表

梯形图	语句表	指令名称
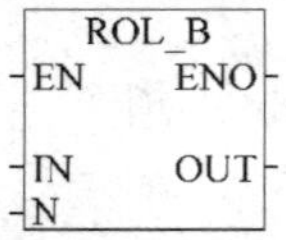 ROL_B EN ENO IN OUT N	RLB OUT, N	字节循环左移位指令
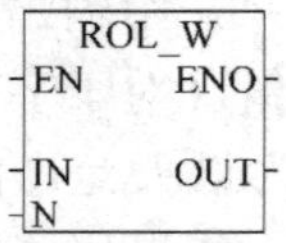 ROL_W EN ENO IN OUT N	RLW OUT, N	字循环左移位指令

梯形图	语句表	指令名称
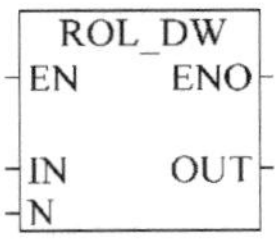 ROL_DW EN ENO IN OUT N	RLD OUT, N	双字循环左移位指令
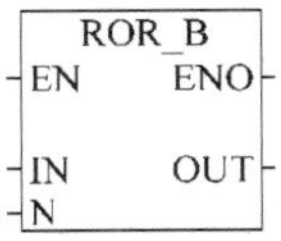 ROR_B EN ENO IN OUT N	RRB OUT, N	字节循环右移位指令
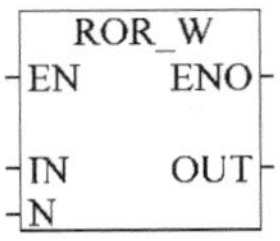 ROR_W EN ENO IN OUT N	RRW OUT, N	字循环右移位指令
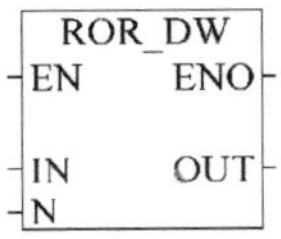 ROR_DW EN ENO IN OUT N	RRD OUT, N	双字循环右移位指令

循环移位指令将输入 IN 中的各位数向左或向右循环移动 N 位后，将结果送给输出 OUT 中。循环移位是环形的，即被移出来的位将返回到另一端空出来的位置。如果移动的位数 N 大于或等于最大允许值（对于字节操作为 8 位，对于字操作为 16 位，对于双字操作为 32 位），执行循环移位之前先对 N 进行取模操作（例如对于字移位，将 N 除以 16 后取余数），从而得到一个有效的移位位数。移位位数的取模操作结果，对于字节操作是 0~7，对于字操作为 0~15，对于双字操作为 0~31。如果取模操作的结果为 0，不进行循环移位操作。

如果循环移位指令被执行时，移出的最后一位的数值会被复制到溢出标志位（SM1.1）中。如果要循环移位的值为 0 时，零标志位（SM1.0）被置为 1。

另外，字节操作是无符号的，对于字和双字操作，当使用有符号数据类型时，符号位也被移位。

【例 2-3】 移位和循环移位指令的应用（如图 2-6 所示）。

当 I0.0 接通时，将累加器 AC0 中的数据 0100 0010 0001 1000 向左移动两位变成 0000 1000 0110 0000，同时将变量存储器 VW100 中的数据 1101 1100 0011 0100 向右循环移动 3 位变为 1001 1011 1000 0110。

移位和循环移位指令的操作数范围如表 2-12 所示。

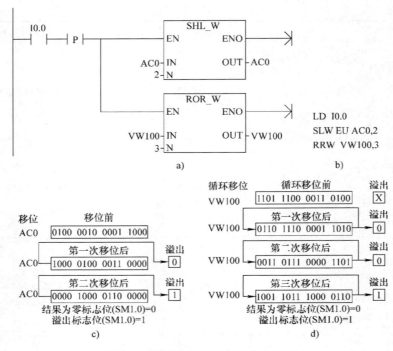

图 2-6　移位和循环移位指令的应用

a) 梯形图　b) 语句表　c) 左移位指令功能图　d) 右循环移位功能图

表 2-12　移位和循环移位指令的操作数范围

指令	输入或输出	操作数
字节左或右移位指令 字节循环左或 右移位指令	IN	IB、QB、VB、MB、SMB、SB、LB、AC、*VD、*LD、*AC、常数
	OUT	IB、QB、VB、MB、SMB、SB、LB、AC、*VD、*LD、*AC
	N	IB、QB、VB、MB、SMB、SB、LB、AC、*VD、*LD、*AC、常数
字左或右移位指令 字循环左或 右移位指令	IN	IW、QW、VW、MW、SMW、SW、T、C、LW、AC、AIW、*VD、*AC、*LD、常数
	OUT	IW、QW、VW、MW、SMW、SW、T、C、LW、AC、*VD、*AC、*LD
	N	IB、QB、VB、MB、SMB、SB、LB、AC、*VD、*LD、*AC、常数
双字左或右移位指令 双字循环左或 右移位指令	IN	ID、QD、VD、MD、SMD、SD、LD、AC、HC、*VD、*AC、*LD、常数
	OUT	ID、QD、VD、MD、SMD、SD、LD、AC、HC、*VD、*AC、*LD
	N	IB、QB、VB、MB、SMB、SB、LB、AC、*VD、*LD、*AC、常数

视频 "循环指令的使用" 可通过扫描二维码 2-5 播放。

3. 移位寄存器指令

移位寄存器指令 SHRB（Shift Register Bit）在顺序控制或步进控制中应用还比较方便，其梯形图和语句表如图 2-7 所示。

在梯形图中，有 3 个数据输入端：DATA，移位寄存器的数据输入端；S_BIT，组成移位寄存器的最低位；N，移位寄存器的长度。

二维码 2-5

移位寄存器的数据类型有字节型、字型、双字型之分，移位寄存器的长度 N（N≤64）由程序指定。

移位寄存器指令执行后数据字节和位地址可按下面方法确定：

最高位为 $MSB = [|N|-1+(S\_BIT 的位号)]/8$；

最高位的字节号 = MSB 的商 + S_BIT 的字节号；

最高位的位号为 MSB 的余数。

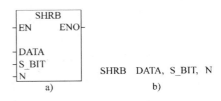

图 2-7　移位寄存器指令梯形图和语句表
a）梯形图　b）语句表

例如：$S\_BIT = V33.4$，$N = 14$，则 $MSB = (14-1+4)/8 = 17/18 = 2 \cdots\cdots 1$

则最高位的字节号为 $33+2 = 35$，最高位的位号为 1，最高位为 V35.1。移位寄存器中的数据则由 V33.4～V33.7、V34.0～V34.7 和 V35.0～V35.1，共 14 位组成。

N>0 时，为正向移位，即从最低位向最高位移位；N<0 时，为反向移位，即从最高位向最低位移位。

移位寄存器指令的功能是：当允许输入端 EN 有效时，如果 N>0，则在每个 EN 的上开沿，将数据输入 DATA 的状态移入移位寄存器的最低位 S_BIT；如果 N<0，则在每个 EN 的上开沿，将数据输入 DATA 的状态移入移位寄存器的最高位，移位寄存器的其他位按照 N 指定的方向（正向或反向），依次串行移位。

移位寄存器的移出端与 SM1.1（溢出）连接。

如果移位寄存器指令被执行时，移出的最后一位的数值会被复制到溢出标志位（SM1.1）。如果移位结果为 0 时，零标志位（SM1.0）被置为 1。

【例 2-4】　移位寄存器指令的应用（如图 2-8 所示）。

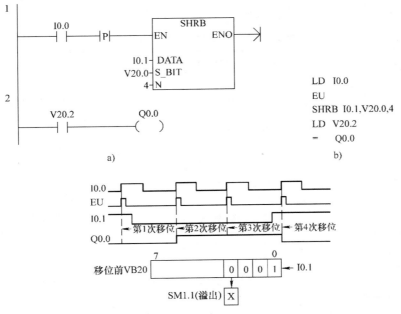

图 2-8　移位寄存器指令的应用
a）梯形图　b）语句表

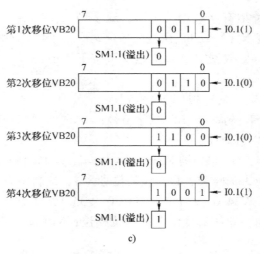

图 2-8　移位寄存器指令的应用（续）

c）指令功能图

2.2.4　转换指令

　　S7-200 SMART 中的主要数据类型包括字节、整数、双整数和实数。主要数制有 BCD 码、ASCII 码、十进制和十六进制等。不同指令对操作数的类型要求不同，因此在指令使用前需要将操作数转化成相应的类型，数据转换指令可以完成这样的功能。数据转换指令包括：数据类型之间的转换、数制之间的转换、数据与码制之间的转换、截断指令、段码指令、解码与编码指令等。转换指令的梯形图及语句表如表 2-13 所示。

表 2-13　转换指令的梯形图及语句表

梯形图	语句表	指令名称
BCD_I EN　ENO IN　OUT	BCDI　OUT	BCD 码转换成整数指令
I_BCD EN　ENO IN　OUT	IBCD　OUT	整数转换成 BCD 码指令
B_I EN　ENO IN　OUT	BTI　IN,　OUT	字节转换成整数指令
I_B EN　ENO IN　OUT	ITB　IN,　OUT	整数转换成字节指令
I_DI EN　ENO IN　OUT	ITD　IN,　OUT	整数转换成双整数指令

梯形图	语句表	指令名称
DI_I EN ENO IN OUT	DTI IN, OUT	双整数转换成整数指令
DI_R EN ENO IN OUT	DTR IN, OUT	双整数转换成实数指令
ROUND EN ENO IN OUT	ROUND IN, OUT	取整指令
TRUNC EN ENO IN OUT	TRUNC IN, OUT	截断指令
SEG EN ENO IN OUT	SEG IN, OUT	段码指令
DECO EN ENO IN OUT	DECO IN, OUT	解码指令
ENCO EN ENO IN OUT	ENCO IN, OUT	编码指令

（1）BCD 码转换成整数指令

BCD 码转换成整数指令 BCDI 是将输入 BCD 码形式的数据转换成整数类型，并且将结果存到输出指定的变量中。输入 BCD 码数据有效范围为 0~9999。该指令输入和输出的数据类型均为字型。

（2）整数转换成 BCD 码指令

整数转换成 BCD 码指令 IBCD 是将输入整数类型的数据转换成 BCD 码形式的数据，并且将结果存到输出指定的变量中。输入整数类型数据的有效范围是 0~9999。该指令输入和输出的数据类型均为字型。

（3）字节转换成整数指令

字节转换成整数指令 BTI 是将输入字节型数据转换成整数型，并且将结果存到输出指定的变量中。字节型数据是无符号的，所以没有符号扩展位。

（4）整数转换成字节指令

整数转换成字节指令 ITB 是将输入整数转换成字节型，并且将结果存到输出指定的变量中。只有 0~255 之间的输入数据才能被转换，超出字节范围会产生溢出。

（5）整数转换成双整数指令

整数转换成双整数指令 ITD 是将输入整数转换成双整数类型，并且将结果存到输出指定的变量中。

（6）双整数转换成整数指令

双整数转换成整数指令 DTI 是将输入双整数转换成整数类型，并且将结果存到输出指定的变量中。输出数据如果超出整数范围则产生溢出。

（7）双整数转换成实数指令

双整数转换成实数指令 DTR 是将输入 32 位有符号整数转换成 32 位实数，并且将结果存到输出指定的变量中。

（8）取整指令

取整指令 ROUND 是将 32 位实数值转换为双精度整数值，并将取整后的结果存入分配给 OUT 的地址中。如果小数部分大于或等于 0.5，该实数值将进位。

（9）截断指令

截断指令 TRUNC 是将 32 位实数值转换为双精度整数值，并将结果存入分配给 OUT 的地址中。只有转换了实数的整数部分之后，才会丢弃小数部分。

（10）段码指令

段（Segment）码指令 SEG 将输入字节（IN）的低 4 位确定的十六进制数（16#0～16#F）转换，生成点亮七段数码管各段的代码，并送到输出字节（OUT）指定的变量中。七段数码管上的 a～g 段分别对应于输出字节的最低位（第 0 位）～第 6 位，某段应点亮时输出字节中对应的位为 1，反之为 0。段码转换表如表 2-14 所示。

表 2-14　段码转换表

输入的数据		七段码组成	输出的数据							七段码显示
十六进制	二进制		a	b	c	d	e	f	g	
16#00	2#0000 0000		1	1	1	1	1	1	0	0
16#01	2#0000 0001		0	1	1	0	0	0	0	1
16#02	2#0000 0010		1	1	0	1	1	0	1	2
16#03	2#0000 0011		1	1	1	1	0	0	1	3
16#04	2#0000 0100		0	1	1	0	0	1	1	4
16#05	2#0000 0101		1	0	1	1	0	1	1	5
16#06	2#0000 0110		1	0	1	1	1	1	1	6
16#07	2#0000 0111		1	1	1	0	0	0	0	7
16#08	2#0000 1000		1	1	1	1	1	1	1	8
16#09	2#0000 1001		1	1	1	0	0	1	1	9

输入的数据		七段码组成	输出的数据							七段码显示
十六进制	二进制		a	b	c	d	e	f	g	
16#0A	2#0000 1010		1	1	1	0	1	1	1	Ａ
16#0B	2#0000 1011		0	0	1	1	1	1	1	b
16#0C	2#0000 1100		1	0	0	1	1	1	0	C
16#0D	2#0000 1101		0	1	1	1	1	0	1	d
16#0E	2#0000 1110		1	0	0	1	1	1	1	E
16#0F	2#0000 1111		1	0	0	0	1	1	1	F

【例 2-5】 段码指令的应用（如图 2-9 所示）。

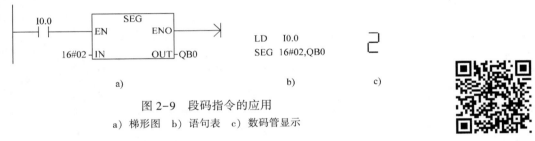

图 2-9　段码指令的应用

a）梯形图　b）语句表　c）数码管显示

视频"段码指令的使用"可通过扫描二维码 2-6 播放。　　二维码 2-6

（11）解码与编码指令

解码（Decode，或称为译码）指令 DECO 根据输入字节 IN 的最低 4 位表示的位号，将输出字 OUT 对应的位置为 1，输出字的其他位均为 0。

编码（Encode）指令 ENCO 将输入字 IN 中的最低有效位（有效位的值为 1）的位编号写入输出字节 OUT 的最低 4 位。

注意：如果要转换的值不是有效的实数值，或者该值过大以至于无法在输出中表示，则溢出位将置位，且输出不受影响。转换指令的操作数范围如表 2-15 所示。

表 2-15　转换指令的操作数范围

指令	输入或输出	操作数
BCD 码转换成整数指令	IN	IW、QW、VW、MW、SMW、SW、LW、T、C、AIW、AC、* VD、* LD、* AC、常数
	OUT	IW、QW、VW、MW、SMW、SW、LW、T、C、AC、* VD、* LD、* AC
整数转换成 BCD 码指令	IN	IW、QW、VW、MW、SMW、SW、LW、T、C、AIW、AC、* VD、* LD、* AC、常数
	OUT	IW、QW、VW、MW、SMW、SW、LW、T、C、AC、* VD、* LD、* AC

指令	输入或输出	操作数
字节转换成整数指令	IN	IB、QB、VB、MB、SMB、SB、LB、AC、*VD、*LD、*AC、常数
	OUT	IW、QW、VW、MW、SMW、SW、LW、T、C、AC、*VD、*LD、*AC
整数转换成字节指令	IN	IW、QW、VW、MW、SMW、SW、LW、T、C、AIW、AC、*VD、*LD、*AC、常数
	OUT	IB、QB、VB、MB、SMB、SB、LB、AC、*VD、*LD、*AC
整数转换成双整数指令	IN	IW、QW、VW、MW、SMW、SW、LW、T、C、AIW、AC、*VD、*LD、*AC、常数
	OUT	ID、QD、VD、MD、SMD、SD、LD、AC、*VD、*LD、*AC
双整数转换成整数指令	IN	ID、QD、VD、MD、SMD、SD、LD、HC、AC、*VD、*LD、*AC、常数
	OUT	IW、QW、VW、MW、SMW、SW、LW、T、C、AC、*VD、*LD、*AC
双整数转换成实数指令	IN	ID、QD、VD、MD、SMD、SD、LD、HC、AC、*VD、*LD、*AC、常数
	OUT	ID、QD、VD、MD、SMD、SD、LD、AC、*VD、*LD、*AC
取整指令	IN	ID、QD、VD、MD、SMD、SD、LD、AC、*VD、*LD、*AC、常数
	OUT	ID、QD、VD、MD、SMD、SD、LD、AC、*VD、*LD、*AC
截断指令	IN	ID、QD、VD、MD、SMD、SD、LD、AC、*VD、*LD、*AC、常数
	OUT	ID、QD、VD、MD、SMD、SD、LD、AC、*VD、*LD、*AC
段码指令	IN	IB、QB、VB、MB、SMB、SB、LB、AC、*VD、*LD、*AC、常数
	OUT	IB、QB、VB、MB、SMB、SB、LB、AC、*VD、*LD、*AC
解码指令	IN	IB、QB、VB、MB、SMB、SB、LB、AC、*VD、*LD、*AC、常数
	OUT	IW、QW、VW、MW、SMW、SW、T、C、LW、AC、AQW、*VD、*LD、*AC
编码指令	IN	IW、QW、VW、MW、SMW、SW、T、C、LW、AC、AIW、*VD、*LD、*AC、常数
	OUT	IB、QB、VB、MB、SMB、SB、LB、AC、*VD、*LD、*AC

2.2.5　表格指令

表格指令主要包括添表指令、先进先出指令、后进先出指令、存储器填充指令和查表指令，其梯形图及语句表如表 2-16 所示。

表 2-16　表格指令的梯形图及语句表

梯形图	语句表	指令名称
AD_T_TBL –EN　ENO– –DATA –TBL	ADT　DATA，　TBL	添表指令

梯形图	语句表	指令名称
FIFO EN ENO TBL DATA	FIFO TBL， DATA	先进先出指令
LIFO EN ENO TBL DATA	LIFO TBL， DATA	后进先出指令
FILL_N EN ENO IN OUT N	FILL IN, OUT, N	存储器填充指令
TBL_FIND EN ENO TBL PTN INDX CMD	FND= TBL, PTN, INDX FND<> TBL, PTN, INDX FND< TBL, PTN, INDX FND> TBL, PTN, INDX	查表指令

（1）添表指令

添表（Add TO Table）指令 ADT 向表格 TBL 中增加一个参数 DATA 指定的字数值。表格的第 1 个数是表格的最大条目数 TL。创建表格时，可以在首次扫描时设置 TL 的初始值。第 2 个数是表格内实际的条目数 EC。新数据被放入表格内上一次填入的数的后面。每向表格内填入一个新的数据，EC 自动加 1。除了 TL 和 EC 外，表格最多可以装入 100 个数据。填入表格的数据过多时，表格过度填充位 SM1.4 将被置 1。具体应用可见在线帮助功能。

（2）先进先出指令

先进先出（FIFO，First In First Out）指令 FIFO 从 TBL 指定的表格中移走最先放进去的第 1 个数据，并将它送入 DATA 指定的地址。表格中剩余的各条目依次向上移动一个位置。每次执行该指令，条目数 EC 减 1。

（3）后进先出指令

后进先出（LIFO，Last In First Out）指令 LIFO 从 TBL 指定的表格中移走最后放进的数据，并将它送入 DATA 指定的地址。每执行一次，条目数 EC 减 1。

FIFO 和 LIFO 指令如使用从空表中移走数据，错误标志位 SM1.5 将被置为 ON。

（4）存储器填充指令

存储器填充（FILL，Memory Fill）指令 FILL 用 IN 指定的字值填充从地址 OUT 开始的 N 个连续的字，字节型参数 N=1~255。该指令常用于连续数个存储单元的清 0 操作。

（5）查表指令

查表（Table Find）指令 FND 从指针 INDX 所指的地址开始查 TBL 指定的表格，搜索与数据 PTN 的关系满足输入参数 CMD 定义的条件的数据。CMD=1~4 分别代表 =、< >（不等于）、< 和 >。如果发现了一个符合条件的数据，则 INDX 指向数据。要查找下一个符合条件的数据，再次调用查表指令之前，应先将 INDX 加 1。如果没有找到，INDX 的数值等于 EC。一个表格最多有 100 个编号为 0~99 的数据条目。

表格指令的操作数范围如表 2-17 所示。

表 2-17　表格指令的操作数范围

指令	输入或输出	操作数
添表指令	DATA	IW、QW、VW、MW、SMW、SW、T、C、LW、AC、AIW、＊VD、＊LD、＊AC、常数
	TBL	IW、QW、VW、MW、SMW、SW、T、C、LW、＊VD、＊LD、＊AC
先进先出指令 后进先出指令	TBL	IW、QW、VW、MW、SMW、SW、T、C、LW、＊VD、＊LD、＊AC
	DATA	IW、QW、VW、MW、SMW、SW、T、C、LW、AC、AQW、＊VD、＊LD、＊AC
存储器填充 指令	IN	IW、QW、VW、MW、SMW、SW、T、C、LW、AC、AIW、＊VD、＊LD、＊AC、常数
	N	IB、QB、VB、MB、SMB、SB、LB、AC、＊VD、＊LD、＊AC、常数
	OUT	IW、QW、VW、MW、SMW、SW、T、C、LW、AQW、＊VD、＊LD、＊AC
查表指令	TBL	IW、QW、VW、MW、SMW、SW、T、C、LW、＊VD、＊LD、＊AC
	PTN	IW、QW、VW、MW、SMW、SW、T、C、LW、AC、AIW、＊VD、＊LD、＊AC、常数
	INDX	IW、QW、VW、MW、SMW、SW、T、C、LW、AC、＊VD、＊LD、＊AC
	CMD	常数：1=相等（=）、2=不相等（＜＞）、3=小于（＜）、4=大于（＞）

2.2.6　时钟指令

利用时钟指令可以调用系统实时时钟或根据需要设定时钟，这对于实现控制系统的运行监视、运行记录以及所有与实时时间有关的控制等十分方便。常用的时钟操作指令有两种：设置实时时钟和读取实时时钟。

1. 设置实时时钟指令

设置实时时钟指令 TODW（Time of Day Write），在梯形图中以功能框的形式编程，指令名为：SET_RTC（Set Real-Time Clock），其梯形图及语句表如图 2-10 所示。

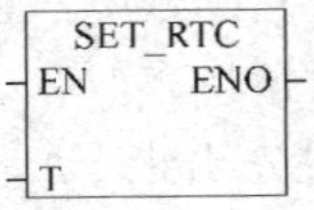

设置实时时钟指令，用来设定 PLC 系统实时时钟。当使能输入端 EN 有效时，系统将包含当前时间和日期，一个 8B 的缓冲区将装入时钟。操作数 T 用来指定 8B 时钟缓冲区的起始地址，数据类型为字节型。

时钟缓冲区的格式如表 2-18 所示。

```
   SET_RTC
 ─EN    ENO─
                    TODW T
 ─T
      a)             b)
```

图 2-10　实时时钟指令的
梯形图及语句表
a）梯形图　b）语句表

表 2-18　时钟缓冲区的格式

字节	T	T+1	T+2	T+3	T+4	T+5	T+6	T+7
含义	年	月	日	小时	分钟	秒	0	星期
范围	00~99	01~12	01~31	00~23	00~59	00~59	0	01~07

2. 读取实时时钟指令

读取实时时钟指令 TODR（Time of Day Read），在梯形图中以功能框的形式编程，指令名为：READ_RTC（Read Real-Time Clock），其梯形图及语句表如图 2-11 所示。

读取实时时钟指令，用来读出 PLC 系统实时时钟。当使能输入端 EN 有效时，系统读当前日期和时间，并把它装入一个 8B 的时钟缓冲区。操作数 T 用来指定 8B 时钟缓冲区的起始地址，数据类型为字节型。缓冲区格式同表 2-18。

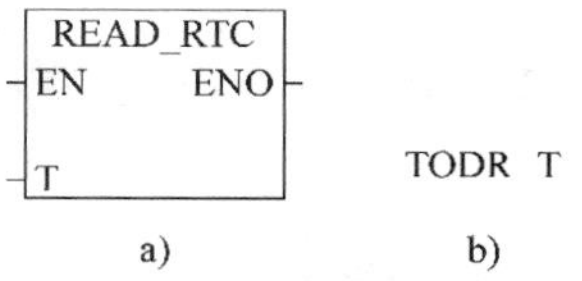

3. 读取和设置扩展实时时钟指令

读取扩展实时时钟指令 TODRX 和设置扩展实时时钟指令 TODWX 用于读/写实时时钟的夏令时时间和日期。我国不使用夏令时，出口设备可以根据不同的国家对夏令时的时区偏移量进行修正。有关的信息见系统手册。

图 2-11　读取实时时钟指令的梯形图及语句表
a）梯形图　b）语句表

时钟指令使用注意事项：

1）所有日期和时间的值均要用 BCD 码表示。如对于年来说，16#08 表示 2008 年；对于小时来说，16#23 表示晚上 11 点。星期的表示范围是 1~7，1 表示星期日，依次类推，7 表示星期六，0 表示禁用星期。

2）系统检查与核实时钟各值的正确与否，所以必须确保输入的设定数据是正确的。如设置无效日期，系统不予接受。

3）不能同时在主程序和中断程序或子程序中使用读写时钟指令，否则会产生致命错误，中断程序的实时时钟指令将不被执行。

【例 2-6】　把时钟 2016 年 10 月 8 日星期四早上 8 点 16 分 28 秒写入到 PLC 中，并把当前的时间从 VB100~VB107 中以十六进制读出。实时时钟指令的应用如图 2-12 所示。

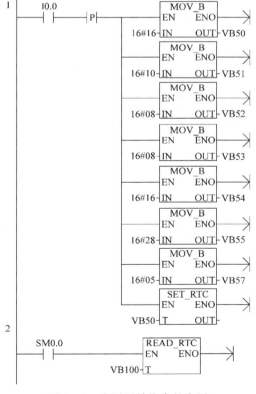

图 2-12　实时时钟指令的应用

2.3　实训 6　抢答器的 PLC 控制

2.3.1　实训目的——掌握数据传送及段码指令和数码管驱动方法

1）掌握数据类型。
2）掌握传送及转换指令的应用。
3）掌握七段数码管的驱动方法。

2.3.2　实训任务

用 PLC 实现一个 3 组优先抢答器的控制，要求在主持人按下开始按钮后，按下 3 组抢答按钮中任意一个按钮后，主持人前面的显示器能实时显示该组的编号，同时锁住抢答器，使其他组按下抢答按钮无效。若主持人按下停止按钮，则不能进行抢答，且显示器无显示。

2.3.3　实训步骤

1. I/O 分配

根据项目分析可知，抢答器控制 I/O 分配表如表 2-19 所示。

表 2-19　抢答器控制 I/O 分配表

输　入		输　出	
输入继电器	元器件	输出继电器	元器件
I0.0	开始按钮 SB1	Q0.0	数码管 a 段
I0.1	停止按钮 SB2	Q0.1	数码管 b 段
I0.2	第一组抢答按钮 SB3	Q0.2	数码管 c 段
I0.3	第二组抢答按钮 SB4	Q0.3	数码管 d 段
I0.4	第三组抢答按钮 SB5	Q0.4	数码管 e 段
		Q0.5	数码管 f 段
		Q0.6	数码管 g 段

2. PLC 硬件原理图

根据控制要求及表 2-19 的 I/O 分配表，抢答器控制硬件原理图如图 2-13 所示。

3. 创建工程项目

创建一个工程项目，并命名为抢答器控制。

4. 编辑符号表

编辑符号表如图 2-14 所示。

5. 编写程序

根据要求，在此使用段码指令编写的抢答器控制梯形图如图 2-15 所示。

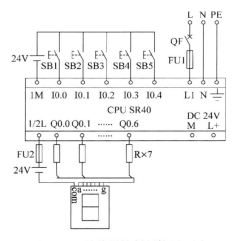

图 2-13 抢答器控制硬件原理图

图 2-14 编辑符号表

6. 调试程序

S7-200 SMART 还可以在程序编辑器和状态图表中通过将新的值写入与强制给操作数的方法来监控和调试程序。

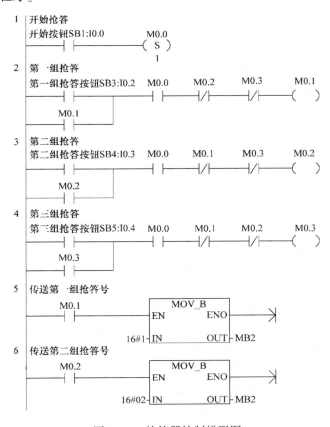

图 2-15 抢答器控制梯形图

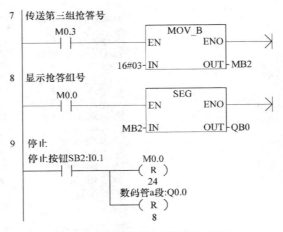

7 传送第三组抢答号

　M0.3

| MOV_B |
| EN   ENO |
| 16#03—IN   OUT—MB2 |

8 显示抢答组号

　M0.0

| SEG |
| EN   ENO |
| MB2—IN   OUT—QB0 |

9 停止
　停止按钮SB2:I0.1　　　　M0.0
　　　　　　　　　　　　　（R）
　　　　　　　　　　　　　24
　　　　　　　　数码管a段:Q0.0
　　　　　　　　　　　　　（R）
　　　　　　　　　　　　　　8

图 2-15　抢答器控制梯形图（续）

（1）写入数据

写入功能用于将数据写入 PLC 的变量。将变量新的值输入到状态图表的"新值"列后（如图 2-16 所示），单击状态图表工具栏上的"写入"按钮 ，将"新值"列所有新的数值传送到 PLC。在 RUN 模式时因为用户程序的执行，修改的数值可能很快被程序改写成新的数值，不能用写入功能将其改成物理输入点（如 I 或 AI 地址）的状态。

	地址	格式	当前值	新值
1	M0.0	位	2#0	
2	M0.1	位	2#1	
3	M0.2	位	2#0	
4	M0.3	位	2#0	
5	MW0	十六进制	16#0204	
6	MW2	十六进制	16#1023	
7	MW1	十六进制	16#0410	

图 2-16　用状态图表强制变量

在程序状态监控时，右击梯形图中的某个地址（如 M0.2）或语句表中的某个操作数的值，可以用快捷菜单中的"写入"命令和随后出现的"写入"对话框来完成写入操作。

（2）强制

强制（Force）功能通过强制 V 和 M 来模拟逻辑条件，通过强制 I/O 点来模拟物理条件。如可以通过对输入点的强制代替输入端外接的按钮或开关，来调试程序。

可以强制所有的 I/O 点，此外还可以同时强制最多 16 个 V、M、AI 或 AQ 地址。强制功能可以用于 I、Q、V 和 M 的字节、字和双字，只能从偶数字节开始以字为单位强制 AI 和 AQ。不能强制 I 和 Q 之外的位地址。强制的数据用 CPU 的 E^2PROM 永久性地存储。

在读取输入阶段，强制值被当成输入读入；在程序执行阶段，强制数据用于立即读和立即写指令指定的 I/O 点。在通信处理阶段，强制值用于通信的读/写请求；在修改输出阶段，强制数据被当成输出写到输出电路。进入 STOP 模式时，输出将变为强制值，而不是系统中设置的值。虽然在一次扫描过程中，程序可以修改被强制的数据，但是新扫描开始时，会重新应用强制值。

如果 S7-200 SMART 与其他设备相连时，请慎重使用写入或强制输出。若使用，可能导致系统出现无法预料的情况，引起人员伤亡或设备损坏。

可以用"调试"菜单功能区的"强制"区域中的按钮，或用状态图表工具栏上的按钮执行下列操作：强制、取消强制、全部取消强制、读取所有强制。右击状态表中的某一行，可以用弹出的菜单中的命令完成上述的强制操作。

起动了状态图表监控功能后，右击 I0.0，执行快捷菜单中的"强制"命令，将它强制为 ON（本项目中相当于主持人按下了起动按钮 SB1）。强制后不能用外接的按钮或开关来改变 I0.0 的强制值。

将要强制的新的值（如 16#0204）输入状态图表中 MW0 的"新值"列，单击状态图表工具栏上的"强制"按钮，MW0 被强制为新的值。在当前值的左边出现强制图标。

要强制程序状态或状态图表中的某个地址，右击它，执行快捷菜单中的"强制"命令，然后用出现的"强制"对话框进行强制操作。

黄色的强制图标（一把合上的锁）表示该地址被显示强制，对它取消强制之前用其他方法不能改变此地址的值。

灰色的强制图标（合上的锁）表示该地址被隐式强制。图 2-16 中的 MW0 被部分隐式强制了，M0.0、M0.1、M0.2 和 M0.3 是 MW0 的一部分，因此它们被隐式强制。

灰色的部分隐式强制图标（半块锁）表示该地址被部分隐式强制。图 2-16 中的 MW1 被部分隐式强制，因为 MW1 的第 1 个字节 MB1 是 MW0 的第 2 个字节，MW1 的一部分也被强制。因此 MW1 被部分隐式强制。

（3）取消强制

一旦使用了强制功能，每次扫描都会将强制的数值用于该操作数，直到取消对它的强制。即使关闭 STEP 7-Micro/WIM SMART，或者断开 S7-200 SMART 的电源，都不能取消强制。

不能直接取消对 M0.0、M0.1、M0.2、M0.3 和 MW1 的部分隐式强制，必须取消对 MW0 的显式强制，才能同时取消上述的隐式和部分隐式强制。

选择一个被显示强制的操作数，然后单击状态图表工具栏上的"取消强制"按钮，被选择的地址的强制图标将会消失。也可以右击程序状态或状态图表中被强制的地址，用快捷菜单中的命令取消对它的强制。或单击状态图表工具栏上的"全部取消强制"按钮，可以取消对被强制的全部地址的强制，使用该功能之前不必单独选中某个地址。

（4）读取全部强制

关闭状态图表监控功能，单击状态图表工具栏上的"读取所有强制"按钮，状态图表中的当前值列将会显示出已被显示强制、隐式强制和部分隐式强制的所有地址相应的强制图标。

（5）STOP 模式下强制

在 STOP 模式时，可以用状态图表查看操作数的当前值、写入值、强制或解除强制。

如果在写入或强制输出点 Q 时，S7-200 SMART 已连接到设备，这些更改将会传送到设备。这可能导致设备出现异常，从而造成人员伤亡或设备损坏。作为一项安全防范措施，必须首先启用"STOP 模式下强制"功能。

单击"调试"菜单功能区的"设置"区域中的"STOP 下强制"按钮，再单击出现的对话框中的"是"按钮确认，才能在 STOP 模式下启用强制功能。

按照上述介绍的方法，首先起动程序监控功能，然后使 I0.0 强制，起动程序后，再取消对 I0.0 的强制（模拟主持人按下起动按钮 SB1 后又释放），再强制 I0.2 又取消强制 I0.2（模拟第 1 组抢答），观察段码转换指令输出端显示数值是否为"1"。若为"1"，再强制 I0.3 和 I0.4，又取消强制 I0.3（模拟第 2 组抢答）和 I0.4（模拟第 3 组抢答），观察段码转换指令输出端的显示数值是否被改变。强制 I0.1 又取消强制 I0.1（模拟主持人按下停止按钮 SB2），观察 M0.0 是否被复位。用同样方法，测试先模拟按下第 2 组或第 3 组抢答，观察段码转换指令输出端已显示的数值是否发生变化。如果显示数值未发生变化，说明程序编写正确。

视频"写入及强制功能的使用"可通过扫描二维码 2-7 播放。

2.3.4 实训交流——按字符或段驱动数码管

不是所有 PLC 都有段译码指令的，那又如何驱动数码管呢？这时可以采用按字符方式或按段方式来驱动数码管来显示相应数字。

1. 字符驱动数码管显示

顾名思义数码管的字符驱动就是需要显示什么数字，就点亮数字在数码管对应的所有段，以二进制数的形式用 MOV 指令直接传送给输出端即可。如 I0.3 接通时显示数字 3，则数码管的 a、b、c、d 和 g 段应该被点亮，它所对应的二进制数为 2#1001111；如 I1.1 接通时显示数字 9，则数码管的 a、b、c、f 和 g 段应该被点亮，它所对应的二进制数为 2#1100111，按字符驱动数码管梯形图如图 2-17 所示。

2. 段驱动数码管显示

按段驱动数码管就是待显示的数字需要点亮数码管的哪几段，就分别以点动的形式驱动相应数码管所连接 PLC 的输出端，如 M0.2 接通时显示 2，需要点亮数码管的 a、b、d、e 和 g 段，即需驱动 Q0.0、Q0.1、Q0.3、Q0.4 和 Q0.6（假如数码管连接在 QB0 端口）；如 M0.5 接通时显示 5，需要点亮数码管的 a、c、d、f 和 g 段，即需驱动 Q0.0、Q0.2、Q0.3、Q0.5 和 Q0.6（假如数码管连接在 QB0 端口），按段驱动数码管梯形图如图 2-18 所示。

图 2-17　按字符驱动数码管梯形图

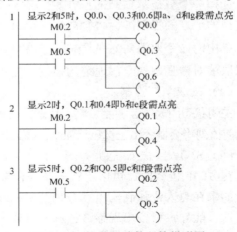

图 2-18　按段驱动数码管梯形图

2.3.5 实训拓展——4组优先抢答器的控制

训练1：用字符驱动或段驱动实现本项目的控制要求。

训练2：用PLC实现一个4组优先抢答器的控制，要求在主持人按下开始按钮后，4组抢答按钮按下任意一个按钮后，显示器能及时显示该组的编号，同时锁住抢答器，使其他组按下抢答按钮无效。如果在主持人按下开始按钮之前进行抢答，则显示器显示该组编号，同时蜂鸣器发出响声，以示该组违规抢答，直至主持人按下复位按钮。如主持人按下停止按钮，则不能进行抢答，且显示器无显示。

2.3.6 实训进阶——电梯轿厢所在楼层数值显示控制

任务：电梯轿厢所在楼层数值显示控制。

THJDDT-5型电梯模型使用七段数码管显示电梯轿厢当前所在的楼层，此电梯模型使用三八译码器（可节省PLC的输出端子）来驱动数码管显示楼层，此数码管为共阴极。当三八译码器的输入端CBA接收到信号001时，数码管显示1；接收到信号010时，数码管显示2；当接收到信号011时，数码管显示3；当接收到信号100时，数码管显示4。三八译码器的A端与输出端Q1.5相连接，B端与输出端Q1.6相连接，C端与输出端Q1.7相连接。此电梯模型中因数码管不是直接与PLC的输出端相连接，因此无法使用SEG段码指令编写其控制程序。

根据上述要求，其控制程序如图2-19所示，图中M30.1为一层范围信号，M30.2为二层范围信号，M30.3为三层范围信号，M30.4为四层范围信号。

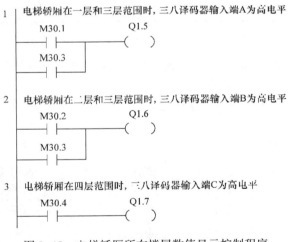

图2-19　电梯轿厢所在楼层数值显示控制程序

2.4 实训7 交通灯的PLC控制

2.4.1 实训目的——掌握比较和时钟指令

1）掌握比较指令的应用。

2）掌握时钟指令的应用。

3）掌握系统块的应用。

2.4.2 实训任务

用 PLC 实现交通灯的控制，要求按下起动按钮后，东西方向亮灯顺序为：绿灯亮 25 s，闪动 3 s，黄灯亮 3 s，红灯亮 31 s；同时南北方向亮灯顺序为：红灯亮 31 s，绿灯亮 25 s，闪动 3 s，黄灯亮 3 s。如此循环。无论何时按下停止按钮，交通灯全部熄灭。并要求 PLC 断电重启后自动进入 RUN 模式。

2.4.3 实训步骤

1. I/O 分配

根据项目分析可知，交通灯控制 I/O 分配表如表 2-20 所示。

表 2-20 交通灯控制 I/O 分配表

输入		输出	
输入继电器	元器件	输出继电器	元器件
I0.0	起动按钮 SB1	Q0.0	东西方向绿灯
I0.1	停止按钮 SB2	Q0.1	东西方向黄灯
		Q0.2	东西方向红灯
		Q0.3	南北方向绿灯
		Q0.4	南北方向黄灯
		Q0.5	南北方向红灯

2. PLC 硬件原理图

根据控制要求及表 2-20 的 I/O 分配表，交通灯控制硬件原理图如图 2-20 所示。

3. 创建工程项目

创建一个工程项目，并命名为交通灯控制。

4. 编辑符号表

编辑符号表如图 2-21 所示。

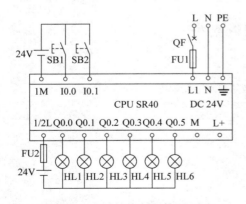

图 2-20 交通灯控制硬件原理图

图 2-21 符号表

104

5. 编写程序

根据要求，使用比较指令编写的交通灯控制梯形图如图 2-22 所示。

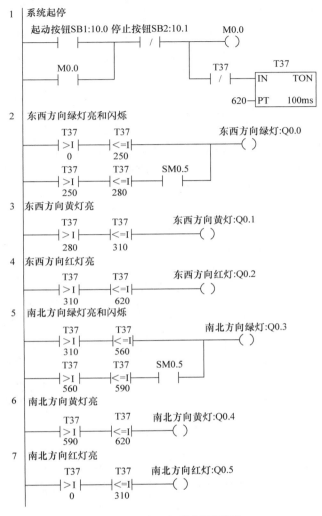

图 2-22　交通灯控制梯形图

6. 调试程序

将程序下载到仿真软件中，启动程序监控功能。模拟按下起动按钮 SB1，观察东西和南北方向交通信号灯的变化规律是否与控制要求一致，若一致则说明程序编写正确。

7. 系统块设置

本项目要求 PLC 断电重启后自动进入 RUN 模式。通过系统块设置即可实现此功能并可设置 PLC 很多参数。首先单击导航栏或项目树中的"系统块"按钮█，进入系统块设置对话框，选中系统块上面的模块列表中的 CPU，便可设置 CPU 模块的属性。在此只介绍"设置启动方式"和"设置 PLC 断电后的数据保存方式"。

（1）设置启动方式

S7-200 SMART 的 CPU 没有 S7-200 那样的模式选择开关，只能用软件工具栏上的按钮来切换 CPU 的 RUN/STOP 模式。单击图 2-23 中左边的"启动"结点，可选择通电后的启动模式为 RUN、STOP 和 LAST（上一次上电或重启前的工作模式），并设置在两种特定的条件下是否允许启动。LAST 模式用于程序开发或调试，系统正式投入运行后应选 RUN 模式。

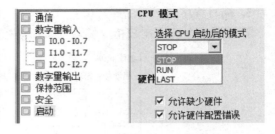

图 2-23　设置 PLC 的启动方式

（2）设置 PLC 断电后的数据保存方式

单击图 2-24 中左边的"保持范围"结点，可以用其右边操作区域设置 6 个在电源断电时需要保持数据的存储区的范围（如图 2-24 所示），可以设置保存全部的 V、M 和 C 区，只能保持 TONR（保持型定时器）和计数器的当前值，不能保持定时器和计数器位，通电时它们被置为 OFF。可以组态最多 10KB（1024B）的保持范围。默认的设置是 CPU 未定义保持区域。

图 2-24　设置断电数据保持的地址范围

断电时 CPU 将指定的保持性存储器的值保存到永久存储器。通电时 CPU 首先将 V、M、C 和 T 存储器清零，将数据块中的初始值复制到 V 存储器，然后将保存的保持值从永久存储器复制到 RAM。

视频"系统块的设置"可通过扫描二维码 2-8 播放。

2.4.4　实训交流——日期及时间的设置和时间同步

1. 用编程软件读取和设置实时时钟的日期和时间

二维码 2-8

与 PLC 建立起通信连接后，单击"PLC"菜单功能区的"修改"区域中的"设置时钟"按钮，打开"CPU 时钟操作"对话框（如图 2-25 所示），可以看到 CPU 中的日期和时间。单击"读取 CPU"按钮，显示出 CPU 实时时钟的日期和时间的当前值。修改日期和时间的设定值后，单击"设置"按钮，设置的日期和时间被下载到 CPU。

单击"读取 PC"按钮，显示出动态变化的计算机实时时钟的日期和时间。单击"设置"按钮，显示的日期和时间值被下载到 CPU。

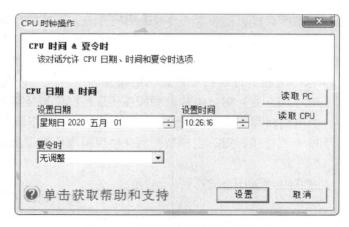

图 2-25　"CPU 时钟操作"对话框

2. 时间同步

如何保证本项目中绿灯闪烁时间为一个完整周期（1 s）？经过调试本项目的细心读者会发现，不同时刻按下系统起动按钮，绿灯闪烁时的状态可能不一样，原因是使用的特殊位寄存器 SM0.5 来控制绿灯进行秒级闪烁时，按下系统起动按钮的时刻与 SM0.5 的上升沿未同步。只需要在系统起动程序段加上 SM0.5 的上升沿指令即可解决上述问题。绿灯闪烁时间同步的控制程序如图 2-26 所示。

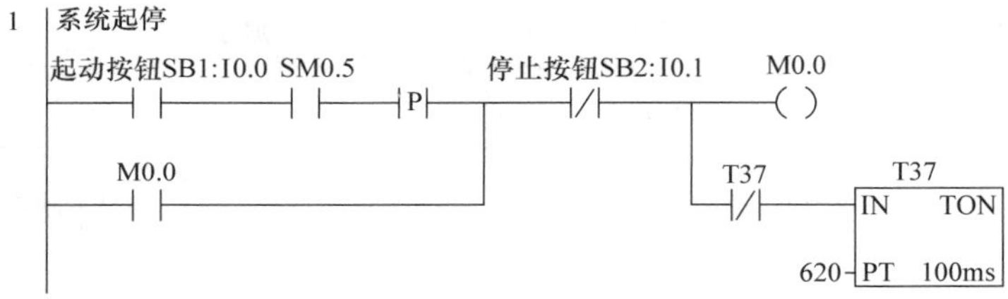

图 2-26　绿灯闪烁时间同步的控制程序

2.4.5　实训拓展——分时段的交通灯控制

训练 1：要求使用多个定时器实现本项目控制功能，另增如下功能，当切换时间小于等于 9 s 时，由一位数码管加以倒计时显示。

训练 2：用 PLC 实现分时段交通灯的控制，要求按下起动按钮后，交通灯分时段进行工作，在 6:00 时至 23:00 时这一时间段，东西方向绿灯亮 25 s，闪动 3 s，黄灯亮 3 s，红灯亮 31 s；同时南北方向红灯亮 31 s，绿灯亮 25 s，闪动 3 s，黄灯亮 3 s，如此循环。在全天其他时间段，东西和南北方向黄灯均以秒级闪动，以示行人及机动车确认安全后通过。无论何时按下停止按钮，交通灯全部熄灭。

2.4.6　实训进阶——电梯轿厢所在楼层范围的信号控制

任务：电梯轿厢所在楼层范围的信号控制。

THJDDT-5 型电梯模型所有楼层都装有一个减速感应开关，而且所有减速感应开关的常开触点并联后与 I0.2 相连接，无论电梯轿厢上行或下行时，当遇到所在楼层减速感应开关时，电梯轿厢所在楼层范围都会有所变化，所在的当前楼层值都会对应加 1 或减 1，在此可通过移位指令实现。当电梯轿厢上行遇到安装在四层减速感应开关上方的上强返感应开关（此开关的常闭触点与 I0.3 相连接）时，电梯轿厢所在楼层范围值被强制为 4 楼，其楼层范围信号 M30.4 为 ON；当电梯轿厢下行遇到安装在一层减速感应开关下方的下强返感应开关（此开关的常闭触点与 I0.4 相连接）时，电梯轿厢所在楼层范围值被强制为 1 楼，其楼层范围信号 M30.1 为 ON。

根据上述要求，其控制程序如图 2-27 所示。

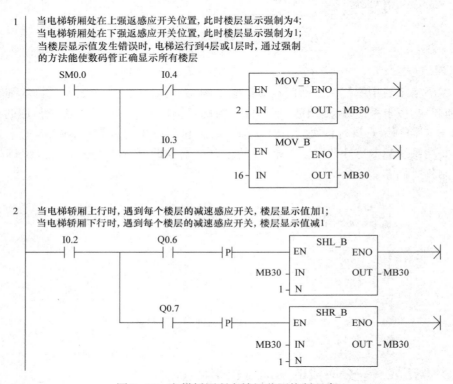

图 2-27　电梯轿厢所在楼层范围控制程序

2.5　数学运算指令

2.5.1　算术运算指令

算术运算指令主要包括整数、双整数和实数的加、减、乘、除、加 1、减 1 指令，还包括整数乘法产生双整数指令和带余数的整数除法指令。

1. 加法运算指令

加法运算指令的梯形图及语句表如表 2-21 所示。

表 2-21　加法运算指令的梯形图及语句表

梯形图	语句表	指令名称
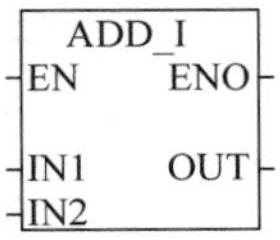 ADD_I EN　ENO IN1　OUT IN2	+I　IN1，OUT	整数加法指令
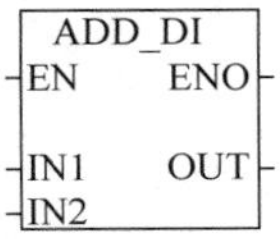 ADD_DI EN　ENO IN1　OUT IN2	+D　IN1，OUT	双整数加法指令
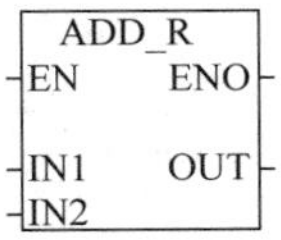 ADD_R EN　ENO IN1　OUT IN2	+R　IN1，OUT	实数加法指令

视频"加法运算指令的使用"可通过扫描二维码 2-9 播放。

2. 减法运算指令

减法运算指令的梯形图及语句表如表 2-22 所示。

二维码 2-9

表 2-22　减法运算指令的梯形图及语句表

梯形图	语句表	指令名称
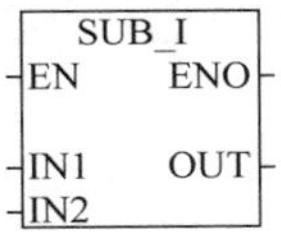 SUB_I EN　ENO IN1　OUT IN2	-I　IN1，OUT	整数减法指令
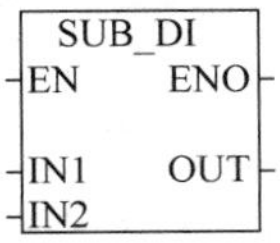 SUB_DI EN　ENO IN1　OUT IN2	-D　IN1，OUT	双整数减法指令
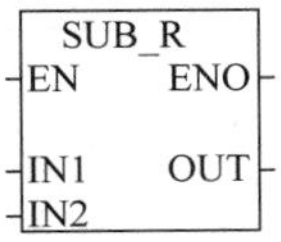 SUB_R EN　ENO IN1　OUT IN2	-R　IN1，OUT	实数减法指令

视频"减法运算指令的使用"可通过扫描二维码 2-10 播放。

3. 乘法运算指令

乘法运算指令的梯形图及语句表如表 2-23 所示。

二维码 2-10

表 2-23　乘法运算指令的梯形图及语句表

梯形图	语句表	指令名称
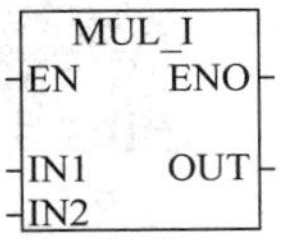 MUL_I EN　ENO IN1　OUT IN2	＊I　IN1，OUT	整数乘法指令

梯形图	语句表	指令名称
 MUL_DI EN ENO IN1 OUT IN2	*D IN1, OUT	双整数乘法指令
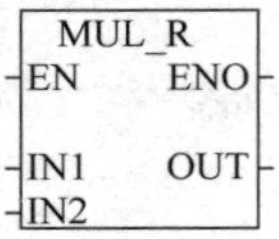 MUL_R EN ENO IN1 OUT IN2	*R IN1, OUT	实数乘法指令
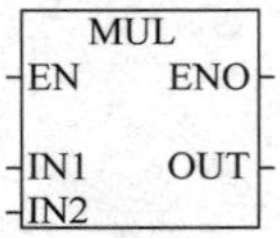 MUL EN ENO IN1 OUT IN2	MUL IN1, OUT	整数乘法产生双整数指令

视频"乘法运算指令的使用"可通过扫描二维码2-11播放。

4. 除法运算指令

除法运算指令的梯形图及语句表如表2-24所示。

表 2-24　除法运算指令的梯形图及语句表

梯形图	语句表	指令名称
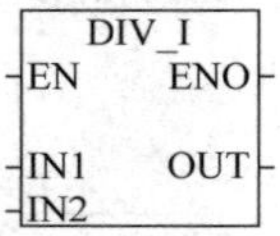 DIV_I EN ENO IN1 OUT IN2	/I IN1, OUT	整数除法指令
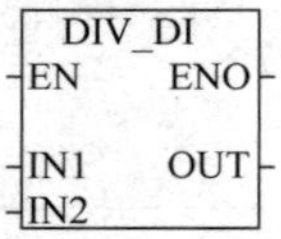 DIV_DI EN ENO IN1 OUT IN2	/D IN1, OUT	双整数除法指令
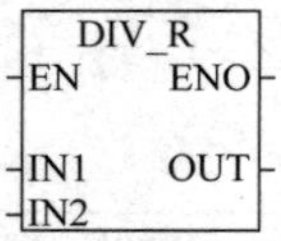 DIV_R EN ENO IN1 OUT IN2	/R IN1, OUT	实数除法指令
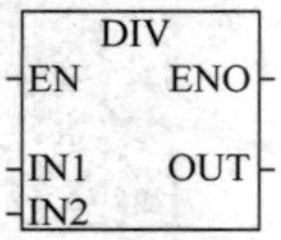 DIV EN ENO IN1 OUT IN2	DIV IN1, OUT	带余数的整数除法指令

视频"除法运算指令的使用"可通过扫描二维码2-12播放。

5. 加1运算指令

加1运算指令的梯形图及语句表如表2-25所示。

表 2-25　加 1 运算指令的梯形图及语句表

梯形图	语句表	指令名称
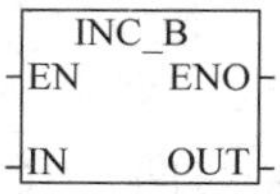 INC_B EN　ENO IN　OUT	INCB　IN	字节加 1 指令
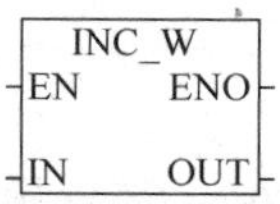 INC_W EN　ENO IN　OUT	INCW　IN	字加 1 指令
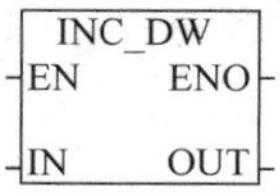 INC_DW EN　ENO IN　OUT	INCD　IN	双字加 1 指令

6. 减 1 运算指令

减 1 运算指令的梯形图及语句表如表 2-26 所示。

表 2-26　减 1 运算指令的梯形图及语句表

梯形图	语句表	指令名称
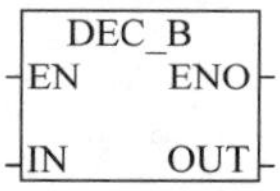 DEC_B EN　ENO IN　OUT	DECB　IN	字节减 1 指令
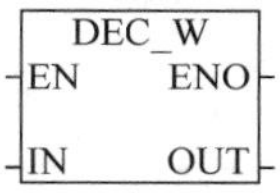 DEC_W EN　ENO IN　OUT	DECW　IN	字减 1 指令
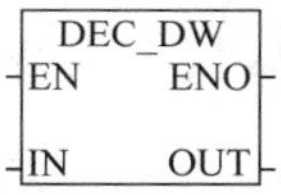 DEC_DW EN　ENO IN　OUT	DECD　IN	双字减 1 指令

在梯形图中，整数、双整数和实数的加、减、乘、除、加 1、减 1 指令分别执行下列运算：

$IN1+IN2 = OUT$，$IN1-IN2 = OUT$，$IN1*IN2 = OUT$，$IN1/IN2 = OUT$，$IN+1 = OUT$，$IN-1 = OUT$

在语句表中，整数、双整数和实数的加、减、乘、除、加 1、减 1 指令分别执行下列运算：

$IN1+OUT = OUT$，$OUT-IN1 = OUT$，$IN1*OUT = OUT$，$OUT/IN1 = OUT$，$OUT+1 = OUT$，$OUT-1 = OUT$

（1）整数的加、减、乘、除运算指令

整数的加、减、乘、除运算指令是将两个 16 位整数进行加、减、乘、除运算，产生一个 16 位的结果，而除法的余数不保留。

（2）双整数的加、减、乘、除运算指令

双整数的加、减、乘、除运算指令是将两个 32 位整数进行加、减、乘、除运算，产生一个 32 位的结果，而除法的余数不保留。

（3）实数的加、减、乘、除运算指令

实数的加、减、乘、除运算指令是将两个 32 位实数进行加、减、乘、除运算，产生一个 32 位的结果。

（4）整数乘法产生双整数指令

整数乘法产生双整数指令（Multiply Integer to Double Integer, MUL）是将两个 16 位整数相乘，产生一个 32 位的结果。在语句表中，32 位 OUT 的低 16 位作为乘数。

（5）带余数的整数除法指令

带余数的整数除法（Divide Integer with Remainder, DIV）是将两个 16 位整数相除，产生一个 32 位的结果，其中高 16 位为余数，低 16 位为商。在语句表中，32 位 OUT 的低 16 位作为被除数。

（6）算术运算指令使用说明

1）表中指令执行将影响特殊存储器 SM 中的 SM1.0（零标志位）、SM1.1（溢出标志位）、SM1.2（负标志位）、SM1.3（除数为 0 标志位）。

2）若运算结果超出允许的范围，溢出位 SM1.1 置 1。

3）若在乘除法操作中溢出位 SM1.1 置 1，则运算结果不写到输出，且其他状态位均清 0。

4）若除法操作中，除数为 0，则其他状态位不变，操作数也不改变。

5）字节加 1 和减 1 操作是无符号的，字和双字的加 1 和减 1 操作是有符号的。

算术运算指令的操作数范围如表 2-27 所示。

表 2-27 算术运算指令的操作数范围

指　　令	输入或输出	操作数
整数加、减、乘、除指令	IN1、IN2	IW、QW、VW、MW、SMW、SW、LW、AIW、AC、T、C、＊VD、＊LD、＊AC、常数
	OUT	IW、QW、VW、MW、SMW、SW、LW、AC、T、C、＊VD、＊LD、＊AC
双整数加、减、乘、除指令	IN1、IN2	ID、QD、VD、MD、SMD、SD、LD、AC、HC、＊VD、＊LD、＊AC、常数
	OUT	ID、QD、VD、MD、SMD、SD、LD、AC、＊VD、＊LD、＊AC
实数加、减、乘、除指令	IN1、IN2	ID、QD、VD、MD、SMD、SD、LD、AC、＊VD、＊LD、＊AC、常数
	OUT	ID、QD、VD、MD、SMD、SD、LD、AC、＊VD、＊LD、＊AC
整数乘法产生双整数指令和带余数的整数除法指令	IN1、IN2	IW、QW、VW、MW、SMW、SW、LW、AIW、AC、T、C、＊VD、＊LD、＊AC、常数
	OUT	ID、QD、VD、MD、SMD、SD、LD、AC、＊VD、＊LD、＊AC
字节加 1 和减 1 指令	IN	IB、QB、VB、MB、SMB、SB、LB、AC、＊VD、＊LD、＊AC、常数
	OUT	IB、QB、VB、MB、SMB、SB、LB、AC、＊VD、＊LD、＊AC
字加 1 和减 1 指令	IN	IW、QW、VW、MW、SMW、SW、LW、AIW、AC、T、C、＊VD、＊LD、＊AC、常数
	OUT	IW、QW、VW、MW、SMW、SW、LW、AC、T、C、＊VD、＊LD、＊AC
双字加 1 和减 1 指令	IN	ID、QD、VD、MD、SMD、SD、LD、AC、HC、＊VD、＊LD、＊AC、常数
	OUT	ID、QD、VD、MD、SMD、SD、LD、AC、＊VD、＊LD、＊AC

2.5.2　逻辑运算指令

逻辑运算指令主要包括字节、字、双字的与、或、异或和取反逻辑运算指令。

1. 逻辑与运算指令

逻辑与运算指令的梯形图及语句表如表 2-28 所示。

表 2-28　逻辑与运算指令的梯形图及语句表

梯形图	语句表	指令名称
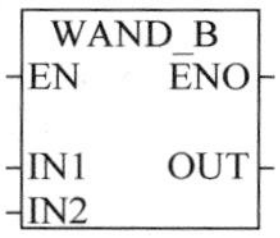 WAND_B EN　ENO IN1　OUT IN2	ANDB　IN1, OUT	字节与指令
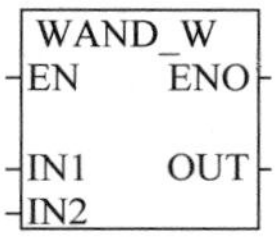 WAND_W EN　ENO IN1　OUT IN2	ANDW　IN1, OUT	字与指令
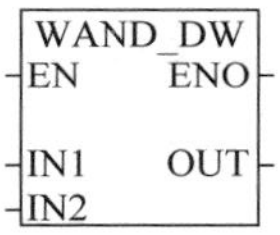 WAND_DW EN　ENO IN1　OUT IN2	ANDD　IN1, OUT	双字与指令

2. 逻辑或运算指令

逻辑或运算指令的梯形图及语句表如表 2-29 所示。

表 2-29　逻辑或运算指令的梯形图及语句表

梯形图	语句表	指令名称
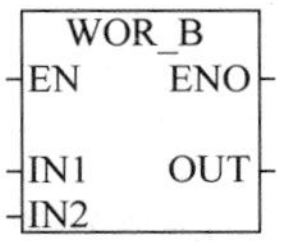 WOR_B EN　ENO IN1　OUT IN2	ORB　IN1, OUT	字节或指令
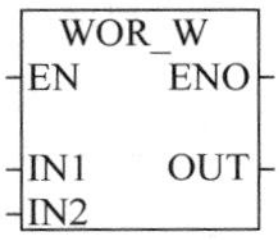 WOR_W EN　ENO IN1　OUT IN2	ORW　IN1, OUT	字或指令
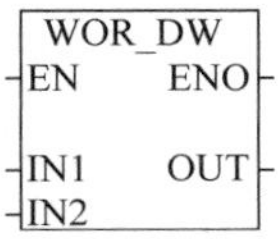 WOR_DW EN　ENO IN1　OUT IN2	ORD　IN1, OUT	双字或指令

3. 逻辑异或运算指令

逻辑异或运算指令的梯形图及语句表如表 2-30 所示。

表 2-30　逻辑异或运算指令的梯形图及语句表

梯形图	语句表	指令名称
WXOR_B -EN　ENO- -IN1　OUT- -IN2	XORB　IN1, OUT	字节异或指令
WXOR_W -EN　ENO- -IN1　OUT- -IN2	XORW　IN1, OUT	字异或指令
WXOR_DW -EN　ENO- -IN1　OUT- -IN2	XORD　IN1, OUT	双字异或指令

4. 逻辑取反运算指令

逻辑取反运算指令的梯形图及语句表如表 2-31 所示。

表 2-31　逻辑取反运算指令的梯形图及语句表

梯形图	语句表	指令名称
INV_B -EN　ENO- -IN　OUT-	INVB　OUT	字节取反指令
INV_W -EN　ENO- -IN　OUT-	INVW　OUT	字取反指令
INV_DW -EN　ENO- -IN　OUT-	INVD　OUT	双字取反指令

梯形图中的与、或、异或指令对两个输入量 IN1 和 IN2 进行逻辑运算，运算结果均存放在输出量中；取反指令是对输入量的二进制数逐位取反，即二进制数的各位有的由 0 变为 1，有的由 1 变为 0，并将运算结果存放在输出量中。

两二进制数逻辑与就是有 0 时出 0；两二进制数逻辑或就是有 1 时出 1；两二进制数逻辑异或就是相同时出 0，相异时出 1。

逻辑运算指令的操作数范围如表 2-32 所示。

表 2-32　逻辑运算指令的操作数范围

指　令	输入或输出	操作数
字节与、或、异或指令	IN	IB、QB、VB、MB、SMB、SB、LB、AC、＊VD、＊LD、＊AC、常数
	OUT	IB、QB、VB、MB、SMB、SB、LB、AC、＊VD、＊LD、＊AC

指　　令	输入或输出	操作数
字与、或、异或指令	IN	IW、QW、VW、MW、SMW、SW、LW、AIW、AC、T、C、* VD、* LD、* AC、常数
	OUT	IW、QW、VW、MW、SMW、SW、LW、AC、T、C、* VD、* LD、* AC
双字与、或、异或指令	IN	ID、QD、VD、MD、SMD、SD、LD、AC、HC、* VD、* LD、* AC、常数
	OUT	ID、QD、VD、MD、SMD、SD、LD、AC、* VD、* LD、* AC
字节取反指令	IN	IB、QB、VB、MB、SMB、SB、LB、AC、* VD、* LD、* AC、常数
	OUT	IB、QB、VB、MB、SMB、SB、LB、AC、* VD、* LD、* AC
字取反指令	IN	IW、QW、VW、MW、SMW、SW、LW、AIW、AC、T、C、* VD、* LD、* AC、常数
	OUT	IW、QW、VW、MW、SMW、SW、LW、AC、T、C、* VD、* LD、* AC
双字取反指令	IN	ID、QD、VD、MD、SMD、SD、LD、AC、HC、* VD、* LD、* AC、常数
	OUT	ID、QD、VD、MD、SMD、SD、LD、AC、* VD、* LD、* AC

2.5.3　函数运算指令

函数运算指令主要包括三角函数指令、自然对数及自然指数指令、平方根指令，这类指令的输入参数 IN 与输出参数 OUT 均为实数（即浮点数），指令执行后影响零标志位 SM1.0、溢出标志位 SM1.1 和负数标志位 SM1.2。

1. 三角函数指令

三角函数指令包括正弦（SIN）、余弦（COS）和正切（TAN），它们用于计算输入参数 IN（角度）的三角函数，结果存放在输出参数 OUT 指定的地址中，输入值是以弧度为单位的浮点数，求三角函数前应先将以度为单位的角度乘以 π/180（0.017 453 29）。三角函数指令的梯形图及语句表如表 2-33 所示。

表 2-33　三角函数指令的梯形图及语句表

梯形图	语句表	指令名称
SIN ─EN　ENO─ ─IN　OUT─	SIN　IN, OUT	正弦指令
COS ─EN　ENO─ ─IN　OUT─	COS　IN, OUT	余弦指令
TAN ─EN　ENO─ ─IN　OUT─	TAN　IN, OUT	正切指令

对于数学函数指令，SM1.1 用于指示溢出错误和非法值。如果 SM1.1 置位，则 SM1.0 和 SM1.2 的状态无效，原始输入操作数不变。如果 SM1.1 未置位，则数学运算已完成且结

果有效，并且 SM1.0 和 SM1.2 包含有效状态。

2. 自然对数和自然指数指令

自然对数和自然指数指令的梯形图及语句表如表 2-34 所示。

表 2-34　自然对数和自然指数指令的梯形图及语句表

梯形图	语句表	指令名称
LN -EN　ENO- -IN　　OUT-	LN　IN, OUT	自然对数指令
EXP -EN　ENO- -IN　　OUT-	EXP　IN, OUT	自然指数指令

自然对数指令 LN（Natural Logarithm）计算输入值 IN 的自然对数，并将结果存放在输出参数 OUT 中，即 ln（IN）= OUT。求以 10 为底的对数时，应将自然对数值除以 2.302585（10 的自然对数值）。

自然指数指令 EXP（Natural Exponential）计算输入值 IN 的以 e 为底的指数（e 约等于2.718 28），结果用 OUT 指定的地址存放。该指令与自然对数指令配合，可以实现以任意实数为底、任意实数为指数的运算。

【例 2-7】 求 3 的 4 次方的值。

$$3^4 = EXP[4 \times LN(3.0)] = 81.0$$

3. 平方根指令

平方根指令的梯形图及语句表如表 2-35 所示。

表 2-35　平方根指令的梯形图及语句表

梯形图	语句表	指令名称
SQRT -EN　ENO- -IN　　OUT-	SQRT　IN, OUT	平方根指令

平方根指令 SQRT（Square Root）将 32 位正实数 IN 开平方，得到的 32 位实数运算结果存于 OUT 中。

函数运算指令的操作数范围如表 2-36 所示。

表 2-36　函数运算指令的操作数范围

指　　令	输入或输出	操作数
三角函数指令	IN	ID、QD、VD、MD、SMD、SD、LD、AC、*VD、*LD、*AC、常数
	OUT	ID、QD、VD、MD、SMD、SD、LD、AC、*VD、*LD、*AC
自然对数和自然 指数指令	IN	ID、QD、VD、MD、SMD、SD、LD、AC、*VD、*LD、*AC、常数
	OUT	ID、QD、VD、MD、SMD、SD、LD、AC、*VD、*LD、*AC

指　　令	输入或输出	操作数
平方根指令	IN	ID、QD、VD、MD、SMD、SD、LD、AC、＊VD、＊LD、＊AC、常数
	OUT	ID、QD、VD、MD、SMD、SD、LD、AC、＊VD、＊LD、＊AC

2.6　实训8　9 s 倒计时的 PLC 控制

2.6.1　实训目的——掌握算术及逻辑运算指令

1）掌握算术运算指令。
2）掌握逻辑运算指令。
3）掌握多位数据数码管显示的方法。

2.6.2　实训任务

用 PLC 实现 9 s 倒计时控制，要求按下起动按钮后，数码管显示9，然后按每秒递减显示，减到0时停止。无论何时按下停止按钮，数码管显示当前数值，再次按下起动按钮，数码管依然从数字9开始递减显示。

2.6.3　实训步骤

1. I/O 分配

根据项目分析可知，9 s 倒计时控制 I/O 分配表如表 2-37 所示。

表 2-37　9 s 倒计时控制 I/O 分配表

输　　入		输　　出	
输入继电器	元器件	输出继电器	元器件
I0.0	起动按钮 SB1	QB0	数码管
I0.1	停止按钮 SB2		

2. PLC 硬件原理图

根据控制要求及表 2-37 的 I/O 分配表，9 s 倒计时控制硬件原理图如图 2-28 所示。

3. 创建工程项目

创建一个工程项目，并命名为9 s 倒计时控制。

4. 编辑符号表

编辑符号表如图 2-29 所示。

5. 编写程序

根据要求，并使用算术运算指令编写的梯形图如图 2-30 所示。

6. 调试程序

将程序下载到 PLC 中，启动程序监控功能。模拟按下起动按钮 SB1，观察数码管是否从9开始进行倒计时，并且到0后保持数值不变？按下停止按钮 SB2 后，再次按下起动按钮

SB1，在倒计时过程中按下停止按钮 SB2，观察数码管上的数值是否保持为当前值？如果调试现象与控制要求一致，则说明程序编写正确。

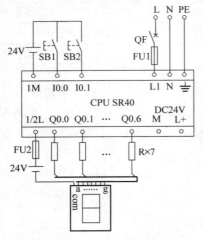

图 2-28　9 s 倒计时控制硬件原理图

图 2-29　符号表

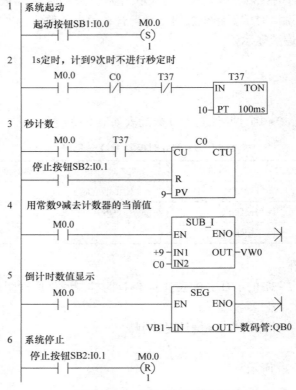

图 2-30　9 s 倒计时控制梯形图

2.6.4　实训交流——两位数的显示及多个数码管的使用

1. 两位数据的显示

如果要显示两位或多位数据，应如何编写程序呢？如 VW0 中存放的数是 60，然后进行秒级递减，现将其数据通过 PLC 的 QW0 输出端在两位数码管上加以显示。

其实很简单，只要将显示的数据进行分离即可。将寄存器 VW0 中两位数进行分离，只需将 VW0 中数除以 10，即分离出"十"位和"个"位，然后将"十"位和"个"位分别通过 QB0 和 QB1 加以显示。具体分离程序如图 2-31 所示。

2. 多个数码管的使用

如果需要将 N 位数通过数码管显示，则先除以 10^{N-1} 分离最高位（商），余数再除以 10^{N-2} 分离出次高位（商），如此往下分离，直到获得个位数为止。这时如果仍用数码管显示则必然要占用很多输出点。一方面可以通过扩展 PLC 的输出，另一方面可采用 CD4513 芯片。通过扩展 PLC 的输出必然增加系统硬件成本，还会增加系统的故障率，用 CD4513 芯片则为首选。

CD4513 驱动多个数码管电路如图 2-32 所示。

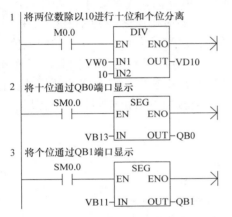

图 2-31　两位数的数码管显示控制程序

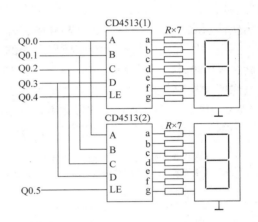

图 2-32　CD4513 驱动多个数码管的电路图

数个 CD4513 的数据输入端 A~D 共用 PLC 的 4 个输出端，其中 A 为最低位，D 为最高位，LE 为高电平时，显示的数不受数据输入信号的影响。显然，N 个显示器占用的输出点可降到 4+N 点。

如果使用继电器输出模块，最好在与 CD4513 相连的 PLC 各输出端与"地"之间分别接上一个几千欧的电阻，以避免在输出继电器输出触点断开时 CD4513 的输入端悬空。输出继电器的状态变化时，其触点可能会抖动，因此应先送数据输出信号，待信号稳定后，再用 LE 信号的上升沿将数据锁存在 CD4513 中。

2.6.5　实训拓展——带"暂停"功能的倒计时控制

训练 1：用减 1 运算指令实现本项目的控制要求。

训练 2：增加一个"暂停"按钮，即按下暂停按钮时，数值保持当前值，再次按下开始按钮后数值从当前值再进行按秒递减。

2.6.6　实训进阶——电梯轿厢所在楼层与外呼信号所在楼层之间的距离计算

任务：电梯轿厢所在楼层与外呼信号所在楼层之间的距离计算。

THJDDT-5 型电梯模型在群控模式下响应外呼信号时，会派主电梯或副电梯响应所呼信号，在相同的条件下应遵循距离优先原则，即哪台电梯距离外呼楼层近则哪台电梯响应。根据优先原则可知，需要计算两部电梯当前位置分别与外呼楼层之间的距离，在此以主电梯为例。

设主电梯所在楼层值存储在 VW52 中（主电梯处在 1 楼，则 VW52 中为 1；主电梯在 2 楼，则 VW52 中为 2；主电梯在 3 楼，则 VW52 中为 3；主电梯在 4 楼，则 VW52 中为 4）；外呼楼层值存储在 VW56 中（外呼信号为 1 层上呼，则 VW56 中为 1；外呼信号为 2 层上或下呼，则 VW56 中为 2；外呼信号为 3 层上或下呼，则 VW56 中为 3；外呼信号为 4 层下呼，则 VW56 中为 4），主电梯所在楼层与外呼楼层之间的差存储在 VW60 中，主电梯最大响应值存储在 VW64 中（即主电梯当前要去响应的最高楼层值），主电梯所在楼层与最大响应楼层之间的差值存储在 VW68，主电梯最小响应值存储在 VW72 中（即主电梯当前要去响应的最低楼层值），主电梯所在楼层与最小响应楼层之间的差值存储在 VW76 中，外呼楼层与最大响应楼层之间的差值存储在 VW80 中，外呼楼层与最小响应楼层之间的差值存储在 VW84 中，主电梯所在楼层与最大响应楼层之间的差值与外呼楼层与最大响应楼层之间的差值的和存储在 VW90 中（若外呼为下呼信号，主梯上行到最大响应楼层然后再返回到所呼楼层），主电梯所在楼层与最小响应楼层之间的差值与外呼楼层与最小响应楼层之间的差值的和存储在 VW94 中（若外呼为上呼信号，主电梯下行到最小响应楼层然后再返回到所呼楼层）。

根据上述要求，其控制程序如图 2-33 所示。

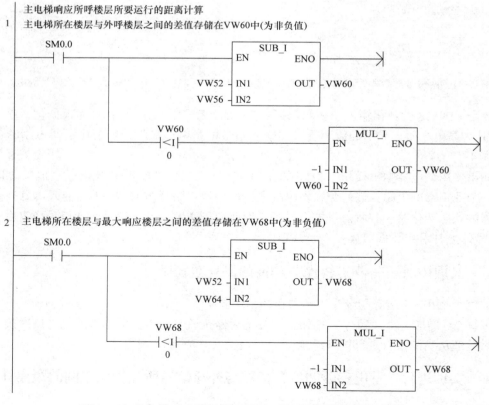

图 2-33 主电梯响应所呼楼层所要运行的距离计算控制程序

3　主电梯所在楼层与最小响应楼层之间的差值存储在VW76中(为非负值)

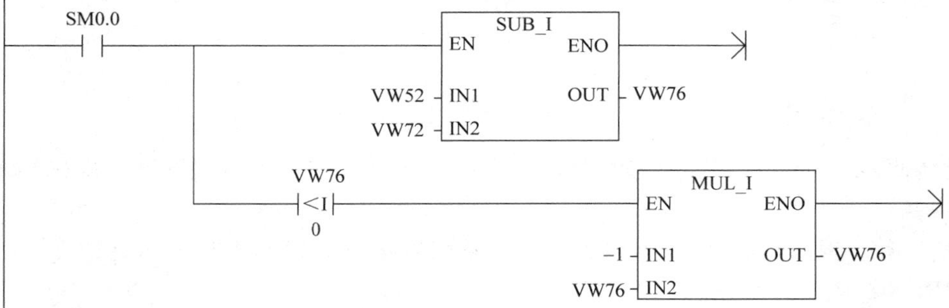

```
     SM0.0                              SUB_I
      ┤ ├                      ┌──EN        ENO──┐
                               │                 │
                        VW52 ──┤IN1         OUT──┤ VW76
                        VW72 ──┤IN2              │

              VW76                        MUL_I
              ┤<I├                ┌──EN        ENO──┐
               0                  │                 │
                            −1 ───┤IN1         OUT──┤ VW76
                          VW76 ───┤IN2              │
```

4　电梯外呼楼层与最大响应楼层之间的差值存储在VW80中(为非负值)

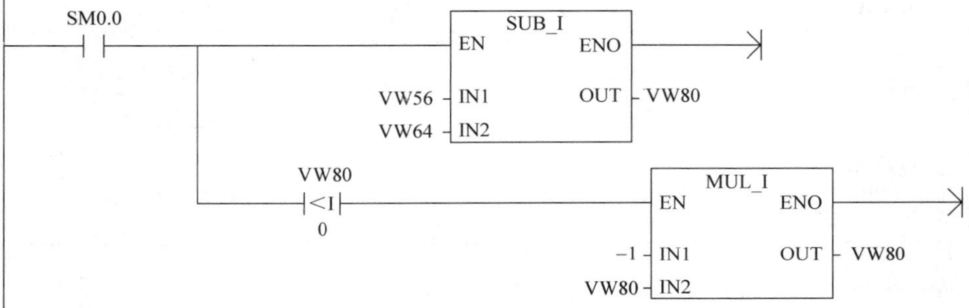

```
     SM0.0                              SUB_I
      ┤ ├                      ┌──EN        ENO──┐
                               │                 │
                        VW56 ──┤IN1         OUT──┤ VW80
                        VW64 ──┤IN2              │

              VW80                        MUL_I
              ┤<I├                ┌──EN        ENO──┐
               0                  │                 │
                            −1 ───┤IN1         OUT──┤ VW80
                          VW80 ───┤IN2              │
```

5　电梯外呼楼层与最小响应楼层之间的差值存储在VW84中(为非负值)

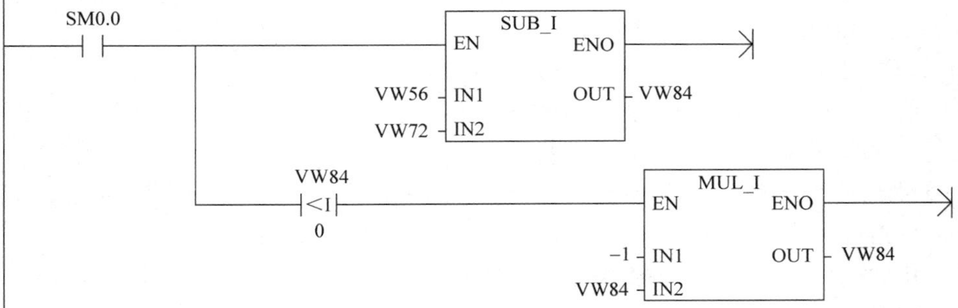

```
     SM0.0                              SUB_I
      ┤ ├                      ┌──EN        ENO──┐
                               │                 │
                        VW56 ──┤IN1         OUT──┤ VW84
                        VW72 ──┤IN2              │

              VW84                        MUL_I
              ┤<I├                ┌──EN        ENO──┐
               0                  │                 │
                            −1 ───┤IN1         OUT──┤ VW84
                          VW84 ───┤IN2              │
```

6　主电梯所在楼层与最大响应楼层之间的差值与外呼楼层与最大响应楼层之间的差值的和存储在VW90中;
　主电梯所在楼层与最小响应楼层之间的差值与外呼楼层与最小响应楼层之间的差值的和存储在VW94中

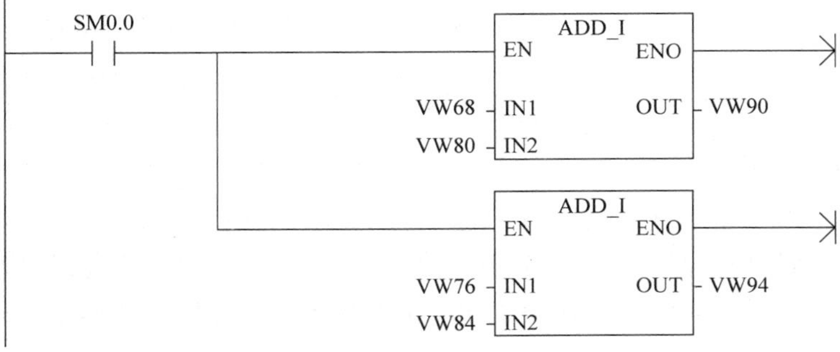

```
     SM0.0                              ADD_I
      ┤ ├                      ┌──EN        ENO──┐
                               │                 │
                        VW68 ──┤IN1         OUT──┤ VW90
                        VW80 ──┤IN2              │

                                          ADD_I
                               ┌──EN        ENO──┐
                               │                 │
                        VW76 ──┤IN1         OUT──┤ VW94
                        VW84 ──┤IN2              │
```

图 2-33　主电梯响应所呼楼层所要运行的距离计算控制程序（续）

2.7 控制指令

2.7.1 跳转指令

跳转使 PLC 的程序灵活性和智能性大大提高，可以使主机根据不同条件选择不同的程序段执行。

跳转指令是配合标号指令使用的。跳转及标号指令的梯形图和语句表如表 2-38 所示，操作数 N 的范围为 0~255。

表 2-38　跳转及标号指令的梯形图和语句表

梯形图	语句表	指令名称
N -(JMP)	JMP　N	跳转指令
N LBL	LBL　N	标号指令

跳转及标号指令的应用如图 2-34 所示。当触发信号接通时，跳转指令 JMP 线圈有信号流流过，跳转指令使程序流程跳转到与 JMP（Jump）指令编号相同的标号 LBL（Label）处，顺序执行标号指令以下的程序，而跳转指令与标号指令之间的程序不执行。若触发信号断开时，跳转指令 JMP 线圈没有信号流流过，顺序执行跳转指令与标号指令之间的程序。

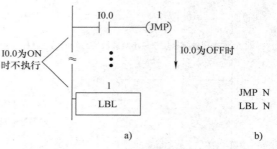

图 2-34　跳转指令及标号指令的应用
a）梯形图　b）语句表

编号相同的两个或多个 JMP 指令可以在同一程序里。但在同一程序中，不可以使用相同编号的两个或多个 LBL 指令。

注意：标号指令前面不需要接任何其他指令，即直接与左母线相连。

2.7.2 子程序指令

S7-200 SMART 的控制程序由主程序、子程序和中断程序组成。STEP 7-Micro/WIN SMART 在程序编辑窗口里为每个 POU（程序组成单元）提供一个独立的页。主程序总是第 1 页，后面是子程序和中断程序。

在程序设计时，经常需要多次反复执行同一段程序，为了简化程序结构、减少程序编写工作量，在程序结构设计时常将需要反复执行的程序编写为一个子程序，以便反复调用。子程序的调用是有条件的，未调用它时不会执行子程序中的指令，因此使用子程序可以减少扫描时间。

在编写复杂的 PLC 程序时，最好把全部控制功能划分为几个符合工艺控制规律的子功能块，每个子功能块由一个或多个子程序组成。子程序使程序结构简单清晰，易于调试、查错和维护。在子程序中尽量使用局部变量，避免使用全局变量，这样可以很方便地将子程序移植到其他项目中。

1. 建立子程序

可通过以下 3 种方法进行建立子程序。

1）执行菜单命令"编辑"→"对象"→"子程序"。

2）右击项目树的"程序块"文件夹，执行弹出快捷菜单中的"插入"→"子程序"命令。

3）右击程序编辑窗口，执行弹出快捷菜单中的"插入"→"子程序"命令。

新建子程序后，在指令树窗口可以看到新建的子程序图标，默认的程序名是 SBR_N，编号 N 从 0 开始按递增顺序生成，系统自带一个子程序 SBR_0。一个项目最多可以有 128 个子程序。

单击 POU（程序组成单元）中相应的页图标就可以进入相应的程序单元，在此单击图标 SBR_0 即可进入子程序编辑窗口。双击主程序图标 MAIN 可切换回主程序编辑窗口。

若子程序需要接收（传入）调用程序传递的参数，或者需要输出（传出）参数给调用程序，则在子程序中可以设置参变量。子程序参变量应在子程序编辑窗口的子程序局部变量表中定义。

2. 子程序调用指令

在子程序建立后，可以通过子程序调用指令反复调用子程序。子程序的调用可以带参数，也可以不带参数。它在梯形图中以指令盒的形式编程。

子程序调用指令为 CALL。当使能输入端 EN 有效时，将程序执行转移至编号为 SBR_0 的子程序。子程序调用及返回指令的梯形图和语句表如表 2-39 所示。

表 2-39　子程序调用及返回指令的梯形图和语句表

梯形图	语句表	指令名称
SBR_N —EN	CALL　SBR_N；SBRN	子程序调用指令
—(RET)	CRET	子程序返回指令

3. 子程序返回指令

子程序返回指令分两种：无条件返回 RET 和有条件返回 CRET。子程序在执行完时必须返回到调用程序。如无条件返回则编程人员不需要在子程序最后插入任何返回指令，由 STEP 7-Micro/WIN SMART 软件自动在子程序结尾处插入返回指令 RET；若为有条件返回则必须在子程序的最后插入 CRET 指令。

4. 子程序的调用

可以在主程序、其他子程序或中断程序中调用子程序。调用子程序时将执行子程序中的指令，直至子程序结束，然后返回调用它的程序中该子程序调用指令的下一条指令处。

5. 子程序嵌套

如果在子程序的内部又对另一个子程序执行调用指令，这种调用称为子程序的嵌套。子程序最多可以嵌套 8 级。

当一个子程序被调用时，系统自动保存当前的堆栈数据，并把栈顶置为"1"，堆栈中的其他位置为"0"，子程序占有控制权。子程序执行结束，通过返回指令自动恢复原来的逻辑堆栈值，调用程序又重新取得控制权。

注意：1）当子程序在一个周期内被多次调用时，不能使用上升沿、下降沿、定时器和计数器指令；

2）在中断服务程序调用的子程序中不能再出现子程序的嵌套调用。

6. 有参子程序

子程序中可以有参变量，带参数的子程序调用扩大了子程序的使用范围，增加了调用的灵活性。子程序的调用过程如果存在数据的传递，则在调用指令中应包含相应的参数。

（1）子程序参数

子程序最多可以传递 16 个参数，参数应在子程序的局部变量表中加以定义。参数包含下列信息：变量名（符号）、变量类型和数据类型。

1）变量名。最多用 8 个字符表示，第一个字符不能是数字。

2）变量类型。变量类型是按变量对应数据的传递方向来划分的，可以是传入子程序参数（IN）、传入/传出子程序参数（IN_OUT）、传出子程序参数（OUT）和暂时变量（TEMP）4 种类型。4 种变量类型的参数在局部变量表中的位置必须遵从以下先后顺序。

- IN 类型：传入子程序参数。所接的参数可以是直接寻址数据（如 VB100）、间接寻址数据（如 AC1）、立即数（如 16#2344）和数据的地址值（如 &VB106）。
- IN_OUT 类型：传入/传出子程序参数。调用时将指定地址的参数值传到子程序，返回时从子程序得到的结果值被返回到同一地址。参数可以采用直接和间接寻址，但立即数（如 16#1234）和地址值（如 &VB100）不能作为参数。
- OUT 类型：传出子程序参数。它将从子程序返回的结果送到指定的参数位置。输出参数可以采用直接和间接寻址，但不能是立即数或地址编号。
- TEMP 类型：暂时变量类型。在子程序内部暂时存储数据，不能用来与主程序传递参数数据。

3）数据类型。局部变量表中还要对数据类型进行声明。数据类型可以是能流、布尔型、字节型、字型、双字型、整数型、双整型和实型。

（2）参数子程序调用的规则

常数参数必须声明数据类型。如果缺少常数参数的这一描述，常数可能会被当成不同类型使用。

输入或输出参数没有自动数据类型转换功能。例如：局部变量表中声明一个参数为实型，而在调用时使用一个双字，则子程序中的值就是双字。

参数在调用时必须按照一定的顺序排列，先是输入参数，然后是输入/输出参数，最后是输出参数。

（3）局部变量与全局变量

I、Q、M、V、SM、AI、QI、S、T、C、HC 地址区中的变量称为全局变量。在符号表中定义的上述地址区中的符号称全局符号。程序中的每个程序组成单元，均有自己的由 64B 的局部（Local）存储器组成的局部变量。局部变量用来定义有使用范围限制的变量，它们只能在它被创建的 POU 中使用。与此相反，全局变量在符号表中定义，在各 POU 中均可使用。

（4）局部变量表的使用

单击"视图"菜单的"窗口"区域中的"组件"按钮，再单击打开的下拉式菜单中的"变量表"，变量表出现在程序编辑器的下面。右击上述菜单中的"变量表"，可以用出现的快捷菜单命令将变量表放在快速访问工具栏上。

按照子程序指令的调用顺序，将参数值分配到局部变量存储器，起始地址是 L0.0。使用编程软件时，地址分配是自动的。

在语句表中，带参数的子程序调用指令格式为：

CALL　　子程序号，参数 1，参数 2，…，参数 n

其中：n=1~16。参数又分为 IN、IN_OUT 和 OUT 三种类型，IN 为传递到子程序中的参数，IN_OUT 为传递到子程序的参数、子程序的结果值返回的位置，OUT 为子程序结果返回到指定的参数位置。

（5）局部存储器（L）

局部存储器用来存放局部变量。局部存储器是局部有效的。局部有效是指某一局部存储器只有在某一程序分区（主程序、子程序或中断程序）中使用。

S7-200 SMART 提供 64B 局部存储器，局部存储器可作为暂时存储器或为子程序传递参数。可以按位、字节、字、双字访问局部存储器。可以把局部存储器作为间接寻址的指针，但是不能作为间接寻址的存储器区。局部存储器 L 的寻址格式同存储器 M 和存储器 V，范围为 LB0~LB63。

2.7.3　中断指令

中断在计算机技术中应用较为广泛。中断功能是用中断程序及时地处理中断事件（如表 2-40 所示），中断事件与用户程序的执行时序无关，有的中断事件不能事先预测何时发生。中断程序不是由用户程序调用，而在中断事件发生时由操作系统调用。中断程序是用户编写的。中断程序应该优化，在执行完某项特定任务后应返回被中断的程序。应使中断程序尽量短小，以减少中断程序的执行时间，减少对其他处理的延迟，否则可能引起主程序控制的设备操作异常。设计中断程序时应遵循"越短越好"的原则。

1. 中断类型

S7-200 SMART 的中断大致分为 3 类：通信中断、输入/输出中断和基于时间的中断。

（1）通信中断

CPU 的串行通信端口可通过程序进行控制。通信端口的这种操作模式称为自由端口模式。在自由端口模式下，程序定义波特率、每个字符的位数、奇偶校验和协议。利用接收和发送中断可简化程序（I/O 中断）对通信的控制。有关详细信息，请参见发送和接收指令。

（2）输入/输出中断

输入/输出中断包括上升/下降沿中断和高速计数器中断。CPU 可以为输入通道 I0.0、I0.1、I0.2 和 I0.3（以及带有可选数字量输入信号板的标准 CPU 的输入通道 I7.0 和 I7.1）

生成输入上升和/或下降沿中断，可捕捉这些输入点中的每一个上升沿和下降沿事件。这些上升沿/下降沿事件可用于指示在事件发生时必须立即处理的状况。

表 2-40 中断事件描述

优先级分组	中断事件号	中断描述	优先级分组	中断事件号	中断描述
通信（最高）	8	端口 0 接收字符		7	I0.3 下降沿
	9	端口 0 发送字符		36*	信号板输入 0 下降沿
	23	端口 0 接收信息完成		38*	信号板输入 1 下降沿
	24*	端口 1 接收信息完成	I/O（中等）	12	HSC0 当前值＝预置值
	25*	端口 1 接收字符		27	HSC0 输入方向改变
	26*	端口 1 发送字符		28	HSC0 外部复位
I/O（中等）	0	I0.0 上升沿		13	HSC1 当前值＝预置值
	2	I0.1 上升沿		16	HSC2 当前值＝预置值
	4	I0.2 上升沿		17	HSC2 输入方向改变
	6	I0.3 上升沿		18	HSC2 外部复位
	35*	信号板输入 0 上升沿		32	HSC3 当前值＝预置值
	37*	信号板输入 1 上升沿	基于时间（最低）	10	定时中断 0（SMB34）
	1	I0.0 下降沿		11	定时中断 1（SMB35）
	3	I0.1 下降沿		21	T32 当前值＝预置值
	5	I0.2 下降沿		22	T96 当前值＝预置值

注：CPU CR40/CR60 不支持表 2-40 中标有 * 的中断事件。

高速计数器中断可以对下列情况做出响应：当前值达到预设值，与轴旋转方向相反且相对应的计数方向发生改变或计数器外部复位。这些高速计数器事件均可触发实时执行的操作，以响应在 PLC 扫描速度下无法控制的高速事件。

通过将中断程序连接到相关 I/O 事件来启用上述各中断。

（3）基于时间的中断

基于时间的中断包括定时中断和定时器 T32/T96 中断。可使用定时中断指定循环执行的操作。可以 1 ms 为增量设置周期时间，其范围是 1～255 ms。对于定时中断 0，必须在 SMB34 中写入周期时间，对于定时中断 1，必须在 SMB35 中写入周期时间。

定时器延时时间到达时，会产生定时中断事件，此时系统会将控制权传递给相应的中断程序。通常可以使用定时中断来控制模拟量输入的采样或定期执行 PID 回路。

将中断程序连接到定时中断事件时，启用定时中断并且开始定时。连接期间，系统捕捉周期时间值，因此 SMB34 和 SMB35 的后续变化不会影响周期时间。要更改周期时间，必须修改周期时间值，然后将中断程序重新连接到定时中断事件。重新连接时，定时中断功能会清除先前连接的所有累计时间，并开始用新值计时。

定时中断启用后将连续运行，每个连续时间间隔后会执行连接的中断程序。如果退出 RUN 模式或分离定时中断，定时中断将禁用。如果执行了全局 DISI（中断禁止）指令，定时中断会继续出现，但是尚未处理所连接的中断程序。每次定时中断出现均排队等候，直至中断启用或队列已满。

使用定时器 T32/T96 中断可及时响应指定时间间隔的结束。仅 1ms 分辨率的接通延时（TON）和断开延时（TOF）定时器 T32 和 T96 支持此类中断。否则 T32、T96 正常工作。启用中断后，如果在 CPU 中执行正常的 1ms 定时器更新期间，激活定时器的当前值等于预设时间值，将执行连接的中断程序。可通过将中断程序连接到中断事件 T32（事件 21）和 T96（事件 22）来启用这些中断。

2. 中断事件号

调用中断程序之前，必须在中断事件和该事件发生时希望执行的程序段之间分配关联。可以使用中断连接指令将中断事件（由中断事件编号指定，每个中断源都分配一个编号用以识别，称为中断事件号）与程序段（由中断程序编号指定）相关联。可以将多个中断事件连接到一个中断程序，但一个事件不能同时连接到多个中断程序。

连接事件和中断程序时，仅当全局 ENI（中断启用）指令已执行且中断事件处理处于激活状态时，新出现此事件时才会执行所连接的中断程序。否则，该事件将添加到中断事件队列中。如果使用全局 DISI（中断禁止）指令禁止所有中断，每次发生中断事件都会排队，直至使用全局 ENI（中断启用）指令重新启用中断或中断队列溢出。

可以使用中断分离指令取消中断事件与中断程序之间的关联，从而禁用单独的中断事件。分离中断指令使中断返回未激活或被忽略状态。

3. 中断事件的优先级

中断优先级是指中断源被响应和处理的优先等级。设置优先级的目的是为了在有多个中断源同时发生中断请求时，CPU 能够按照预定的顺序（如按事件的轻重缓急顺序）进行响应并处理。中断事件的优先级顺序如表 2-40 所示。

4. 中断程序的创建

新建项目时自动生成中断程序 INT_0，S7-200 SMART CPU 最多可以使用 128 个中断程序。

可以采用以下 3 种方法创建中断程序。

1）执行菜单命令"编辑"→"对象"→"中断"。

2）右击项目树的"程序块"文件夹，执行弹出快捷菜单中的命令"插入"→"中断"。

3）在程序编辑窗口右击，执行弹出快捷菜单中的命令"插入"→"中断"。

创建成功后程序编辑器将显示新的中断程序，程序编辑器底部出现标有新的中断程序的标签，可以对新的中断程序编程，新建中断名为 INT_N。

5. 中断指令

中断调用相关的指令包括：中断允许指令 ENI（Enable Interrupt）、中断禁止指令 DISI（Disable Interrupt）、中断连接指令 ATCH（Attach）、中断分离指令 DTCH（Detach）、清除中断事件指令 CLR_EVNT（Clear Events）、中断返回指令 RETI（Return Interrupt）和中断程序有条件返回指令 CRETI（Conditional Return Interrupt），如表 2-41 所示。

表 2-41 中断指令

梯形图	语句表	描述	梯形图	语句表	描述
—(ENI)	ENI	中断允许	ATCH —EN ENO— —INT —EVNT	ATCH INT, EVNT	中断连接
—(DISI)	DISI	中断禁止	DTCH —EN ENO— —EVNT	DTCH INT, EVNT	中断分离
—(RETI)	RETI	有条件返回	CLR_EVNT —EN ENO— —EVNT	CEVENT EVNT	清除中断事件

（1）中断允许指令

中断允许指令 ENI 又称为开中断指令，其功能是全局性地开放所有被连接的中断事件，允许 CPU 接收所有中断事件的中断请求。

（2）中断禁止指令

中断禁止指令 DISI 又称为关中断指令，其功能是全局性地关闭所有被连接的中断事件，禁止 CPU 接收所有中断事件的请求。

（3）中断返回指令

中断返回指令 RETI/CRETI 的功能是当中断结束时，通过中断返回指令退出中断服务程序，返回到主程序。RETI 是无条件返回指令，即在中断程序的最后不需要插入此指令，编程软件自动在程序结尾加上 RETI 指令；CRETI 是有条件返回指令，即中断程序的最后必须插入该指令。

（4）中断连接指令

中断连接指令 ATCH 的功能是建立一个中断事件 EVNT 与一个标号 INT 的中断服务程序的联系，并对该中断事件开放。

（5）中断分离指令

中断分离指令 DTCH 的功能是取消某个中断事件 EVNT 与所对应中断程序的关联，并对该中断事件执行关闭操作。

（6）清除中断事件指令

清除中断事件指令 CLR_EVNT 的功能是从中断队列中清除所有类型 EVNT 的中断事件。如果该指令用来清除假的中断事件，则应在从队列中清除事件之前分离事件。否则，在执行清除事件指令后，将向队列中添加新的事件。

注意：中断程序不能嵌套，即中断程序不能再被中断。正在执行中断程序时，如果又有事件发生，将会按照发生的时间顺序和优先级排队。

【**例 2-8**】 I/O 中断：在 I0.0 的上升沿通过中断使 Q0.0 立即置位，在 I0.1 的下降沿通过中断使 Q0.0 立即复位。

根据要求编写的主程序及中断程序如图2-35~图2-37所示。

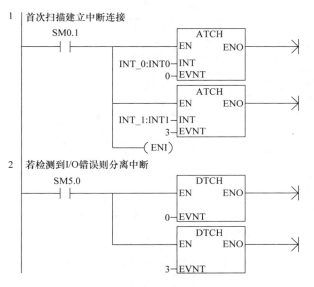

图 2-35　I/O 中断示例——主程序

图 2-36　I/O 中断示例——中断程序 0　　　　图 2-37　I/O 中断示例——中断程序 1

【例 2-9】　基于时间中断：用定时中断 0 实现周期为 2 s 的定时，使接在 Q0.0 上的指示灯闪烁。

根据要求编写的主程序及中断程序如图 2-38 和图 2-39 所示。

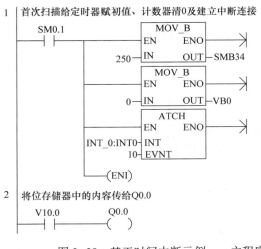

图 2-38　基于时间中断示例——主程序

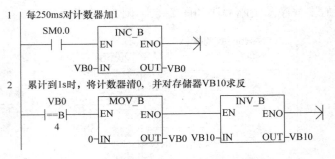

图 2-39 基于时间中断示例——中断程序

2.7.4 其他控制指令

控制指令还包括循环指令、循环结束指令、条件结束指令、条件停止指令、看门狗定时器复位指令及获取非致命错误代码指令，如表 2-42 所示。

表 2-42 其他控制指令的梯形图及语句表

梯形图	语句表	指令名称
FOR EN ENO INDX INIT FINAL	FOR INDX， INIT， FINAL	循环指令
——(NEXT)	NEXT	循环结束指令
——(END)	END	条件结束指令
——(STOP)	STOP	条件停止指令
——(WDR)	WDR	看门狗定时器复位指令
GET_ERROR EN ENO ECODE	GERR ECODE	获取非致命错误代码指令

1. 循环指令

在控制系统中经常遇到需要重复执行若干次相同任务的情况，这时可以使用循环指令。FOR 指令表示循环开始，NEXT 指令表示循环结束。驱动 FOR 指令的逻辑条件满足时，反复执行 FOR 和 NEXT 之间的指令。在 FOR 指令中，需要设置 INDX（索引值或当前值循环次数计数器）、初始值 INIT 和结束值 FINAL，它们的数据类型均为 INT。

【例 2-10】 用循环程序在 I0.0 接通时求 VB100 ~ VB103 中 4B 的逻辑"与"值，运算结果保存在 VB110 中。

根据要求编写的程序如图 2-40 所示。

使用 FOR 和 NEXT 指令可在重复执行分配计数的循环中执行程序段。每条 FOR 指令需要一条 NEXT 指令。FOR-NEXT 循环可以实现自身的嵌套，最大嵌套深度为 8 层。

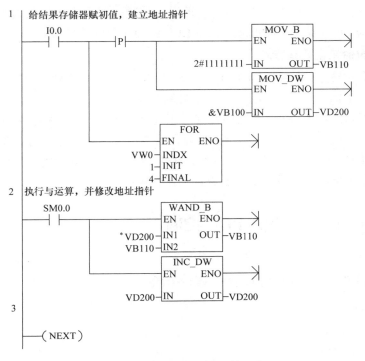

图 2-40　求逻辑"与"运算程序

如果启用 FOR-NEXT 循环，则完成迭代操作之前会持续执行循环，除非在循环内部更改 FINAL 值。在 FOR-NEXT 循环处于循环过程时可更改值。再次启用循环时，会将 INIT 值复制到 INDX 值（当前循环编号）。

例如，假定 INIT 值为 1，FINAL 值为 10，则 FOR 指令和 NEXT 指令之间的指令将执行 10 次，INDX 值递增：1，2，3，…，10。

如果 INIT 值大于 FINAL 值，则不再执行循环。每次执行完 FOR 指令和 NEXT 指令之间的指令后，INDX 值递增，并将结果与最终值进行比较。如果 INDX 大于最终值，则循环执行终止。

2. 条件结束指令与条件停止指令

条件结束指令 END 根据控制它的逻辑条件终止当前的扫描周期。只能在主程序中使用 END。

条件停止指令 STOP 使 CPU 从 RUN 模式切换到 STOP 模式，立即终止用户程序的执行。如果在中断程序中执行 STOP 指令，中断程序立即终止，忽略全部等待执行的中断，继续执行主程序的剩余部分，并在主程序执行结束时，完成从 RUN 模式到 STOP 模式的转换。

3. 看门狗定时器复位指令

看门狗定时器又称为看门狗（Watchdog），它的定时时间为 500 ms，每次扫描它时都被自动复位，然后又开始定时。正常工作时若扫描周期小于 500 ms，它不起作用。如果扫描周期超过 500 ms，CPU 会自动切换到 STOP 模式，并会产生非致命错误"扫描看门狗超时"。

如果扫描周期可能超过 500 ms，可以在程序中使用看门狗复位指令 WDR，以扩展允许使用的扫描周期。每次执行 WDR 指令时，若看门狗超过时间都会复位为 500 ms。即使使用了 WDR 指令，如果扫描持续时间超过 5 s，CPU 将会无条件地切换到 STOP 模式。

4. 获取非致命错误代码指令

获取非致命错误代码指令 GET_ERROR 将 CPU 的当前非致命错误代码传送给参数 ECODE 指定的 WORD 地址，而 CPU 中的非致命代码被清除。

非致命错误可能降低 PLC 的某些性能，但是不会导致 PLC 无法执行用户程序和更新 I/O。非致命错误也会影响某些特殊存储器错误标志地址。在程序中可通过错误标志 SM4.3（运行时编程问题）为 ON 时，执行 GET_ERROR 指令，读取错误代码，代码为 0 表示没有错误。可用软件的帮助功能或系统手册查询错误代码的意义。

2.8 实训 9 闪光频率的 PLC 控制

2.8.1 实训目的——掌握跳转及子程序指令

1）掌握跳转指令。
2）掌握子程序指令。
3）掌握分频电路的应用。

2.8.2 实训任务

用 PLC 实现闪光频率的控制，要求闪光灯根据选择的按钮以相应频率闪烁。若按下"慢闪"按钮，闪光灯以 4 s 周期闪烁；若按下"中闪"按钮，闪光灯以 2 s 周期闪烁；若按下"快闪"按钮，闪光灯以 1 s 周期闪烁。无论何时按下停止按钮，闪光灯熄灭。

2.8.3 实训步骤

1. I/O 分配

根据项目分析可知，闪光频率控制 I/O 分配表如表 2-43 所示。

表 2-43 闪光频率控制 I/O 分配表

输　入		输　出	
输入继电器	元器件	输出继电器	元器件
I0.0	慢闪按钮 SB1	Q0.0	闪光灯 HL
I0.1	中闪按钮 SB2		
I0.2	快闪按钮 SB3		
I0.3	停止按钮 SB4		

2. PLC 硬件原理图

根据控制要求及表 2-43 的 I/O 分配表，闪光频率控制硬件原理图可绘制如图 2-41 所示。

3. 创建工程项目

创建一个工程项目，并命名为闪光频率控制。

4. 编辑符号表

编辑符号表如图 2-42 所示。

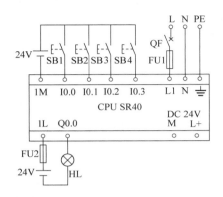

图 2-41　闪光频率控制电路硬件原理图

图 2-42　符号表

5. 编写程序

编写本项目程序，首先需要时间脉冲的产生，一般可通过定时器产生，在此介绍一种二分频电路，如图 2-43 所示。

待分频的脉冲信号为 I0.0，设 M0.0 和 Q0.0 的初始状态为"0"。当 I0.0 的第一个脉冲信号的上升沿到来时，M0.0 接通一个扫描周期，即产生一个单脉冲，此时 M0.0 的常开触点闭合，与之相串联的 Q0.0 触点又为常闭，即 Q0.0 接通被置为"1"。在第二个扫描周期 M0.0 断电，M0.0 的常闭触点闭合，与之相串联的 Q0.0 常开触点因在上一扫描周期已被接通，即 Q0.0 的常开触点闭合，此时 Q0.0 的线圈仍然得电。当 I0.0 的第二个脉冲信号的上升沿到来时，M0.0 又接通一个扫描周期，此时 M0.0 的常开触点闭合，但与之相串联 Q0.0 的

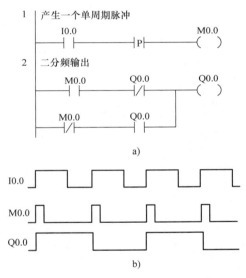

图 2-43　二分频梯形图和时序图

a) 二分频梯形图　b) 二分频时序图

常闭触点在前一扫描周期是断开的，这两触点状态"逻辑与"的结果是"0"；与此同时，M0.0 的常闭触点断开，与之相串联 Q0.0 常开触点虽然在前一扫描周期是闭合的，但这两触点状态"逻辑与"的结果仍然是"0"，即 Q0.0 由"1"变为"0"，此状态一直保持到 I0.0 的第三个脉冲到来。当 I0.0 第三个脉冲到来时，重复上述过程。由此可见，I0.0 每发出两个脉冲，Q0.0 产生一个脉冲，完成对输入信号的二分频。

根据要求，使用跳转指令编写的梯形图如图 2-44 所示，使用子程序指令编写的梯形图如图 2-45～图 2-47 所示。

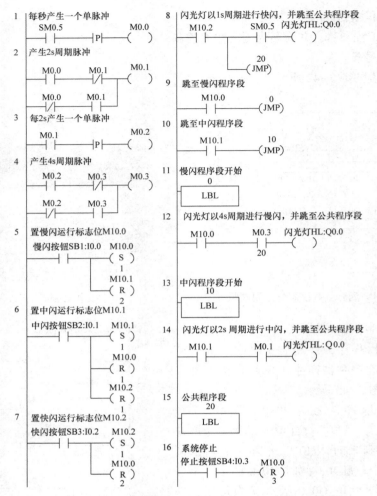

图 2-44 用跳转指令编写的闪光频率控制

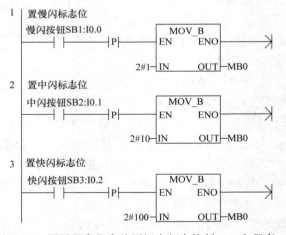

图 2-45 用子程序指令编写闪光频率控制——主程序

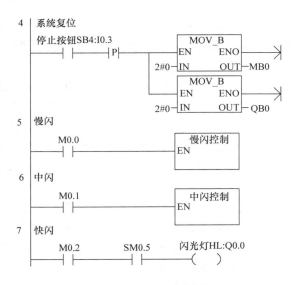

图 2-45 用子程序指令编写闪光频率控制——主程序（续）

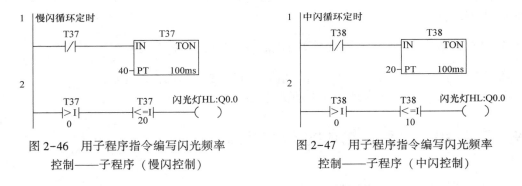

图 2-46 用子程序指令编写闪光频率
控制——子程序（慢闪控制）

图 2-47 用子程序指令编写闪光频率
控制——子程序（中闪控制）

6. 调试程序

将上述程序下载到 PLC 中，先不接通 PLC 输出端负载的电源，分别按下慢闪、中闪和快闪及停止按钮，观察输出点 Q0.0 是否闪烁及停止闪烁，闪烁的频率是否与控制要求一致。若一致说明程序编写正确。然后再接通负载电源，重复上述步骤即可。

2.8.4 实训交流——子程序重命名及双线圈的处理

1. 跳转指令对定时器的影响

定时器正处于定时阶段时，若由于跳转条件满足且跳过定时器所在的程序段去执行其他程序段，这时当前定时器若为 100 ms，则定时器立即停止定时，但当前值保持不变；若为 10 ms 和 1 ms，则定时器会继续定时，定时时间到时它们在跳转区外的触点也会动作（即不受跳转指令影响）。若此时跳转条件又满足，则 100 ms 定时器在保持的当前值的基础上继续定时。

2. 子程序中的定时器

停止调用子程序时，子程序内的线圈的 ON/OFF 状态保持不变。如果在停止调用子程序时，该子程序中的定时器正在定时，则 100 ms 定时器立即停止定时，且当前值保持不变。但是 10 ms 和 1 ms 定时器则会继续定时，定时时间到时，它们在子程序之外的触点也会动作。

3. 子程序重命名

在子程序较多的控制系统中，如果子程序均命名为 SBR_N，不便于程序的阅读及系统程序的维护和优化。每个特定功能的子程序名最好能"望文生义"。那子程序如何重命名呢？右击项目树中的子程序的图标，在弹出的菜单中选择"重命名"，可以更改其名称；或单击项目树中的子程序的图标，按〈F2〉键即可更改其名称；或右击编辑器窗口上方子程序名，选择"属性"，在弹出的"属性"对话框中的名称栏便可更改其名称。

4. 双线圈的处理

在工程应用中，系统常用"手动"和"自动"两种操作模式，而控制对象是相同的。在交通灯控制中，绿灯常亮和绿灯闪烁时，输出对象也是相同的。对初学者来说，编程时往往出现"双线圈"现象，在程序编译时系统不会报错，但在程序执行时往往会出现事与愿违的现象。那如何解决"双线圈"的问题呢？这则需要通过中间存储器过渡一下，将其所有控制的触点合并后再驱动输出线圈即可。

在使用跳转指令或子程序指令时，则允许双线圈输出。但必须保证同一线圈在不同的跳转程序区中，或在不同的子程序中，即必须保证在 PLC 的一个扫描周期中所扫描的程序段内不出现双线圈即可。

2.8.5 实训拓展——用子程序实现电动机的顺起逆停控制

训练 1：用常规编程方法（不用跳转指令）实现本项目的控制要求。

训练 2：用子程序指令实现两台电动机的顺起逆停控制。

2.9 实训 10 电动机轮休的 PLC 控制

2.9.1 实训目的——掌握中断指令

1）掌握逻辑运算和中断指令。

2）掌握延时时间扩展的方法。

3）掌握使用书签和交叉引用表调试程序的方法。

2.9.2 实训任务

使用 PLC 实现电动机轮休的控制。控制要求为：按下起动按钮 SB1 起动系统，此时第 1 台电动机起动并工作 3 h 后，第 2 台电动机开始工作，同时第 1 台电动机停止；当第 2 台电动机工作 3 h 后，第 1 台电动机开始工作，同时第 2 台电动机停止，如此循环。当按下停止按钮 SB2 时，两台电动机立即停止。

2.9.3 实训步骤

1. I/O 分配

根据项目分析可知，电动机轮休控制 I/O 分配表如表 2-44 所示。

表 2-44　电动机轮休控制 I/O 分配表

输　入		输　出	
输入继电器	元器件	输出继电器	元器件
I0.0	起动按钮 SB1	Q0.0	接触器 KM1 线圈
I0.1	停止按钮 SB2	Q0.1	接触器 KM2 线圈
I0.2	热继电器 FR1		
I0.3	热继电器 FR2		

2. PLC 硬件原理图

根据控制要求及表 2-43 的 I/O 分配表，电动机轮休控制硬件原理图可绘制如图 2-48 所示。

3. 创建工程项目

创建一个工程项目，并命名为电动机轮休控制。

4. 编辑符号表

编辑的符号表如图 2-49 所示。

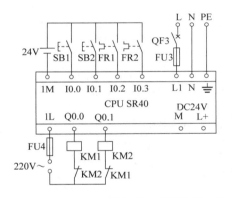

图 2-48　电动机轮休控制电路硬件原理图

图 2-49　符号表

5. 编写程序

根据要求，并使用逻辑指令和中断指令编写的程序如图 2-50~图 2-53 所示。

在编程时，利用"系统块"将存储器 MB10 和 MD20 设置为断电保持（参考 2.4.3 节），这样在因电动机过载而停止运行后，下一次起动仍为该台电动机，并且累时时间在上次电动机停止时对应的数值基础上进行累计。

6. 调试程序

用户调试程序时，既可通过程序状态和状态图表进行监控、调试程序，还可以通过书签和交叉引用表对程序进行监控、调试。

（1）使用书签

使用程序编辑器中工具栏上的书签按钮 🔲🔲🔲🖱，可对程序进行调试。"切换书签"按钮🔲用于在当前光标位置指定的程序段设置或删除书签，单击按钮🔲或🔲，光标将移动到程序中下一个或上一个标有书签的程序段，单击按钮🖱将删除程序中所有的书签。

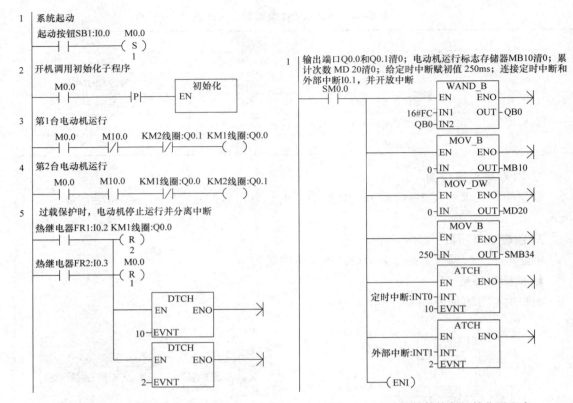

图 2-50　电动机轮休控制主程序

图 2-51　电动机轮休控制初始化子程序

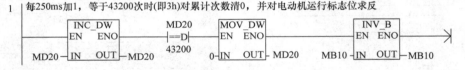

图 2-52　电动机轮休控制定时中断程序

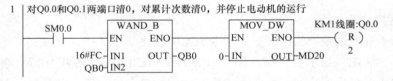

图 2-53　电动机轮休控制外部中断程序

（2）交叉引用表

交叉引用表用于检查程序中参数当前的赋值情况，可以防止无意间的重复赋值。必须成功地编译程序后才能查看交叉引用表。交叉引用表并不下载到 PLC 中。

打开项目树中的"交叉引用"文件夹，用鼠标左键双击其中的"交叉引用""字节使用"或"位使用"，或单击导航栏中的交叉引用按钮，都可以打开交叉引用表（如图 2-54 所示）。

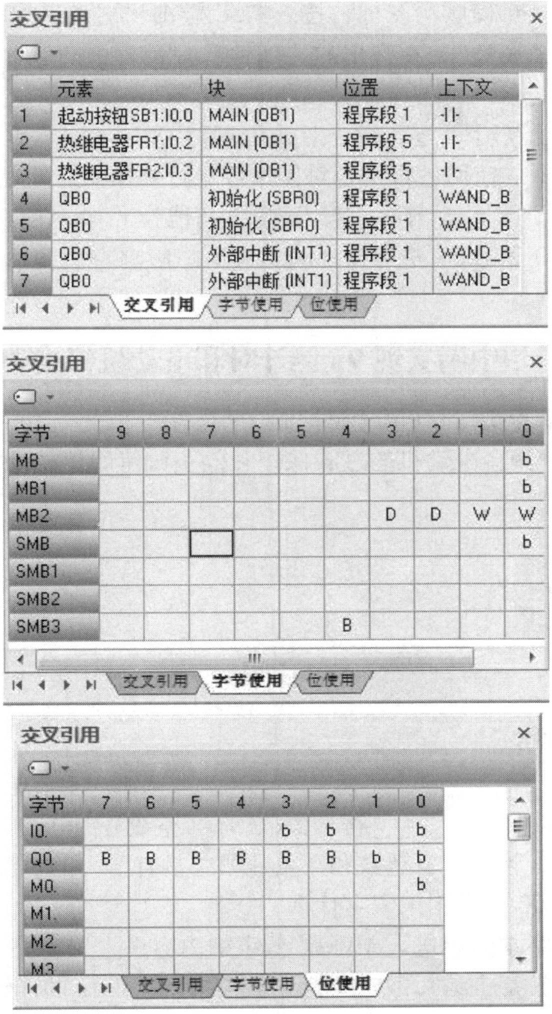

图 2-54　交叉引用表

交叉引用表列举出程序中使用的各编程元件所有的触点、线圈等在哪一个程序块的哪一个程序段中出现，以及使用的指令。还可以查看哪些存储器区域被使用，是作为位（b）、字节（B）、字（W）还是双字（D）使用。

用鼠标左键双击交叉引用表中的某一行，可以显示出该行的操作数和指令所在的程序段。

交叉引用表中工具栏上的按钮 □ ▾ 用来切换地址的显示方式。

2.9.4　实训交流——中断重命名

1. 对中断重命名

在中断程序较多的控制系统中，如果中断程序均命名为 INT_N，不便于程序的阅读及系统程序的维护和优化。每个特定功能的中断程序名最好能"望文生义"，那中断程序如何重命名呢？右击项目树中的中断程序的图标，在弹出的菜单中选择"重命名"，可以更改其名称；或单击项目树中的中断程序的图标，按〈F2〉键即可更改其名称；或右击编辑器窗口上方中断程序名，选择"属性"，在弹出的"属性"对话框中的名称栏便可更改其名称。

2. 巧用逻辑指令

在本项目中，使用了逻辑"与"指令对输出端口 Q0.0 和 Q0.1 进行清零，当然也可以使用复位指令或传送指令。使用逻辑指令对操作数进行操作的好处是能很方便地对操作数的某一位或几位进行操作，而不影响同一操作数的其他位。如本项目中，若输出端 Q0.2～Q0.7 被使用，在对 Q0.0 和 Q0.1 进行操作时，又不想影响 Q0.2～Q0.7，便可使用逻辑指令实现相应操作。

2.9.5 实训拓展——用中断实现 9 s 倒计时和电动机停止功能

训练 1：用定时器中断实现 9 s 倒计时控制。

训练 2：将本项目中两台电动机的过载保护和停止按钮的停机功能通过同一个中断程序实现。

2.10 习题与思考

1. I2.7 是输入字节_____的第_____位。

2. MW0 是由 _____、_____ 两个字节组成；其中 _____ 是 MW0 的高字节，_____ 是 MW0 的低字节。

3. QD10 是由 _____、_____、_____、_____ 字节组成。

4. WORD（字）是 16 位 _____ 符号数，INT（整数）是 16 位 _____ 符号数。

5. 字节、字、双字、整数、双整数和浮点数哪些是有符号的？哪些是无符号的？

6. &VB100 和 *VD200 分别用来表示什么？

7. 将累加器 1 的高字中内容送入 MW0，低字中内容送入 MW2。

8. 使用定时器及比较指令编写占空比为 1:2，周期为 1.2 s 的连续脉冲信号。

9. 将浮点数 12.3 取整后传送至 MB0。

10. 使用循环移位指令实现接在输出字 QW0 端口 16 盏灯的跑马灯往复点亮控制。

11. 使用算术运算指令实现 $[8+9×6/(12+10)]/(6-2)$ 运算，并将结果保存在 MW10 中。

12. 使用逻辑运算指令将 MW0 和 MW10 合并后分别送到 MD20 的低字和高字中。

13. 某设备有 3 台风机，当设备处于运行状态时，如果有两台或两台以上风机工作，则指示灯常亮，指示"正常"；如果仅有一台风机工作，则该指示灯以 0.5 Hz 的频率闪烁，指示"一级报警"；如果没有风机工作，则指示灯以 2 Hz 的频率闪烁，指示"严重报警"；当设备不运行时，指示灯不亮。

14. 三组抢答器控制，要求在主持人按下开始按钮后，3 组抢答按钮按下任意一个按钮后，显示器能及时显示该组的编号，同时锁住其他组抢答。如果在主持人按下开始按钮之前进行抢答，则显示器显示该组编号，同时该组号以秒级闪烁以示违规，直至主持人按下复位按钮。若主持人按下开始按钮 10 s 后无人抢答，则蜂鸣器响起，表示无人抢答，主持人按下复位按钮可消除此状态。

15. 用定时器中断实现第 14 题中的 10 s 定时功能。

第3章 模拟量及脉冲量的编程及应用

3.1 模拟量

模拟量是区别于数字量的一个连续变化的电压或电流信号。模拟量可作为 PLC 的输入或输出，通过传感器或控制设备对控制系统的温度、压力、流量等模拟量进行检测或控制。通过变送器可将传感器提供的电量或非电量转换为标准的直流电流（4~20 mA、±20 mA 等）或直流电压（0~5 V、0~10 V、±5 V、±10 V 等）信号。

变送器分为电流输出型和电压输出型。电压输出型变送器具有恒压源的性质，PLC 模拟量输入模块电压输出端的输出阻抗很高。如果变送器距离 PLC 较远，则通过电路间的分布电容和分布电感感应的干扰信号，在模块的输出阻抗上将产生较高的干扰电压，所以在远程传送模拟量电压信号时，抗干扰能力很差。电流输出具有恒流源的性质，恒流源的内阻很大，PLC 的模拟量输出模块中输入电流时，输入阻抗较低。线路上的干扰信号在模块的输入阻抗上产生的干扰电压很低，所以模拟量电流信号适用于远程传送，最大传送距离可达 200 m。并非所有模拟量模块都需要专门的变送器。

3.1.1 模拟量模块

模拟量 I/O 扩展模块包括模拟量输入模块、模拟量输出模块和模拟量输入输出混合模块。S7-200 SMART PLC 的模拟量扩展模块共有 5 个类型，分别为 EM AE04（4 点模拟量输入）、EM AQ02（2 点模拟量输出）、EM AM06（4 点模拟量输入/2 点模拟量输出）、EM AR02（2 点热电阻输入）、EM AT04（4 点热电偶输入）。型号中"EM"表示扩展模块、"A"表示模拟量、"E"表示输入、"Q"表示输出、"M"表示输入输出混合、"R"表示热电阻、"T"表示热电偶。图 3-1 为模拟量扩展模块 EM AM06。

图 3-1　模拟量扩展模块
EM AM06

3.1.2 模拟量模块的接线

模拟量模块有专用的插针接头与 CPU 通信，并通过此电缆由 CPU 向模拟量模块提供 DC 5 V 的电源。此外，模拟量模块必须外接 DC 24 V 电源。模拟量输入模块 EM AE04 的外围接线如图 3-2所示。

模拟量输出模块 EM AQ02 的外围接线如图 3-3 所示，两个模拟通道均可输出电流或电压信号，可以按需要选择。

模拟量混合模块 EM AM06 上有模拟量输入和输出，其外围接线如图 3-4 所示。

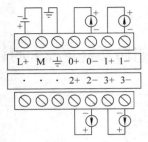

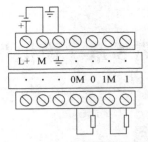

图 3-2　EM AE04 模块接线图　　　　图 3-3　EM AQ02 模块接线图

　　模拟量热电阻输入模块 EM AR02，其外围接线如图 3-5 所示。热电阻温度传感器 RTD 有四线式、三线式和二线式。四线式的精度最高，二线式精度最低，而三线式使用较多，其详细接线如图 3-6 所示。I+和 I−端子是电流源，向传感器供电，而 M+和 M−是测量信号的端子。图 3-6 中，细实线代表传感器自身的导线，粗实线代表外接的短接线。

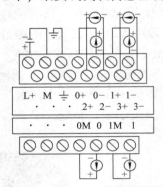

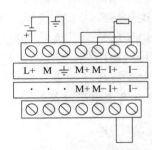

图 3-4　EM AM06 模块接线图　　　　图 3-5　EM AR02 模块接线图

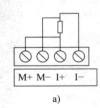
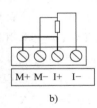
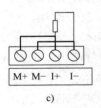

　　　　　　a)　　　　　　　　　b)　　　　　　　　c)

图 3-6　EM AR02 模块接线图
a）四线式　b）三线式　c）二线式

3.1.3　模拟量的地址分配

　　在用系统块组态硬件时，STEP 7-Micro/WIN SMART 自动分配各模块和信号板的地址，各模块的起始地址读者不需要记忆，使用时打开"系统块"后便可知晓。模拟量模块的起始 I/O 地址如表 3-1 所示。

表 3-1　模拟量模块的起始 I/O 地址

CPU	信号板	信号模块 0	信号模块 1	信号模块 2	信号模块 3	信号模块 4	信号模块 5
—	无 AI 信号板	AIW16	AIW32	AIW48	AIW64	AIW80	AIW96
—	AQW12	AQW16	AQW32	AQW48	AQW64	AQW80	AQW96

若模拟量混合模块 EM AM06 被插入第 3 号信号模块槽位上，前面无任何模拟量扩展模块，则输入/输出的地址分别 AIW64、AIW66、AIW68、AIW70 和 AQW64、AQW66，即同样一个模块被插入的物理槽位不同，其起址也不相同，并且地址也被固定。

3.1.4　模拟值的表示

模拟量输入模块 EM AE04 有 4 个通道，分别为通道 0、通道 1、通道 2 及通道 3，它们既可测量直流电流信号，也可测量直流电压信号，但不能同时测量电流和电压信号，只能二选一。电流信号范围为 0~20 mA，电压信号范围为 ±10 V、±5 V 和 ±2.5 V；满量程数据字格式：−27 648~+27 648 和 0~27 648。若某通道选用测量 0~20 mA 的电流信号，当检测到电流值为 5 mA 时，经 A–D 转换后，读入 PLC 中的数字量应为 6 912。

模拟量输出模块 EM AQ02 有两个模拟通道，既可输出电流，也可输出电压信号，应根据需要选择。电流信号范围为 0~20 mA，电压信号范围为 ±10 V；对应数字量为 0~27 648 和 −27 648~+27 648。若需要输出电压信号 5 V，则需将数字量 +13 824 经模拟量输出模块输出即可。

3.1.5　模拟量的读写

模拟量输入和输出均为一个字长，地址必须从偶数字节开始，其格式如下。
AIW［起始字节地址］　　例如：AIW16
AQW［起始字节地址］　　例如：AQW32
一个模拟量的输入被转换成标准的电压或电流信号，如 0~10 V，然后经 A–D 转换器转换成一个字长（16 位）数字量，存储在模拟量存储区 AI 中，如 AIW32。对于模拟量的输出，S7–200 SMART 将一个字长的数字量，如 AQW32，用 D–A 转换器转换成模拟量。

若想读取接在扩展插槽 0 上模拟量混合模块 2 通道上的电压或电流信号时，可通过以下指令读取，或在程序中直接使用 AIW20 储存区亦可。
　　MOVW　　AIW20，　　VW0
若想从接在扩展插槽 0 上模拟量混合模块 1 通道上输出电压或电流信号时，可通过以下指令输出。
　　MOVW　　VW10，　　AQW18

3.1.6　模拟量的组态

每个模块能同时输入/输出电流或电压信号，对于模拟量输入/输出信号类型及量程的选择都是通过组态软件选择的。

选中"系统块"对话框的表格中相应的模拟量模块，如图 3–7 所示，单击窗口左边的"模块参数"结点，可以设置实时启用用户电源报警。

选中某个模拟量输入通道，可以设置模拟量信号的类型（电压或电流）、测量范围、干扰抑制频率、是否启用超上限/超下限报警。干扰抑制频率用来抑制设置的频率的交流信号对模拟量输入信号的干扰，一般设为 50 Hz。

为偶数通道选择的"类型"同时适用于其后的奇数通道，例如，为通道 2 选择的类型也适用于通道 3。为通道 0 设置的干扰抑制频率同时适用于其他所有的通道。

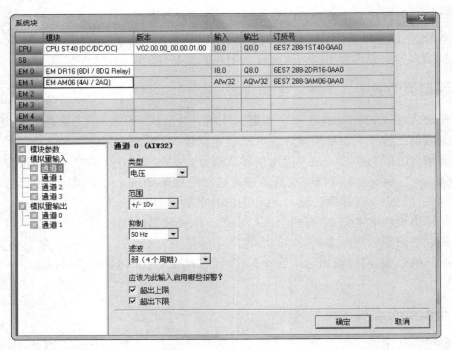

图 3-7　组态模拟量输入

　　模拟量输入采用平均值滤波，有"无、弱、中、强"4 种平滑算法可供选择。滤波后的值是所选的采样次数（分别为 1 次、4 次、16 次、32 次）的各次模块量输入的平均值。采样次数多将使滤波后的值稳定，但是响应较慢，采样次数少滤波效果较差，但是响应较快。

　　选中某个模拟量输出通道（如图 3-8 所示），可以设置模拟量信号的类型（电压或电流），测量范围，是否启用超上限、超下限、断线和短路报警。

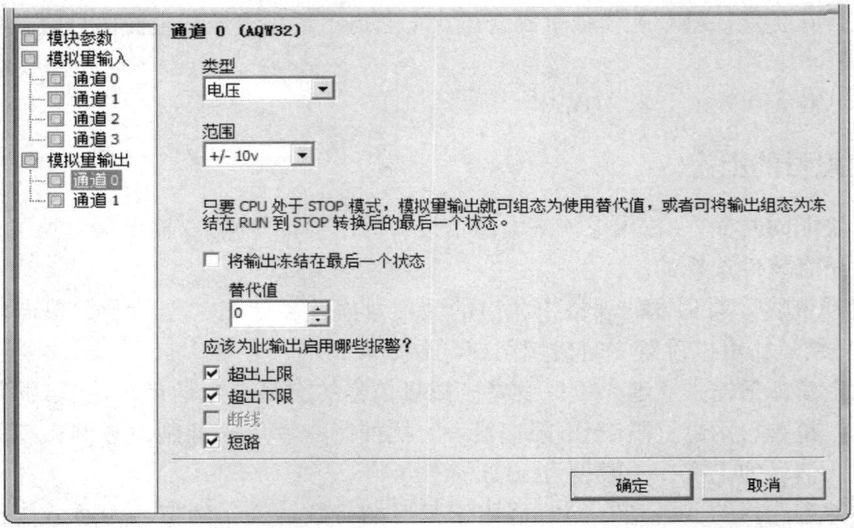

图 3-8　组态模拟量输出

选中"将输出冻结在最后一个状态"多选框，CPU 从 RUN 模式变为 STOP 模式后，模拟量输出值将保持 RUN 模式下最后输出的值；如果未选该模式，可设置从 RUN 模式变为 STOP 模式后模拟量输出的替代值（-32 512～+32 511）。默认的替代值为 0。

视频"模拟量模块的组态"可通过扫描二维码 3-1 播放。

二维码 3-1

3.1.7　PID 指令

1. 模拟量闭环控制系统的组成

PLC 模拟量闭环控制系统的组成框图如图 3-9 所示，点画线部分在 PLC 内。在模拟量闭环控制系统中，被控制量 $c(t)$（如温度、压力、流量等）是连续变化的模拟量，某些执行机构（如电动调节阀和变频器等）要求 PLC 输出模拟信号 $M(t)$，而 PLC 的 CPU 只能处理数字量。$c(t)$ 首先被检测元件（传感器）和变送器转换为标准量程的直流电流或直流电压信号 $pv(t)$，PLC 的模拟量输入模块用 A-D 转换器将它们转换为数字量 $pv(n)$。

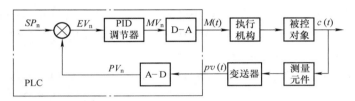

图 3-9　PLC 模拟量闭环控制系统的组成框图

PLC 按照一定的时间间隔采集反馈量，并进行调节控制的计算。这个时间间隔称为采样周期（或称为采样时间）。图中的 SP_n、PV_n、EV_n、MV_n 均为第 n 次采样时的数字量，$pv(t)$、$M(t)$、$c(t)$ 为连续变化的模拟量。

如在温度闭环控制系统中，用传感器检测温度，温度变送器将传感器输出的微弱的电压信号转换为标准量程的电流或电压，然后送入模拟量输入模块，经 A-D 转换后得到与温度成比例的数字量，CPU 将它与温度设定值进行比较，并按某种控制规律（如 PID 控制算法）对误差进行计算，将计算结果（数字量）送入模拟量输出模块，经 D-A 转换后变为电流信号或电压信号，用来控制加热器的平均电压，实现对温度的闭环控制。

2. PID 指令

在工业生产过程中，模拟量 PID（由比例、积分、微分控制环节构成的闭合回路）调节是常用的一种控制方法。S7-200 SMART PLC 设置了专门用于 PID 运算的回路表参数和 PID 回路指令，可以方便地实现 PID 运算。

（1）PID 算法

在一般情况下，控制系统主要针对被控参数 PV_n（又称为过程变量）与期望值 SP_n（又称为给定值）之间产生的偏差 EV_n 进行 PID 运算。

典型的 PID 算法包括 3 项：比例项、积分项和微分项，即输出 ＝ 比例项+积分项+微分项。

$$M(t) = K_p e + K_i \int e \, dt + K_d \, de/dt$$

式中，$M(t)$ 为经过 PID 运算后的输出值（随时间变化的输出值）；e 是过程值与给定值之间的差；K_p 是比例放大系数（或称增益）；K_i 是积分时间系数，K_d 是微分时间系数。

计算机在周期性采样并离散化后进行 PID 运算，算法如下所示。

$$M_n = K_p \times (SP_n - PV_n) + K_p \times (T_s/T_i) \times (SP_n - PV_n) + M_x + K_p \times (T_d/T_s) \times (PV_{n-1} - PV_n)$$

式中各物理量的含义见表 3-2。

- 比例项 $K_p \times (SP_n - PV_n)$：能及时地产生与偏差成正比的调节作用，比例系数越大，比例调节作用越强，系统的调节速度越快，但比例系数过大会使系统的输出量振荡加剧，稳定性降低。
- 积分项 $K_p \times (T_s/T_i) \times (SP_n - PV_n) + M_x$：与偏差有关，只要偏差不为 0，PID 控制的输出就会因积分作用而不断变化，直到偏差消失，系统处于稳定状态，所以积分项的作用是消除稳态误差，提高控制精度，但积分的动作缓慢，给系统的动态稳定带来不良影响，很少单独使用。从式中可以看出，积分时间常数增大，积分作用减弱，消除稳态误差的速度减慢。
- 微分项 $K_p \times (T_d/T_s) \times (PV_{n-1} - PV_n)$：根据误差变化的速度（即误差的微分）进行调节，具有超前和预测的特点。微分时间常数 T_d 增大，超调量减少，动态性能得到改善，如 T_d 过大，系统输出量在接近稳态时可能上升缓慢。

S7-200 SMART 根据参数表中的输入测量值、控制设定值及 PID 参数，进行 PID 运算，求得输出控制值。其参数表中有 9 个参数，全部为 32 位实数，共占用 36B，36~79B 保留给自整定变量。PID 控制回路的参数表如表 3-2 所示。

表 3-2　PID 控制回路参数表

偏移地址	参　数	数据格式	参数类型	数据说明
0	过程变量当前值（PV_n）	双字、实数	输入	在 0.0~1.0 之间
4	给定值（SP_n）	双字、实数	输入	在 0.0~1.0 之间
8	输出值（M_n）	双字、实数	输出	在 0.0~1.0 之间
12	增益（K_p）	双字、实数	输入	比例常量，可正可负
16	采样时间（T_s）	双字、实数	输入	以秒为单位，必须为正数
20	积分时间（T_i）	双字、实数	输入	以分钟为单位，必须为正数
24	微分时间（T_d）	双字、实数	输入	以分钟为单位，必须为正数
28	上一次的积分值（M_x）	双字、实数	输出	在 0.0~1.0 之间
32	上一次过程变量（PV_{n-1}）	双字、实数	输出	最近一次 PID 运算值

（2）PID 控制回路选项

在很多控制系统中，有时只采用一种或两种控制回路。例如，可能只要求比例控制回路、比例和积分控制回路，通过设置常量参数值选择所需的控制回路。

- 如果不需要积分运算（即在 PID 计算中无 "I"），则应将积分时间 T_i 设为无限大。由于积分项有初始值，即使没有积分运算，积分项的数值也可能不为零。
- 如果不需要微分运算（即在 PID 计算中无 "D"），则应将微分时间 T_d 设定为 0.0。

- 如果不需要比例运算（即在 PID 计算中无 "P"），但需要 I 或 ID 控制，则应将增益值 K_p 指定为 0.0。因为 K_p 是积分项和微分项中的系数，如果将循环增益设为 0.0，则会导致在积分项和微分项计算中使用的循环增益值为 1.0。

（3）PID 回路输入转换及标准化数据

S7-200 SMART 为用户提供了 8 条 PID 控制回路，回路号为 0~7，即可以使用 8 条 PID 指令实现 8 个回路的 PID 运算。

每个回路的给定值和过程变量都是实际数值，其大小、范围和工程单位可能不同。在 PLC 进行 PID 控制之前，必须将其转换成标准化浮点数表示法。其步骤如下。

- 将回路输入量数值从 16 位整数转换成 32 位浮点数或实数。下列指令说明如何将整数数值转换成实数。

ITD   AIW0 ，   AC0   // 将输入数值转换成双整数

DTR   AC0 ，   AC0   // 将 32 位整数转换成实数

- 将实数转换成 0.0~1.0 之间的标准化数值。用下式：

实际数值的标准化数值＝实际数值的非标准化数值或原始实数/取值范围＋偏移量

其中，取值范围＝最大可能数值－最小可能数值＝27 648（单极数值）或 55 296（双极数值）；偏移量中，对单极数值取 0.0，对双极数值取 0.5；单极范围为 0~27 648，双极范围为 –27 648~+27 648。

将上述 AC0 中的双极数值（间距为 55 296）标准化。

/R5   55296.0 ，   AC0   // 使累加器中的数据标准化

+R   0.5 ，   AC0   // 加偏移量

MOVR   AC0 ，   VD100   // 将标准化数值写入 PID 回路参数表中

（4）PID 回路输出的实数值转换为成比例的整数

程序执行后，PID 回路输出 0.0~1.0 的标准化实数值，必须被转换成 16 位成比例的整数数值，才能驱动模拟输出。

PID 回路输出成比例实数数值＝（PID 回路输出标准化实数值－偏移量）×取值范围

程序如下所示。

MOVR   VD108 ，   AC0   // 将 PID 回路输出的标准化实数值送入 AC0

–R   0.5 ，   AC0   // 双极数值减偏移量 0.5

＊R   55296.0 ，   AC0   // AC0 的值乘以取值范围，变成比例实数值

ROUND AC0 ，   AC0   // 将实数四舍五入，变为 32 位整数

DTI   AC0 ，   AC0   // 32 位整数转换成 16 位整数

MOVW   AC0 ，   AQW0   // 16 位整数写入 AQW0

（5）PID 指令

PID 指令：使能有效时，根据回路参数表中的过程变量当前值、控制设定值及 PID 参数进行 PID 运算。PID 指令格式如表 3-3 所示。

说明如下：

- 程序中可使用 8 条 PID 指令，不能重复使用。
- 使 ENO＝0 的错误条件：0006（间接地址），SM1.1（溢出，参数表起始地址或指定的 PID 回路指令回路号操作数超出范围）。

表 3-3 PID 指令格式

梯形图	语句表	说　明
PID EN　ENO TBL LOOP	PID　TBL, LOOP	TBL：参数表起始地址 VB，数据类型为字节 LOOP：回路号，常量（0~7），数据类型为字节

- PID 指令不对参数表输入值进行范围检查，必须保证过程变量、给定值积分项当前值和过程变量当前值在 0.0~1.0 之间。

（6）PID 控制回路的编程步骤

使用 PID 指令进行系统控制调节，可遵循以下步骤：

- 指定内存变量区回路表的首地址，如 VB200。
- 根据表 3-2 的格式及地址，把设定值 SP_n 写入指定地址 VD204（双字、下同）、增益 K_p 写入 VD212、采样时间 T_s 写入 VD216、积分时间 T_i 写入 VD220、微分时间 T_d 写入 VD224、PID 输出值写入 VD208。
- 设置定时中断初始化程序。PID 指令必须用在定时中断程序中（中断事件 10 和 11）。
- 读取过程变量模拟量 AIWx，对其进行回路输入转换及标准化处理后写入回路表首地址 VD200。
- 执行 PID 回路运算指令。
- 对 PID 回路运算的输出结果 VD208 进行数据转换，然后送入模拟量输出 AQWx，将其作为控制调节的信号。

3.2　实训 11　炉温系统的 PLC 控制

3.2.1　实训目的——掌握模拟量模块的连接与组态

1）掌握模拟量的基础知识。
2）掌握模拟量扩展模块的 I/O 分配。
3）掌握模拟量的读写方法。

3.2.2　实训任务

用 PLC 实现炉温控制。系统由一组 10 kW 的加热器进行加热，温度要求控制在 50~60℃，炉内温度由一温度传感器进行检测，系统起动后当炉内温度低于 50℃时，加热器自行起动加热；当炉内温度高于 60℃时，加热器停止运行。同时，要求系统炉温在被控范围内绿灯亮，低于被控温度 50℃时黄灯亮，高于被控温度 60℃时红灯亮。

3.2.3　实训步骤

1. I/O 分配

根据项目分析可知，炉温控制 I/O 分配表如表 3-4 所示。

表 3-4　炉温控制 I/O 分配表

输 入		输 出	
输入继电器	元器件	输出继电器	元器件
I0.0	开始按钮 SB1	Q0.0	接触器 KM 线圈
I0.1	停止按钮 SB2	Q0.4	绿灯 HL1
		Q0.5	黄灯 HL2
		Q0.6	红灯 HL3

2. PLC 硬件原理图

根据控制要求及表 3-4 的 I/O 分配表，炉温控制电路硬件原理图如图 3-10 和图 3-11 所示。

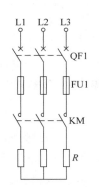

图 3-10　炉温控制主电路硬件原理图 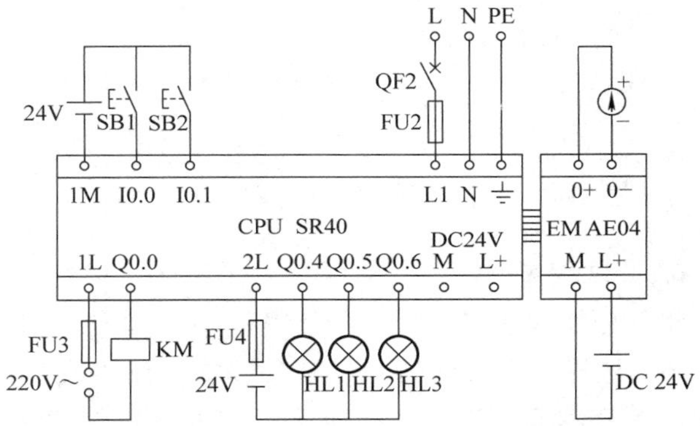　　　　图 3-11　炉温控制电路硬件原理图

3. 创建工程项目

创建一个工程项目，并命名为炉温控制。

4. 编辑符号表

编辑的符号表如图 3-12 所示。

		符号	地址	注释
1		起动按钮 SB1	I0.0	
2		停止按钮 SB2	I0.1	
3		接触器 KM	Q0.0	
4		绿灯 HL1	Q0.4	
5		黄灯 HL2	Q0.5	
6		红灯 HL3	Q0.6	

图 3-12　符号表

5. 编写程序

根据要求，编写的炉温控制梯形图如图 3-13 和图 3-14 所示。

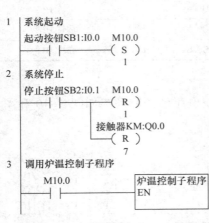

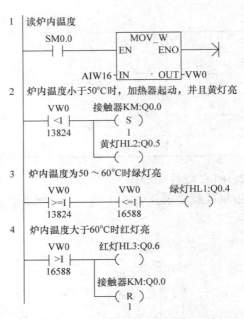

图 3-13 炉温控制梯形图主程序   图 3-14 炉温控制梯形图子程序

6. 调试程序

将程序块及系统块下载到 PLC 中，起动程序监控功能。首先起动系统，右击地址 AIW16，选择弹出菜单的"强制"选项，在"值"栏中输入不同的数值，然后单击"强制"按钮（或在状态图表中，在地址为 AIW16 行的"新值"列输入不同的数值，然后单击"强制"按钮），观察交流接触器动作及 3 个指示灯的亮灭情况。如果 AIW16 存储器中不同数值对应的交流接触器动作及 3 个指示灯的亮灭情况与控制要求相吻合，则说明程序编写正确。或在通道 0 中接入 0~20 mA 可调的直流电流信号，通过调节输入的电流信号，观察交流接触器动作及 3 个指示灯的亮灭情况。

3.2.4 实训交流——扩展模块与本机连接的识别和节约 PLC 输入/输出点的方法

1. 扩展模块与本机连接的识别

扩展模块与本机通过总线电缆相连，连接后通信是否正常，可通过 I/O 模块标识和错误寄存器来识别。

SMB8~SMB19 以字节对的形式用于扩展模块 0~5（SMB8 和 SMB9 用于识别扩展模块 0，SMB10 和 SMB11 用于识别扩展模块 1，以此类推）。如表 3-5 所示，每字节对的偶数字节是模块标识寄存器，用于识别模块类型、I/O 类型以及输入/输出的数目。每字节对的奇数字节是模块错误寄存器，用于提供在 I/O 检测出的该模块的任何错误时的指示。

2. 节约 PLC 输入/输出点的方法

控制系统一般不建议使用扩展模块，若 I/O 点缺得不多，可通过适当的方法减少 I/O 点，一方面可节省系统硬件成本，另一方面可提高系统运行的可靠性和稳定性。在必须扩展的情况下再选择扩展模块。那如何节约 PLC 的输入/输出点呢？可通过以下方法节约 I/O 点。

表 3-5　特殊存储器字节 SMB8~SMB19

SM 字节	说明（只读）	
格式	偶数字节：模块标识寄存器。 　　MSB　　　　　　　LSB 　　 7　　　　　　　　 0 　　☐m☐0☐0☐a☐i☐i☐q☐q☐ m：模块是否存在。0—存在，1—不存在； a：I/O 类型。0—数字量，1—模拟量； 　ii：输入。00—无输入，01—2AI 或 8DI，10—4AI 或 16DI，11—8AI 或 32DI； 　qq：输出。00—无输出，01—2AQ 或 8DQ，10—4AQ 或 16DQ，11—8AQ 或 32DQ	奇数字节：模块错误寄存器。 　　　MSB　　　　　　LSB 　　　 7　　　　　　　 0 　　☐c☐d☐0☐b☐0☐0☐0☐m☐ c：0—无错误，1—组态/参数化错误； d：0—无错误，1—诊断报警； b：0—无错误，1—总线访问错误； m：0—无错误，1—缺失已组态模块

（1）节约输入点

通过以下 4 种方法可节约 PLC 的输入点。

1）分组输入。

很多设备都分自动和手动两种操作方式，自动程序和手动程序不会同时执行，把自动和手动信号叠加起来，按不同控制状态要求分组输入到 PLC，可以节省输入点数。分组输入接线图如图 3-15 所示。I1.0 用来输入自动/手动操作方式信号，用于自动程序和手动程序切换。SB1 和 SB3 按钮同时使用了同一个 I0.0 输入端，但是实际代表的逻辑意义不同。很显然，I0.0 输入端可以分别反映两个输入信号的状态，其他输入端 I0.1~I0.7 与其类似，这样节省了输入点数。图中的二极管用来切断寄生回路。假设图中没有二极管，系统处于自动状态，SB1、SB2、SB3 闭合，SB4 断开，这时电流从 L+ 端子流出，经 SB3、SB1、SB2 形成的寄生回路流入 I0.1 端子，使输入位 I0.1 错误地变为 ON。各按钮串联了二极管后，切断了寄生回路，避免了错误输入的产生。

2）输入触点的合并。

如果某些外部输入信号总是以某种"与或非"组合的整体形式出现在梯形图中，可以将它们对应的触点在 PLC 外部串、并联后作为一个整体输入到 PLC，只占 PLC 的一个输入点。串联时，几个开关或按钮同时闭合有效；并联其中任何一个触点闭合都有效。例如要求在两处设置控制某电动机的起动和停止按钮，可以将两个起动按钮并联，将两个停止按钮串联，分别送给 PLC 的两个输入点。输入触点的合并如图 3-16 所示。与每一个起动按钮或停止按钮占用一个输入点的方法相比，不仅节约输入点，还简化了梯形图电路。

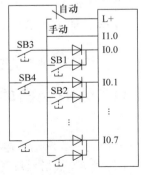

图 3-15　分组输入接线图

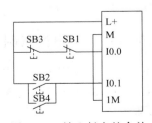

图 3-16　输入触点的合并

3）将信号设置在 PLC 之外。

系统的某些输入信号，如手动操作按钮、保护动作后需要手动复位的热继电器常闭触点提供的信号，可以设置在 PLC 外部的硬件电路中，如图 3-17 所示。但在输入触点有余量的情况下，不建议这样使用，在前面的 1.5.4 节中曾详细介绍。某些手动按钮需要串联一些安全联锁触点，如果外部硬件联锁电路过于复杂，则应考虑将有关信号送入 PLC，用梯形图实现联锁。

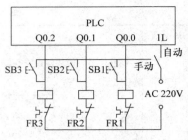

图 3-17　信号设置在 PLC 之外

4）利用 PLC 内部功能。

利用转移指令，在一个输入端上接一个开关，作为自动、手动操作方式转换开关，用转移指令可将自动和手动操作加以区别，或利用 PLC 内该输入继电器的常开或常闭触点加以区别。

利用计数器或移位寄存器，也可以利用求反指令实现单按钮的起动和停止。也可以利用同一输入端在不同操作方式下实现不同的功能，如电动机的点动和起动按钮，在电动机点动操作方式下，此按钮作为点动按钮，在连续操作方式下，此按钮作为起动按钮。

（2）节约 PLC 输出点的方法

有时候 PLC 输出点缺得不多的情况，也可以不使用扩展模块来解决输出点不够的问题。那又如何实现节约输出点呢？可通过以下两个方法来解决。

1）触点合并输出。

通断状态完全相同的负载并联后，可共用 PLC 的一个输出点，即一个输出点带多个负载。如果需要用指示灯显示 PLC 驱动负载的状态时，可以将指示灯与负载并联或用其触点驱动指示灯，并联时指示灯与负载的额定电压应相同，总电流不应超过允许的值。如果多个负载的总电流超出输出点的容量，可以用一个中间继电器，再控制其他负载。

2）利用数码管功能。

在用信号灯作负载时，用数码管作指示灯可以减少输出点数。例如电梯的楼层指示，如果用信号灯，则一层就要一个输出点，楼层越高占用输出点越多，现在很多电梯使用数字显示器显示楼层就可以节省输出点，常见的是用 BCD 码输出，9 层以下仅用 4 个输出点，用译码指令 SEG 来实现。

如果直接用数字量控制输出点来控制多位 LED 七段显示器，所需要的输出点是很多的，这时可选择具有锁存、译码、驱动功能的芯片 CD4513 驱动共阴极 LED 表示。

在系统中某些相对独立或比较简单的部分，可以不用 PLC，而用继电器电路来控制，这样也可以减少所需的 PLC 输入或输出点数。

在 PLC 的应用中，减少 I/O 是可行的，但要根据系统的实际情况来确定具体方法。

3.2.5　实训拓展——用电位器调节模拟量的输入以实现对指示灯的控制

训练 1：使用多个温度传感器实现对本项目的控制。

训练 2：用电位器调节模拟量的输入以实现对指示灯的控制，要求输入电压小于 3 V 时，指示灯以 1 s 周期闪烁；若输入电压大于等于 3 V 而又小于等于 8 V，指示灯常亮；若输入电压大于 8 V，则指示灯以 0.5 s 周期闪烁。

3.2.6 实训进阶——电梯轿厢载重状态的判别控制

任务：电梯轿厢载重状态的判别控制。

使用 THJDDT-5 型电梯模型，要求电梯轿厢在满载时不响应所有楼层的外呼信号，在超载时发出报警指示，同时轿厢门一直处于打开状态。

如何确定电梯是否处于满载或超载状态，目前在电梯轿厢底部设置一个行程开关，用来检测是否超载（若行程开关被触发动作则说明轿厢载重超过限制，即超载）；在触摸屏上设置一个开关用来检测是否满载，即当开关被人为拨至"ON"位置时表示轿厢当前载重为满载，当开关被人为拨至"OFF"位置时表示轿厢当前载重为空载或轻载。在此设置一个称重传感器，并给 CPU 配置一个模拟量模块如 EM AE04（4 路模拟量输入模块），或 EM AM06（4 路模拟量输入和 2 路模拟量输出），在轿厢内放置不同重量的砝码，通过称重传感器将实时重量值传送给 PLC，由 PLC 根据设置值确定当前轿厢是否处于轻载、满载或超载状态。

电梯模型配有 0~10 kg 的称重传感器，2 kg 和 5 kg 砝码各 1 个，在系统中设定：若在电梯轿厢中放置小于等于 2 kg 砝码为轻载状态，若放置 5 kg 砝码为满载状态，若放置大于等于 7 kg 砝码为超载状态。

根据上述要求，其控制程序如图 3-18 所示。考虑到砝码和数据传送误差，程序中取相应重量并将其转换为与数字量相近的整数值，轻载时 M20.0 位为 ON，满载时 M20.1 位为 ON，超载时 M20.2 位为 ON。根据以上三个位存储器的信号执行相应的程序，在此不再赘述。

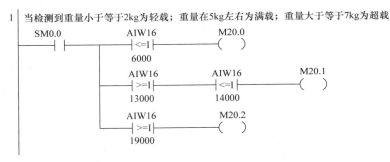

图 3-18　电梯轿厢载重状态的判别控制程序

3.3　实训 12　液位系统的 PLC 控制

3.3.1　实训目的——掌握 PID 指令

1）掌握闭环控制系统的组成及作用。

2）掌握 PID 指令的应用。

3）掌握 PID 指令向导的应用。

3.3.2　实训任务

用 PLC 实现液位控制。泵机由变频器驱动，在系统起动后要求储水箱水位（-300~

+300 mm）保持在水箱中心的 −150～+150 mm 范围内，若水箱水位在高于或低于水箱中心 150 mm 时，系统发出报警指示。

3.3.3 实训步骤

1. I/O 分配

根据项目分析可知，液位控制 I/O 分配表如表 3-6 所示。

表 3-6　液位控制 I/O 分配表

输　入		输　出	
输入继电器	元器件	输出继电器	元器件
I0.0	起动按钮 SB1	Q0.0	接触器 KM 线圈
I0.1	停止按钮 SB2	Q0.4	电动机运行指示灯 HL1
		Q0.5	水位上限报警指示灯 HL2
		Q0.6	水位下限报警指示灯 HL3

2. PLC 硬件原理图

根据控制要求及表 3-6 的 I/O 分配表，液位控制电路硬件原理图如图 3-19 和图 3-20 所示（以西门子变频器 MM440 为例）。

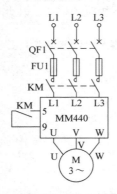

图 3-19　液位控制主电路硬件原理图

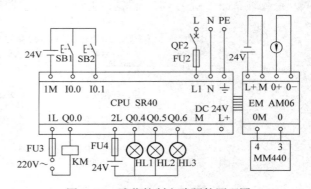

图 3-20　液位控制电路硬件原理图

3. 创建工程项目

创建一个工程项目，并命名为液位控制。

4. 编辑符号表

编辑符号表如图 3-21 所示。

5. 编写程序

本项目中液位由压差变送器检测，变送器的输出信号为 0～20 mA（将模拟量模块输入通道 0 组态为 0～20 mA，将输出通道 0 组态为 0～10 V）。输入信号与 A-D 转换数值表如表 3-7 所示。

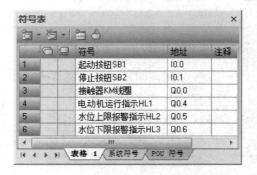

图 3-21　符号表

表 3–7　输入信号与 A–D 转换数值表

	物理量测量范围−300~+300 mm	控制范围−150~+150 mm	报警点<−150 或>+150 mm
输入信号	0~20 mA		
A–D 转换后数据	0~27 648	6 912~20 736	<6 912 或>20 736

根据要求，并使用 PID 指令编写的液位控制梯形图如图 3–22 到图 3–24 所示。

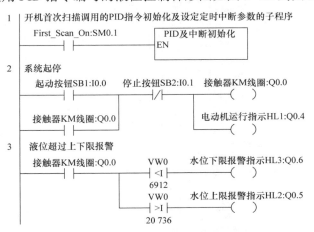

图 3–22　液位控制梯形图——主程序

6. 变频的参数设置

本项目采用的是模拟量输入控制变频器的输出频率，变频器的相关参数设置（电动机的额定数据除外）如表 3–8 所示。

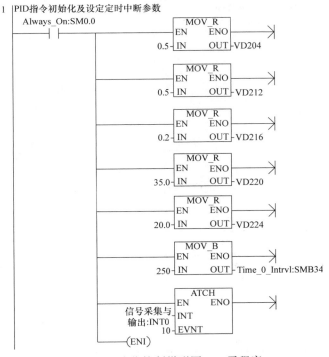

图 3–23　液位控制梯形图——子程序

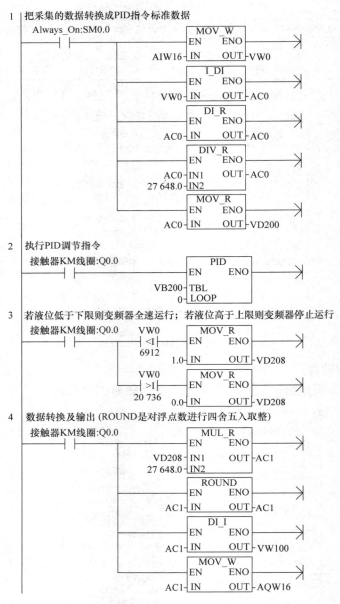

图 3-24　液位控制梯形图——中断程序

表 3-8　变频器的参数设置

参数号	设置值	参数号	设置值
P0700	2	P0758	0
P0701	1	P0759	10
P0756	0	P0760	100
P0757	0	P1000	2

7. 调试程序

将程序块及系统块下载到 PLC 中，起动程序监控功能。首先起动系统，右击地址 AIW16，选择弹出菜单的"强制"选项，在"值"栏中输入不同的数值，然后单击"强制"按钮（或在状态图表中，在地址为 AIW16 行的"新值"列输入不同的数值，然后单击"强制"按钮），观察两个指示灯的亮灭情况及变频器的输出频率的变化情况。如 AIW16 存储器中不同数值对应的，两个指示灯的亮灭情况及变频器的输出频率变化情况与控制要求相吻合，则说明程序编写正确。

联机调试时，若没有液位传感器，最为方便的方法就是从 MM440 变频器的端子 1 和 2 上引出 10V 电压，接上电位器，调节电位器使输出电压为 0～10V，并将此电压接入至 EM AM06 的通道 0 上，同时将模拟量模块通道 0 组态为 0～10V 的电压信号。通过调节电位器，相当于模拟实时变化的液位，观察变频器的输出频率变化及两个指示灯的亮灭情况，若动作响应较快或较慢，可调整程序中 PID 相关的参数，直至符合要求为止。

3.3.4 实训交流——PID 指令向导

S7-200 SMART PLC 指令与回路表通常配合使用，CPU 的回路表有 23 个变量。编写 PID 控制程序时，首先要把过程变量（PV）转换为 0.0～1.0 的标准化的实数。PID 运算结束后，需要将回路输出（0.0～1.0 的标准化的实数）转换为可以送给模拟量输出模块的整数。为了让 PID 指令以稳定的采样周期工作，应在定时中断程序中调用 PID 指令。综上所述，如果直接使用 PID 指令，则编程的工作量和难度都比较大。为了降低编写 PID 控制程序的难度，S7-200 SMART PLC 的编程软件设置了 PID 指令向导，只需要设置一些参数，就可以自动生成 PID 控制程序。

（1）创建项目

创建一个新项目，用系统块设置 CPU 的型号，0 号扩展模块为 EM AM06（4AI/2AQ），模拟量输入、输出的起始地址分别为 AIW16 和 AQW16，并对其通道进行的相应的组态。

（2）打开"PID 指令向导"对话框

打开编程软件 STEP 7-Micro/WIN SMART，单击"指令树"→"向导"，双击"PID"图标，或执行菜单命令"工具"→"向导"，双击 PID 图标打开"PID 回路向导"对话框，如图 3-25 所示。

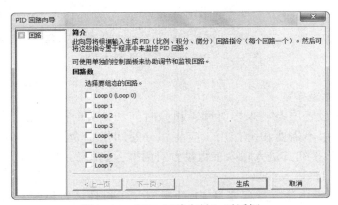

图 3-25 "PID 回路向导"对话框

（3）设定 PID 回路

选择要组态的回路，最多可以组态 8 个回路，如回路 0（Loop 0）。PID 回路设置对话框如图 3-26 所示。

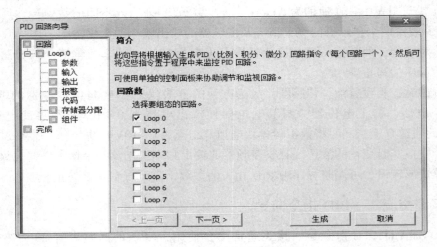

图 3-26　PID 回路设置对话框

选择 PID 回路编号后，单击"下一页"按钮，进入回路命名对话框，在此采用默认名 Loop 0，然后单击"下一页"按钮，进入参数设置对话框，如图 3-27 所示。

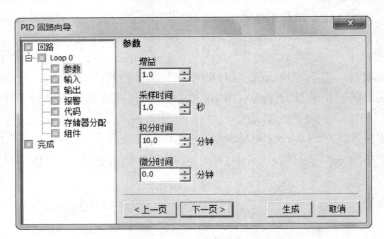

图 3-27　PID 回路参数设置对话框

（4）设置 PID 回路参数

在图 3-27 中可设置增益、采样时间、积分时间和微分时间。如果设置微分时间为 0，则为 PI 控制器。如果不需要积分作用，应将积分时间指定为无穷大（INF）。设置好参数后，单击"下一页"按钮，进入输入参数设置对话框，如图 3-28 所示。

（5）设置 PID 回路输入参数

在输入参数对话框中设置过程变量 PV 的类型（单极性或双极性），过程变量和回路设定值的上、下限均采用默认值。

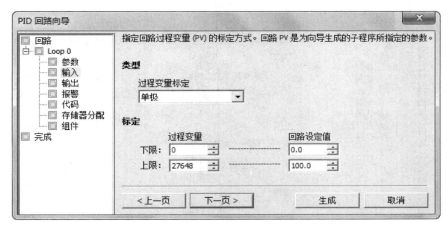

图 3-28　输入参数设置对话框

　　根据变送器的量程范围，可以选择输入类型为单极性、双极性（默认范围为 -27 648 ~ +27 648，可修改）或单极性 20% 偏移量（默认范围为 5 530 ~ +27 648，不可修改）。

　　S7-200 SMART 的模拟量输入模块只有 0 ~ 20 mA 的量程，单极性 20% 偏移量适用于输出为 4 ~ 20 mA 的变送器。

　　设置好 PID 回路输入参数后，单击"下一页"按钮，进入输出参数设置对话框，如图 3-29 所示。

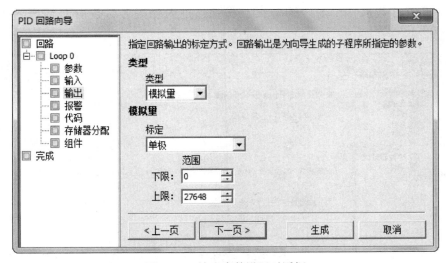

图 3-29　输出参数设置对话框

（6）设置 PID 回路输出参数

　　在输出参数对话框中设置回路输出的类型（默认的为模拟量输出，单极性，范围为 0 ~ 27 648）。模拟量输出类型可选单极性、双极性和单极性 20% 偏移量。

　　如果选择输出类型为数字量，需要设置以 0.1 s 为单位的循环时间，即输出脉冲的周期。

　　设置好输出参数后，单击"下一页"按钮，进入报警参数设置对话框，如图 3-30 所示。

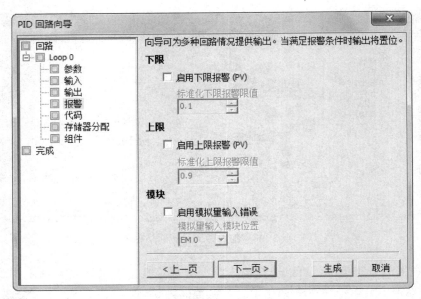

图 3-30　报警参数设置对话框

(7) 设置 PID 回路报警参数

在报警参数对话框中可设置启用过程变量 PV 的下限报警（默认下限值为 10%，可修改）、上限报警（默认上限值为 90%，可修改）和启用模拟量输入错误等报警功能。

设置好报警参数后，单击"下一页"按钮，进入代码参数设置对话框，如图 3-31 所示。

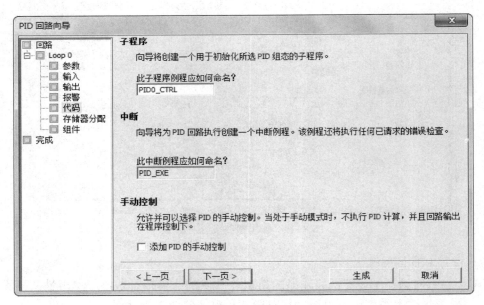

图 3-31　代码参数设置对话框

(8) 设置 PID 回路代码参数

可采用 PID 向导创建的子程序的默认名称，根据实际情况选择是否"添加 PID 的手动控制"多选框。

设置好代码参数后,单击"下一页"按钮,进入"存储器分配"设置对话框,如图 3-32 所示。

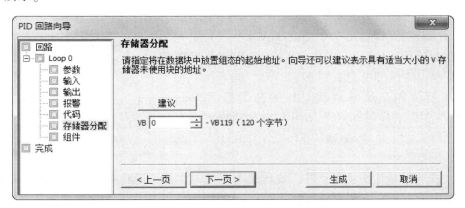

图 3-32　存储器分配参数设置对话框

(9) 设置 PID 运算数据存储区

在存储器分配参数对话框中可设置用来保存组态数据的 120B 的 V 存储区的起始地址。可人为设置,也可单击"建议"按钮,由系统自由分配设置。

设置好存储器分配参数后,单击"下一页"按钮,进入组件参数设置对话框,如图 3-33 所示。

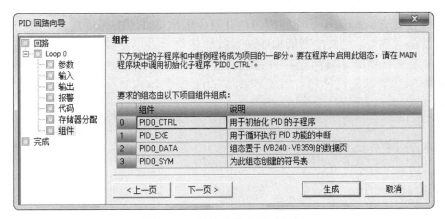

图 3-33　组件参数设置对话框

(10) 生成 PID 子程序、中断程序、数据页及符号表

在组件参数对话框中显示组态生成的项目组件。单击"生成"按钮,自动生成第 x 号回路 ($x=0\sim7$) 的初始化子程序 PIDx_CTRL、循环执行 PID 功能的中断程序 PID_EXE、数据页 PIDx_DATA 和符号表 PIDx_SYM。

(11) 在程序中调用 PID 子程序及中断程序

配置完 PID 向导,在程序块的"向导"文件夹中会自动生成 PID 指令初始化子程序和中断程序,如图 3-34 所示。

配置完 PID 向导, 需要在程序中调用向导生成的 PID 子程序 (子例程)、中断程序等。单击"向导"文件夹下"PID0_CTRL (SBR1)"出现: 此 POU 由 S7-200 指令向导的 PID 公式创建。要在程序中启用此组态, 请在每个扫描周期使用 SM0.0 从 MAIN 程序块中调用此子例程。该代码会组态 PIDx。有关从 VB###开始的 PID 回路变量表的详细信息, 请参见 DB1。此子例程将初始化逻辑使用的变量并启动 PID 中断例程"PID_EXE"。按照 PID 采样时间循环调用 PID 中断例程。有关 PID 指令的完整介绍请参见 S7-200 SMART 系统手册。

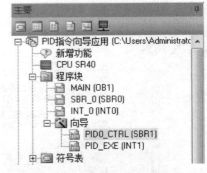

图 3-34 在"向导"文件夹中生成的子程序和中断程序

注意: 当 PID 处于手动模式时, 应通过手动输出参数。用输入标准化值 (0.00 to 1.00) 来控制输出, 而不是直接更改输出。这样便会在 PID 返回自动模式时自动提供无扰动传送。PID 向导子例程中指令块的具体输入/输出参数可按〈F1〉帮助键获得具体信息。

单击"向导"文件夹下"PID_EXE (INT1)"出现: 此 POU 由 S7-200 SMART 指令向导的 PID 公式创建。该中断例程执行 PID 执行的定时中断。此中断例程附加在子例程"PIDx_CTRL"中。

3.3.5 实训拓展——用 PID 指令实现恒温排风系统的控制

训练 1: 用模拟量指令实现手动调节变频器驱动的电动机速度。要求当长按调速按钮 3 s 以上后进入调速状态, 每次按下增加按钮, 变频器输出增加 2 Hz; 每次按下减小按钮, 变频器输出减小 2 Hz。若 3 s 内未按下增加或减少按钮系统自动退出调速状态。

训练 2: 用 PID 指令实现恒温排风系统的控制, 要求当温度在被控范围里 (50~60℃) 时, 由变频器驱动的排风机停转; 若温度高于 60℃ 时, 排风机转速变快, 温度越高排风机的转速也相应越快。

3.4 高速脉冲

3.4.1 编码器

编码器 (Encoder) 是将角位移或直线位移转换成电信号的一种装置, 是对信号 (如比特流) 或数据进行编制, 将其转换为用于通信、传输和存储的信号形式。按照其工作原理, 编码器可分为增量式和绝对式两类。增量式编码器将位移转换成周期性的电信号, 再把这个电信号转变成计数脉冲, 用脉冲的个数表示位移的大小。绝对式编码器的每一个位置对应一个确定的数字码, 因此它的实际值只与测量的起始和终止位置有关, 而与测量的中间过程无关。

(1) 增量式编码器

光电增量式编码器的码盘上有均匀刻制的光栅。码盘旋转时, 输出与转角的增量成正比的脉冲, 需要用计数器来统计脉冲数。根据输出信号的个数, 有 3 种增量式编码器。

1）单通道增量式编码器。

单通道增量式编码器内部只有 1 对光电耦合器，只能产生一个脉冲序列。

2）双通道增量式编码器。

双通道增量式编码器又称为 A、B 相型编码器，内部有两对光电耦合器，能输出相位差为 90°的两组独立脉冲序列。正转和反转时，两路脉冲的超前、滞后关系刚好相反，如图 3-35 所示。如果使用 A、B 相型编码器，PLC 可以识别出转轴旋转的方向。

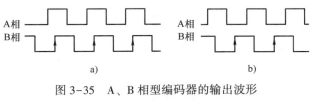

图 3-35　A、B 相型编码器的输出波形
a）正转　b）反转

3）三通道增量式编码器。

在三通道增量式编码器内部除了有双通道增量式编码器的两对光电耦合器外，在脉冲码盘的另外一个通道还有一个透光段，每转 1 圈，输出一个脉冲，该脉冲称为 Z 相零位脉冲，用做系统清零信号或坐标的原点，以减少测量的累积误差。

（2）绝对式编码器

N 位绝对式编码器有 N 个码道，最外层的码道对应于编码的最低位。每一码道有一个光耦合器，用来读取该码道的 0、1 数据。绝对式编码器输出的 N 位二进制数反映了运动物体所处的绝对位置，根据位置的变化情况，可以判别旋转的方向。

3.4.2　高速计数器

在工业控制中有很多场合输入的是一些高速脉冲，如编码器信号，这时 PLC 可以使用高速计数器对这些特定的脉冲进行加/减计数，来最终获取所需要的工艺数据（如转速、角度、位移等）。PLC 的普通计数器的计数过程与扫描工作方式有关，CPU 通过每一扫描周期读取一次被测信号的方法来捕捉被测信号的上升沿。当被测信号的频率较高时，将会丢失计数脉冲，因此普通计数器的工作频率很低，一般仅有几十赫。高速计数器可以对普通计数器无法计数的高速脉冲进行计数。

（1）高速计数器简介

高速计数器（High Speed Counter，HSC）在现代自动控制中的精确控制领域有很高的应用价值，它用来累计比 PLC 扫描频率高得多的脉冲输入的数量，利用产生的中断事件来完成预定的操作。

1）组态数字量输入的滤波时间。

使用高速计数器计数高频信号，必须确保对其输入进行正确接线和滤波。在 S7-200 SMART CPU 中，所有高速计数器输入均连接至内部输入滤波电路。S7-200 SMART 默认的输入滤波为 6.4 ms，这样便将最大计数速率限定为 78 Hz。如需以更高频率计数，必须更改滤波器设置。

首先打开系统块，选中系统块上面的 CPU 模块、有数字量输入的模块或信号板，单击

图 3-36 中左侧某个数字量输入字节，可以在其右侧设置该字节输入点的属性。

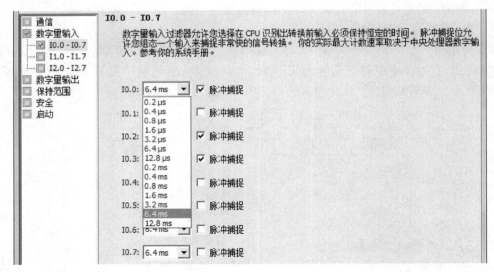

图 3-36　组态数字量输入

　　输入滤波时间用来滤除输入线上的干扰噪声，例如触点闭合或断开时产生的抖动。输入状态改变时，输入必须在设置的时间内保持新的状态，才能被认为有效。可以选择的时间值见图 3-36 中的下拉列表，默认的滤波时间为 6.4 ms。为了消除触点抖动的影响，应选12.8 ms。

　　为了防止高速计数器的高速输入脉冲被滤掉，应按脉冲的频率和高速计数器指令的在线帮助（高速输入降噪）中的表格设置输入滤波时间（检测到最大脉冲频率 200 kHz 时，输入滤波时间可设置 0.2~1.6 μs）。

　　图 3-36 中脉冲捕捉功能是用来捕捉持续时间很短的高电平脉冲或低电平脉冲。因为在每一个扫描周期开始时读取数字量输入，CPU 可能发现不了宽度小于一个扫描周期的脉冲。某个输入点启用了脉冲捕捉功能后（复选框打钩），输入状态的变化被锁存并保存到下一次输入更新。可以用图 3-36 中的"脉冲捕捉"多选框逐点设置 CPU 的前 14 个数字量输入点，和信号板 SB DT04 的数字量输入点是否有脉冲捕捉功能。默认的设置是禁止所有的输入点捕捉脉冲。

　　2）数量及编号。

　　高速计数器在程序中使用时，地址编号用 HSCn（或 HCn）来表示，HSC 表示为高速计数器，n 为编号。

　　HSCn 除了表示高速计数器的编号之外，还代表两方面的含义，即高速计数器位和高速计数器当前值。编程时，从所用的指令中可以看出是位还是当前值。

　　S7-200 SMART 提供 4 个高速计数器（HSC0~3）。S 型号的 CPU 最高计数频率为200 kHz，C 型号的 CPU 最高计数频率为 100 kHz。

　　3）中断事件号。

　　高速计数器的计数和动作可采用中断方式进行控制，与 CPU 的扫描周期关系不大，各种型号的 PLC 可用的计数器的中断事件大致分为 3 类：当前值等于预置值中断、输入方向改变中断和外部信号复位中断。所有高速计数器都支持当前值等于预置值中断，每种中断都有其相应的中断事件号。

4）高速计数器输入端子的连接。

各高速计数器对应的输入端子如表3-9所示。

表3-9　各高速计数器对应的输入端子

高速计数器	使用的输入端子	高速计数器	使用的输入端子
HSC0	I0.0, I0.1, I0.4	HSC2	I0.2, I0.3, I0.5
HSC1	I0.1	HSC3	I0.3

在表3-9中用到的输入点，如果不使用高速计数器，可作为一般的数字量输入点，或者作为输入/输出中断的输入点。只有在使用高速计数器时，才将其分配给相应的高速计数器，实现高速计数器产生的中断。在PLC实际应用中，每个输入点的作用是唯一的，不能对某一个输入点分配多个用途。因此要合理分配每一个输入点的用途。

（2）高速计数器的工作模式

1）高速计数器的计数方式。

● 内部方向控制功能的单相时钟计数器，即只有一个脉冲输入端，通过高速计数器的控制字节的第3位来控制做加/减计数。该位为1时，加计数；该位为0时，减计数，如图3-37所示。该计数方式可调用当前值等于预置值中断，即当高速计数器的计数当前值与预置值相等时，调用中断程序。

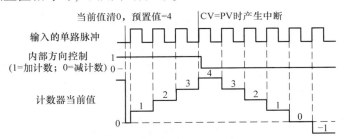

图3-37　内部方向控制的单相加/减计数

● 外部方向控制功能的单相时钟计数器，即只有一个脉冲输入端，有一个方向控制端，方向输入信号等于1时，加计数；方向输入信号等于0时，减计数，如图3-38所示。该计数方式可调用当前值等于预置值中断和外部输入方向改变中断。

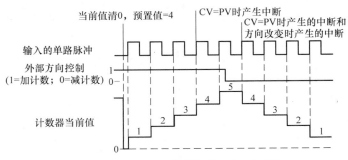

图3-38　外部方向控制的单相加/减计数

● 加、减时钟输入的双相时钟计数器，即有两个脉冲输入端，一个是加计数脉冲，一个是减计数脉冲，计数值为两个输入端脉冲的代数和，如图 3-39 所示。该计数方式可调用当前值等于预置值中断和外部输入方向改变中断。

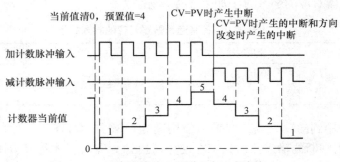

图 3-39　双路脉冲输入的单相加/减计数

● A/B 相正交计数器，即有两个脉冲输入端，输入的两路脉冲 A、B 相，相位差 90°（正交）。A 相超前 B 相 90°时，加计数；A 相滞后 B 相 90°时，减计数。在这种计数方式下，可选择 1×模式（单倍频，一个时钟脉冲计一个数）和 4×模式（4 倍频，一个时钟脉冲计 4 个数），如图 3-40 和图 3-41 所示。

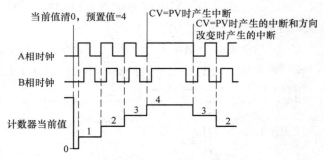

图 3-40　双相正交计数（1×模式）

2）高速计数器的工作模式。

S7-200 SMART 的高速计数器有 8 种工作模式：具有内部方向控制功能的单相时钟计数器（模式 0、1）；具有外部方向控制功能的单相时钟计数器（模式 3、4）；具有加、减时钟脉冲输入的双相时钟计数器（模式 6、7）；A/B 相正交计数器（模式 9、10）。

根据有无外部复位输入，上述 4 类工作模式又可以分别分为两种。每种计数器所拥有的工作模式与其占有的输入端子的数目有关，如表 3-10 所示。

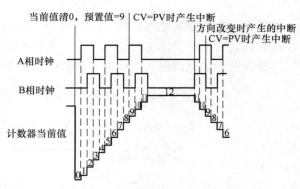

图 3-41　双相正交计数（4×模式）

表 3-10 高速计数器的工作模式和输入端子的关系及说明

HSC 模式 \ HSC 编号及其对应的输入端子	编号、功能及说明		占用的输入端子及其功能		
	HSC0		I0. 0	I0. 1	I0. 4
	HSC1		I0. 1	×	×
	HSC2		I0. 2	I0. 3	I0. 5
	HSC3		I0. 3	×	×
0	单路脉冲输入的内部方向控制加/减计数。控制字 SM37.3=0，减计数；SM37.3=1，加计数		脉冲输入端	×	×
1				×	复位端
3	单路脉冲输入的外部方向控制加/减计数。方向控制端=0，减计数；方向控制端=1，加计数		脉冲输入端	方向控制端	×
4					复位端
6	两路脉冲输入的双相正交计数。加计数端有脉冲输入，加计数；减计数端有脉冲输入，减计数		加计数脉冲输入端	减计数脉冲输入端	×
7					复位端
9	两路脉冲输入的双相正交计数。A 相脉冲超前 B 相脉冲，加计数；A 相脉冲滞后 B 相脉冲，减计数		A 相脉冲输入端	B 相脉冲输入端	×
10					复位端

选用某个高速计数器在某种工作方式下工作后，高速计数器所使用的输入不是任意选择的，必须按指定的输入点输入信号。

（3）高速计数器的控制字节和状态字节

1）控制字节。

定义了高速计数器的工作模式后，还要设置高速计数器的有关控制字节。每个高速计数器均有一个控制字节，它决定了计数器的计数允许或禁用、方向控制、对所有其他模式的初始化计数方向、装入初始值和预置值等。高速计数器控制中字节每个控制位的说明如表 3-11 所示。

表 3-11 高速计数器控制中字节控制位的说明

HSC0	HSC1	HSC2	HSC3	说 明
SM37. 0	不支持	SM57. 0	不支持	复位有效电平控制： 0=高电平有效；1=低电平有效
SM37. 1	SM47. 1	SM57. 1	SM137. 1	保留
SM37. 2	不支持	SM57. 2	不支持	正交计数器计数倍率选择： 0=4×计数倍率；1=1×计数倍率
SM37. 3	SM47. 3	SM57. 3	SM137. 3	计数方向控制位： 0=减计数；1=加计数
SM37. 4	SM47. 4	SM57. 4	SM137. 4	向 HSC 写入计数方向： 0=无更新；1=更新计数方向
SM37. 5	SM47. 5	SM57. 5	SM137. 5	向 HSC 写入预置值： 0=无更新；1=更新预置值
SM37. 6	SM47. 6	SM57. 6	SM137. 6	向 HSC 写入初始值： 0=无更新；1=更新初始值
SM37. 7	SM47. 7	SM57. 7	SM137. 7	HSC 指令执行允许控制： 0=禁用 HSC；1=启用 HSC

2）状态字节。

每个高速计数器都有一个状态字节，它的状态位表示当前计数方向、当前值是否大于或等于预置值。每个高速计数器状态字节的状态位如表 3-12 所示，状态字节的 0~4 位不用。监控高速计数器状态的目的是使外部事件产生中断，以完成重要的操作。

表 3-12　高速计数器状态字节的状态位的说明

HSC0	HSC1	HSC2	HSC3	说　明
SM36.5	SM46.5	SM56.5	SM136.5	当前计数方向状态位： 0=减计数；1=加计数
SM36.6	SM46.6	SM56.6	SM136.6	当前值等于预置值状态位： 0=不相等；1=相等
SM36.7	SM46.7	SM56.7	SM136.7	当前值大于预置值状态位： 0=小于或等于；1=大于

（4）高速计数器指令及使用

1）高速计数器指令。

高速计数器指令有两条：高速计数器定义指令 HDEF 和高速计数器指令 HSC。高速计数器指令格式如表 3-13 所示。

表 3-13　高速计数器指令格式

梯形图	┌─ HDEF ─┐ ─EN　　ENO─ │　　　　　│ ─HSC　　　│ ─MODE　　│ └────────┘	┌─ HSC ─┐ ─EN　　ENO─ │　　　　│ ─N　　　　│ └───────┘
语句表	HDEF　HSC，MODE	HSC　N
功能说明	高速计数器定义指令 HDEF	高速计数器指令 HSC
操作数	HSC：高速计数器的编号，为常量（0~3） MODE 工作模式，为常量（0~10，2、5、8除外）	N：高速计数器的编号，为常量（0~3）
ENO=0 的出错条件	SM4.3（运行时间），0003（输入点冲突），0004（中断时的非法指令），000A（HSC 重复定义）	SM4.3（运行时间），0001（HSC 在 HDEF 之前），0005（HSC/PLS 同时操作）

- 高速计数器定义指令 HDEF。该指令指定高速计数器 HSCx 的工作模式。工作模式的选择即选择了高速计数器的输入脉冲、计数方向、复位和起动功能。每个高速计数器只能用一条"高速计数器定义"指令。
- 高速计数器指令 HSC。根据高速计数器控制位的状态和按照 HDEF 指令指定的工作模式，控制高速计数器。参数 N 指定高速计数器的编号。

2）高速计数器指令的使用。

- 每个高速计数器都有一个 32 位初始值（就是高速计数器的起始值）和一个 32 位预置值（就是高速计数器运行的目标值），当前值（就是当前计数器）和预置值均为带符

号的整数值。要设置高速计数器的当前值和预置值，必须设置控制字节，如表 3-11
所示。令其第 5 位和第 6 位为 1，允许更新当前值和预置值，当前值和预置值写入特
殊内部标志位存储区。然后执行 HSC 指令，将新数值传输到高速计数器。初始值、
预置值和当前值的寄存器与计数器的对应关系表如表 3-14 所示。

表 3-14　初始值、预置值和当前值的寄存器与计数器的对应关系表

要装入的数值	HSC0	HSC1	HSC2	HSC3
初始值	SMD38	SMD48	SMD58	SMD138
预置值	SMD42	SMD52	SMD62	SMD142
当前值	HC0	HC1	HC2	HC3

除控制字节、预置值和当前值外，还可以使用数据类型 HC（高速计数器当前值）加计
数器编号（0、1、2 或 3）的形式读取每个高速计数器的当前值。因此，读取操作可直接读
取当前值，但只有用上述 HSC 指令才能执行写入操作。

- 执行 HDEF 指令之前，必须将高速计数器控制字节的位设置成需要的状态，否则将采
  用默认设置。默认设置如下：复位输入高电平有效，正交计数速率选择 4× 模式。执
  行 HDEF 指令后，就不能再改变计数器的设置。

3）高速计数器指令的初始化。

- 用 SM0.1 对高速计数器指令进行初始化（或在启用时对其进行初始化）。
- 在初始化程序中，根据希望的控制方法设置控制字节（SMB37、SMB47、SMB57、
  SMB137），如设置 SMB47=16#F8，则允许计数、允许写入当前值、允许写入预置值、
  更新计数方向为加计数，若将正交计数频率设为 4× 模式，则复位和起动设置为高电
  平有效。
- 执行 HDEF 指令，设置 HSC 的编号（0~3），设置工作模式（0~10）。如 HSC 的编号
  设置为 1，工作模式输入设置为 10，则为具有复位功能的正交计数工作模式。
- 把初始值写入 32 位当前寄存器（SMD38、SMD48、SMD58、SMD138）。如写入 0，则
  清除当前值，用指令 MOVD　0，SMD48 实现。
- 把预置值写入 32 位当前寄存器（SMD42、SMD52、SMD62、SMD142）。如执行指令
  MOVD　1000，SMD52，则设置预置值为 1000。若写入预置值为 16#00，则高速计数
  器处于不工作状态。
- 为了捕捉当前值等于预置值的事件，将条件 CV=PV 中断事件（如事件 16）与一个中
  断程序相联系。
- 为了捕捉计数方向的改变，将方向改变的中断事件（如事件 17）与一个中断程序相联系。
- 为了捕捉外部复位，将外部复位中断事件（如事件 18）与一个中断
  程序相联系。
- 执行全部中断允许指令（ENI）允许 HSC 中断。
- 执行 HSC 指令使 S7-200 SMART 对高速计数器进行编程。
- 编写中断程序。

视频"高速计数器"可通过扫描二维码 3-2 播放。

二维码 3-2

【例3-1】 用高速计数器 HSC0 计数，当计数值达到 500~1000 时报警，报警灯 Q0.0 亮。

从控制要求可以看出，报警有上限 1000 和下限 500。因此当高速计数达到计数值时，要两次执行中断程序。主程序如图 3-42 所示。中断程序 0 如图 3-43 所示，中断程序 1 如图 3-44 所示。

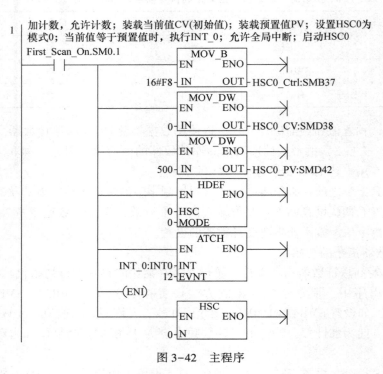

图 3-42 主程序

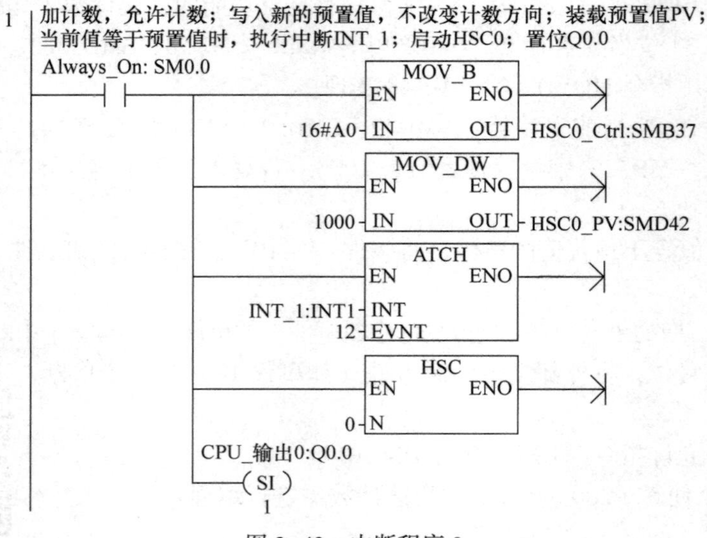

图 3-43 中断程序 0

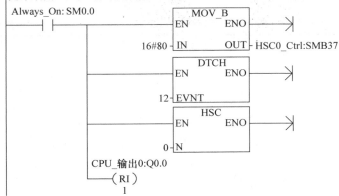

1 | 允许计数，不写入新的预置值，不改变计数方向；断开中断；启动HSC0；复位Q0.0

图 3-44　中断程序 1

3.4.3　PLS 指令应用

高速脉冲输出用在 PLC 的某些输出端产生高速脉冲，用来驱动负载实现精确控制，这在步进电动机控制中有广泛的应用。PLC 的数字量输出分继电器和晶体管输出，继电器输出一般用于开关频率不高于 0.5 Hz（通 1 s，断 1 s）的场合，对于开关频率较高的应用场合则应选用晶体管输出。

（1）高速脉冲输出的形式

S7-200 SMART CPU 提供两种开环运动控制的方式：脉冲宽度调制和运动轴。脉冲宽度调制（Pulse Width Modulation，PWM），内置于 CPU 中，用于速度、位置或占空比的控制；运动轴，内置于 CPU 中，用于速度和位置的控制。

CPU 提供最多 3 个数字量输出（Q0.0、Q0.1 和 Q0.3），这 3 个数字量输出可以通过PWM 向导组态为 PWM 输出，或者通过运动向导组态为运动控制输出。当作为 PWM 操作组态输出时，输出的周期是固定不变的，脉宽或脉冲占空比可通过程序进行控制。脉宽的变化可在应用中控制速度或位置。

运动轴提供了带有集成方向控制和禁用输出的单脉冲串输出。运动轴还包括可编程输入，允许将 CPU 组态为包括自动参考点搜索在内的多种操作模式。运动轴为步进电动机或伺服电动机的速度和位置开环控制提供了统一的解决方案。

（2）高速脉冲的输出端子

S7-200 SMART PLC 经济型的 CPU 没有高速脉冲输出点，标准型的 CPU 有高速脉冲输出点，CPU ST20 有两个脉冲输出通道 Q0.0 和 Q0.1，CPU ST30/ST40T/ST60 有 3 个脉冲输出通道 Q0.0、Q0.1 和 Q0.3，支持的最高脉冲频率为 100kHz。PWM 脉冲发生器与过程映像寄存器共同使用 Q0.0、Q0.1 和 Q0.3。如果不需要使用高速脉冲输出，Q0.0、Q0.1 和 Q0.3可以作为普通的数字量输出点使用；一旦需要使用高速脉冲输出功能，必须通过 Q0.0、Q0.1 和 Q0.3 输出高速脉冲，此时，如果对 Q0.0、Q0.1 和 Q0.3 执行输出刷新、强制输出、立即输出等指令时，均无效。建议在启用 PWM 操作之前，用 R 指令将对应的过程映像输出寄存器复位为 0。

（3）脉冲输出指令

脉冲输出指令（PLS）配合特殊存储器用于配置高速输出功能。脉冲输出指令格式如

表3-15所示。

表3-15　脉冲输出指令格式

梯形图	语句表	操作数
PLS ―EN　ENO― ―N	PLS　N	N：常量（0、1或2）

PWM 的周期范围为 10~65 535 μs 或者 2~65 535 ms，PWM 的脉冲宽度时间范围为 10~65 535 μs 或者 2~65 535 ms。

（4）与 PLS 指令相关的特殊寄存器

如果要装入新的脉冲宽度（SMW70、SMW80 或 SMW570）和周期（SMW68、SMW78 或 SMW578），应该在执行 PLS 指令前装入这些值到控制寄存器，然后 PLS 指令会从特殊寄存器 SM 中读取数据，并按照存储数值控制 PWM 发生器。这些特殊寄存器分为 3 大类：PWM 功能状态字、PWM 功能控制字和 PWM 功能寄存器。这些寄存器的含义如表 3-16~表 3-18 所示。

表3-16　PWM 功能状态字

Q0.0	Q0.1	Q0.3	功 能 描 述
SM67.0	SM77.0	SM567.0	更新 PWM 周期值：0=不更新，1=更新
SM67.1	SM77.1	SM567.1	更新 PWM 脉冲宽度值：0=不更新，1=更新
SM67.2	SM77.2	SM567.2	保留
SM67.3	SM77.3	SM567.3	选择 PWM 时间基准：0=μs/刻度，1=ms/刻度
SM67.4	SM77.4	SM567.4	保留
SM67.5	SM77.5	SM567.5	保留
SM67.6	SM77.6	SM567.6	保留
SM67.7	SM77.7	SM567.7	PWM 允许输出：0=禁止，1=允许

表3-17　PWM 功能控制字

Q0.0	Q0.1	Q0.3	功 能 描 述
SMW68	SMW78	SMW568	PWM 周期值（范围：2~65 535）
SMW70	SMW80	SMW570	PWM 脉冲宽度值（范围：0~65 535）

表3-18　PWM 功能寄存器

控制字节	启用	时基	脉冲宽度	周期时间
16#80	是	1 μs/周期	—	—
16#81	是	1 μs/周期	—	更新
16#82	是	1 μs/周期	更新	—
16#83	是	1 μs/周期	更新	更新
16#88	是	1 ms/周期	—	—
16#89	是	1 ms/周期	—	更新
16#8A	是	1 ms/周期	更新	—
16#8B	是	1ms/周期	更新	更新

注意：受硬件输出电路响应速度的限制，对于 Q0.0、Q0.1 和 Q0.3 从断开到接通为 1.0 μs，从接通到断开 3.0 μs，因此最小脉宽不可能小于 4.0 μs。最大的频率为 100 kHz，因此最小周期为 10.0 μs。

【例 3-2】 用 CPU ST40 的 Q0.0 端输出一串脉冲，周期为 100 ms，脉冲宽度时间为 50 ms，要求有起停控制。

根据控制要求编程，程序如图 3-45 所示。

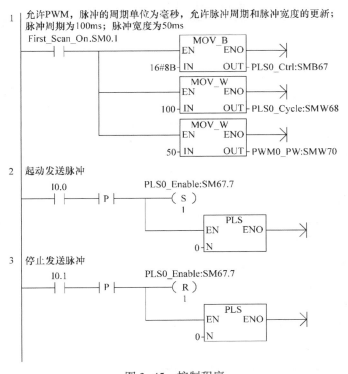

图 3-45 控制程序

3.5 实训 13 钢包车行走的 PLC 控制

3.5.1 实训目的——掌握高速计数器指令

1）了解编码器有关知识。
2）掌握高速计数器的基础知识。
3）掌握高速计数器的编程方法。

3.5.2 实训任务

用 PLC 实现钢包车行走的控制。系统起动后钢包车低速起步；运行至中段时，可加速至高速运行；在接近工位（如加热位或吊包位）时，低速运行以保证平稳、准确停车。按下停止按钮时，若钢包车高速运行，则应先低速运行 5s 后，再停车（考虑钢包车的载荷惯性）。若低速运行，则可立即停车。在此，为简化项目难度，对钢包车返回不作要求。

3.5.3　实训步骤

1. I/O 分配

根据项目分析可知，钢包车控制 I/O 分配表如表 3-19 所示。

表 3-19　钢包车控制 I/O 分配表

输　入		输　出	
输入继电器	元器件	输出继电器	元器件
I0.0	编码器脉冲输入	Q0.0	电动机运行
I0.1	起动按钮 SB1	Q0.1	低速运行
I0.2	停止按钮 SB2	Q0.2	高速运行
		Q0.4	电动机运行指示灯 HL

2. PLC 硬件原理图

根据控制要求及表 3-19 的 I/O 分配表，钢包车行走控制电路硬件原理图如图 3-46 所示（以西门子变频器 MM440 为例）。

3. 创建工程项目

创建一个工程项目，并命名为钢包车行走控制。

4. 编辑符号表

编辑符号表如图 3-47 所示。

5. 编写程序

根据要求，并使用高速计数器指令编写的梯形图如图 3-48~图 3-53 所示。

本项目将电动机的运行分 3 个阶段控制，即对应高速计数器 HSC 的 3 个计数段：第 1 计数段为 0~500（低速起动阶段）；第 2 计数段为 500~1500（高速运行阶段）；第 3 计数段为 1500~2000（低速停止阶段）。

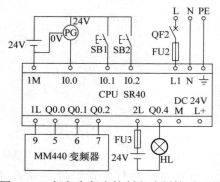

图 3-46　钢包车行走控制电路硬件原理图

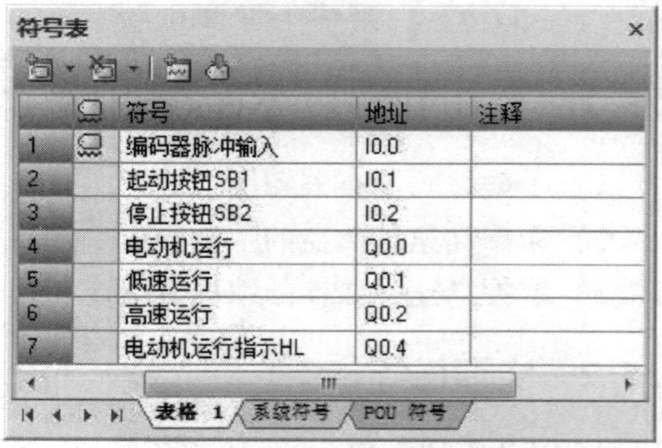

图 3-47　符号表

174

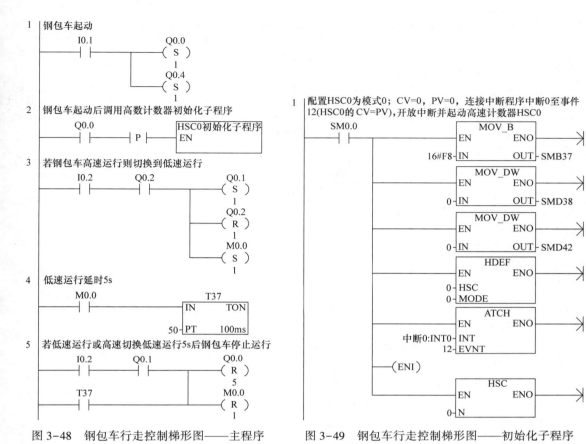

图 3-48　钢包车行走控制梯形图——主程序　　　　图 3-49　钢包车行走控制梯形图——初始化子程序

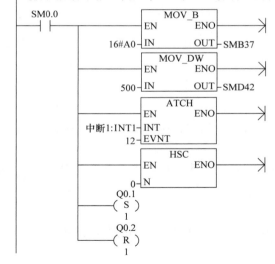

图 3-50　钢包车行走控制梯形图——中断程序 0

1
当CV=PV=500，进入该中断。在该中断中，动态改变HSC0的参数；PV=1500；
连接中断程序中断2至事件12(HSC0的CV=PV)，并起动高速计数器HSC0
SM0.0
MOV_B
EN
ENO
16#A0
IN
OUT
SMB37
MOV_DW
EN
ENO
1500
IN
OUT
SMD42
ATCH
EN
ENO
中断2:INT2
INT
12
EVNT
HSC
EN
ENO
0
N
Q0.2
S
1
Q0.1
R
1

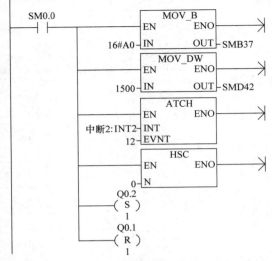

图 3-51　钢包车行走控制梯形图——中断程序 1

1
当CV=PV=1500，进入该中断。在该中断中，动态改变HSC0的参数；PV=2000；
连接中断程序中断3至事件12(HSC0的CV=PV)，并起动高速计数器HSC0
SM0.0
MOV_B
EN
ENO
16#A0
IN
OUT
SMB37
MOV_DW
EN
ENO
2000
IN
OUT
SMD42
ATCH
EN
ENO
中断3:INT3
INT
12
EVNT
HSC
EN
ENO
0
N
Q0.1
S
1
Q0.2
R
1

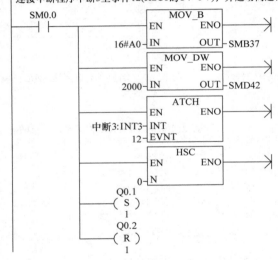

图 3-52　钢包车行走控制梯形图——中断程序 2

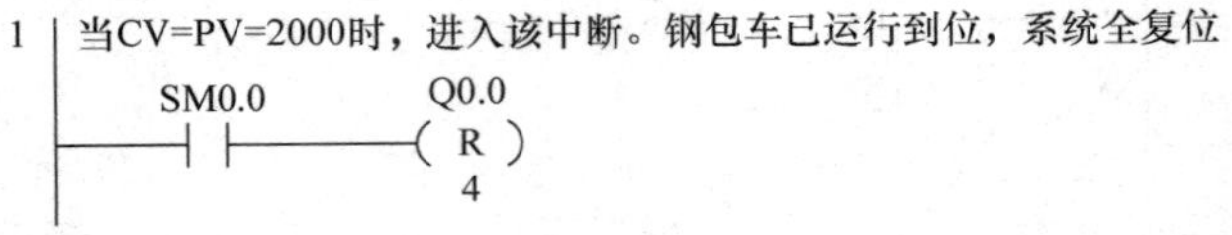

1
当CV=PV=2000时，进入该中断。钢包车已运行到位，系统全复位
SM0.0
Q0.0
R
4

图 3-53　钢包车行走控制梯形图——中断程序 3

6. 变频的参数设置

本项目采用的是开关量输入控制变频器的输出频率，变频器的相关参数设置（电动机

的额定数据除外）如表 3-20 所示。

表 3-20　变频器的参数设置

参数号	设置值	参数号	设置值
P0700	2	P1000	3
P0701	1	P1002	20
P0702	15	P1003	40
P0703	15		

7. 调试程序

将程序块和系统块（将输入点 I0.0 的滤波时间改为 3.2 ms）下载到 PLC 中，起动程序监控功能。首先按下起动按钮 SB1 起动系统，观察变频器的输出频率是否为 20 Hz；当高速计数器当前值为 500 时，变频器的输出频率是否上升到 40 Hz；当高速计数器当前值为 1500 时，变频器的输出频率是否下降到 20 Hz；当高速计数器当前值为 2000 时，变频器是否停止输出。再次起动系统，在高速计数器当前值小于 500 和 1500~2000 时，按下停止按钮 SB2，电动机是否立即停止；在高速计数器当前值为 500~1500 时，按下停止按钮 SB2，电动机是否先低速运行 5 s 后再停止运行；在系统运行过程中，电动机的运行指示是否点亮。如果电动机的运行指示及变频器的输出频率变化情况与控制要求相吻合，则说明程序编写正确。

3.5.4　实训交流——高速计数器指令向导

初学者学习高速计数器是有一定的难度，STEP 7-Micro/WIN SMART 软件内置的指令向导提供了简单方案，能快速生成初始化程序，具体使用步骤如下。

（1）打开"高速计数器"向导对话框

打开编程软件 STEP 7-Micro/WIN SMART，单击"指令树"→"向导"，双击"高速计数器"图标，或执行菜单中命令"工具"→"向导"，双击高速计数器图标，打开"高速计数器向导"对话框，如图 3-54 所示。

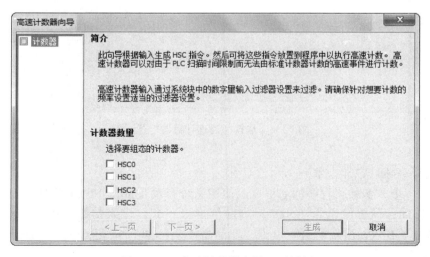

图 3-54　"高速计数器向导"对话框

（2）选择高速计数器

本例选择高速计数器0，也就是要勾选"HSC0"，如图3-55所示。

（3）选择高速计数器的工作模式

在图3-55中，两次单击"下一页"按钮，或勾选其中左侧的"模式"选项，打开"模式"选项对话框，如图3-56所示。在此选择"模式1"，单击"下一页"按钮，弹出图3-57所示的"初始化"选项对话框。

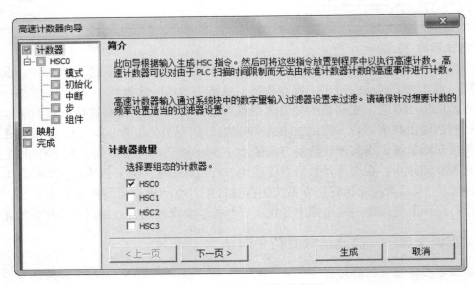

图3-55　选择高速计数器编号

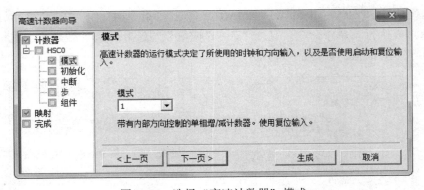

图3-56　选择"高速计数器"模式

（4）选择高速计数器参数

在图3-57中，初始化程序的名称可以使用系统自动生成的HSC0_INIT，也可以由用户重新命名。在此，预置值设为"500"，当前值也为"0"，输入初始计数方向为"上"，复位输入为高电平有效，所以选择"上限"。单击"下一页"按钮，弹出如图3-58所示的"中断"选项对话框。

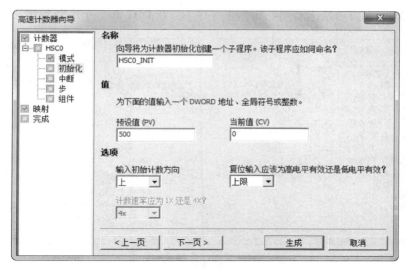

图 3-57　设置高速计数器参数

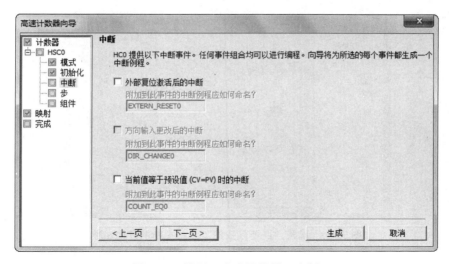

图 3-58　设置"高速计数器"中断

（5）设置中断

在图 3-58 中，可以设置外部复位中断和当前值等于预设值中断，在此设置"当前值等于预设值（Cv＝Pv）时的中断"，使用默认的中断程序符号名称 COUNT_EQ0。单击"下一页"按钮，弹出图 3-59 所示的对话框。

（6）设置中断步数

在图 3-59 中，可设置中断步数，在此设为"1"步，然后单击"下一页"按钮，弹出图 3-60 所示的对话框。在图 3-60 中可修改各步中断程序的计数方向、当前值和预设值，并将另一个中断程序连接至相同的中断事件，在此不用设置其他操作。

（7）组件显示

单击图 3-60 中的"下一页"按钮，弹出如图 3-61 所示的"组件"对话框。在组件对话框中显示自动生成的初始化高速计数器子程序 HSC0_INIT 和 1 个中断程序 COUNT_EQ0。

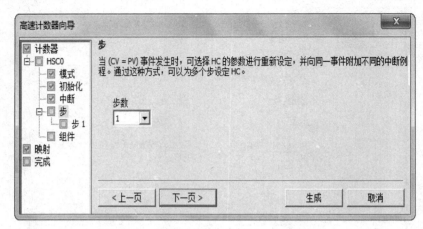

图 3-59　设置"高速计数器"中断步数

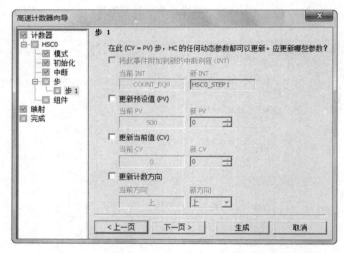

图 3-60　设置"高速计数器"各步中断的其他参数

（8）设置完成

单击图 3-61 中的"生成"按钮，自动生成上述两个程序（打开指令树中"程序块"文件夹便可见到，如图 3-62 和图 3-63 所示，在中断程序中用户可自行添加其他程序）。

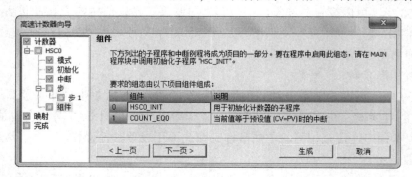

图 3-61　"组件"对话框

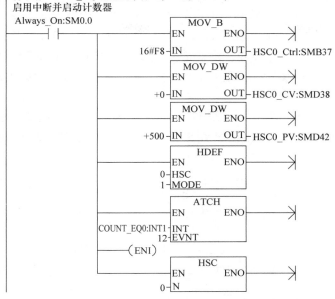

1 | 要在程序内启用该组态,请使用SM0.1或沿触发指令从MAIN程序块将该子程序调用一次,
针对模式0组态HC1; CV=0; PV=500; 加计数;
将中断COUNT_EQ0附加到事件12(HC0的CV=PV)
启用中断并启动计数器

图 3-62 用向导生成的初始化子程序

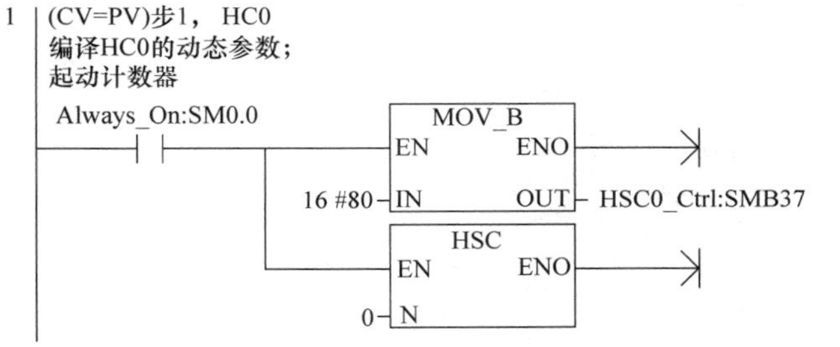

1 | (CV=PV)步1, HC0
编译HC0的动态参数;
起动计数器

图 3-63 用向导生成的中断程序

3.5.5 实训拓展——用 PLC 的高速计数器测量电动机的转速

训练 1:使用高速计数器指令向导实现对 Q0.0 和 Q0.1 的控制,当计数当前值为 1000~1500 时 Q0.0 得电,计数当前值为 500~1500 时 Q0.1 得电。

训练 2:用 PLC 的高速计数器测量电动机的转速。电动机的转速由编码器提供,通过高速计数器 HSC 并利用定时中断(50 ms)测量电动机的实时转速。

3.5.6 实训进阶——电梯轿厢实时高度的检测控制

任务:电梯轿厢实时高度的检测控制。

要求 THJDDT-5 型电梯模型在触摸屏上实时显示电梯轿厢运行的高度或电梯轿厢当前的速度。无论是高度还是速度,都要求 PLC 能接收到曳引机(拖动电梯轿厢的三相交流电动机)旋转的圈数,电梯模型中在曳引机的轴上安装有一旋转编码器,通过旋转编码器发出的脉冲数来测量电梯轿厢当前的高度或运行的速度，在此以电梯轿厢当前的高度为例。

电梯模型配备的旋转编码器型号为 EKT8030-001G1024BZ1-24C，该旋转编码器在曳引机旋转 1 圈时发出 1024 个脉冲。此旋转编码器红色和黑色两根引线与直流 24 V 电源相连接（红色引线接电源正极，黑色引线接电源负极），绿色或白色引线与 I0.1 相连接。

由于旋转编码器发出的是高速脉冲，因此需要使用 S7-200 SMART PLC 中的高速计数器，首先要对高速计数器进行初始化，包括高速计数器的控制字节、初始值及预置值、编号、工作模式及其启用等。

根据上述要求，通过计算电梯轿厢的实时高度与 PLC 接收到的高速脉冲数之间的关系，将高速脉冲数除以 100 000 便可得出电梯轿厢的实时高度（单位：m），其控制程序如图 3-64 所示。

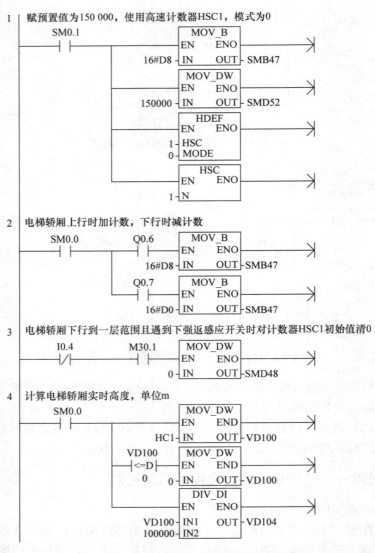

图 3-64　电梯轿厢实时高度检测控制程序

182

3.6 实训 14 步进电动机的 PLC 控制

3.6.1 实训目的——掌握运动控制向导

1）掌握高速脉冲输出有关寄存器的设置。
2）掌握 PWM 的应用步骤。
3）掌握运动轴向导的应用。

3.6.2 实训任务

用 PLC 实现步进电动机的控制。某剪切机的送料装置由步进电动机驱动，每次送料长度为 200 mm。当送料完成后，延迟 5 s 后再进行第二次送料，如此循环。要求按下起动按钮开始工作，按下停止按钮停止工作。

3.6.3 实训步骤

1. I/O 分配

根据项目分析可知，步进电动机控制 I/O 分配表如表 3-21 所示。

表 3-21 步进电动机控制 I/O 分配表

输　入		输　出	
输入继电器	元器件	输出继电器	作用
I0.0	起动按钮 SB1	Q0.0	脉冲输出
I0.1	停止按钮 SB2	Q0.2	旋转方向
I0.2	系统停止 SB3		

2. PLC 硬件原理图

根据控制要求及表 3-21 的 I/O分配表，步进电动机控制电路硬件原理图如图 3-65 所示。PLC 选择 CPU ST40，步进电动机驱动器选择 SH-2H042Ma，步进电动机选择 17HS111。因步进驱动器的控制信号是+5 V，而西门子 PLC 的输出信号是+24 V，需要在 PLC 与步进驱动器之间串联一个 2 kΩ 电阻，起分压作用。CP 是脉冲输入

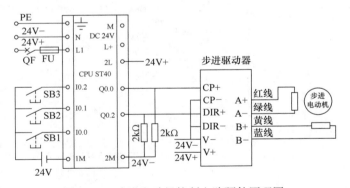

图 3-65 步进电动机控制电路硬件原理图

端子，DIR 是方向信号控制端子。因西门子 PLC 输出信号是+24 V（即 PNP 型接法），应采用共阴接法，即步进驱动器的 CP-和 DIR-与电源负极性端短接。

3. 创建工程项目

创建一个工程项目，并命名为步进电动机控制。

183

4. 编辑符号表

编辑符号表如图 3-66 所示。

5. 硬件组态

高速脉冲输出有 PWM 模式和运动轴模式，对于复杂的运动控制需要用运动轴模式控制。

（1）激活"运动控制向导"

打开 STEP 7 软件，在主菜单"工具"栏（如图 3-67 所示）中单击"运动"选项图标 ，打开装置选择操作界面。

图 3-66　符号表

图 3-67　激活"运动控制向导"

（2）选择需要配置的轴

CPU ST40 系列 PLC 内部有三个轴可以配置，在此选择"轴 0"，如图 3-68 所示，再单击"下一个"按钮。

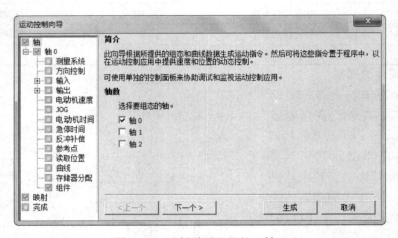

图 3-68　选择需要配置的"轴"

（3）为所选择的轴命名

为所选择的轴命名，在此采用默认的"轴 0"，如图 3-69 所示，再单击"下一个"按钮。

（4）输入系统的测量系统

在图 3-70 中，进行测量系统设置。在"选择测量系统"选项中选择"工程单位"。由

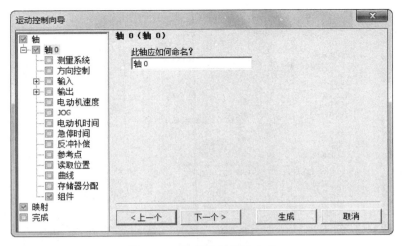

图 3-69　为所选择的轴命名

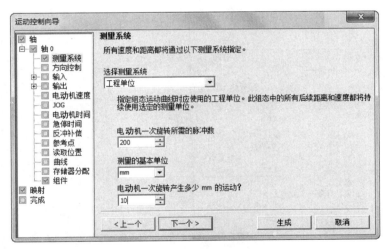

图 3-70　设置测量系统

于步进电动机的步距角为 1.8°，所以电动机转一圈需要 200 个脉冲，所以"电动机一次旋转所需的脉冲"为"200"；"测量单位"设为"mm"；"电动机一次旋转产生多少 mm 的运动"设为"10"；这些参数与实际的机械结构有关，再单击"下一个"按钮。

（5）设置脉冲方向输出

在图 3-71 中进行方向控制设置。设置有几路脉冲输出，其中有单相（1 个输出）、双向（两个输出）和正交（两个输出）3 个选项，在此选择"单相（1 个输出）"。再单击"下一个"按钮。

（6）分配输入点

在图 3-72 中进行输入点分配。在此并不用到 LMT+（正限位输入点）、LMT-（负限位输入点）、RPS（参考点输入点）和 ZP（零脉冲输入点），所以可以不设置。直接选中"STP（停止输入点）"，选择"启用"，停止输入点为"I0.1"，指定相应输入点有效时的响

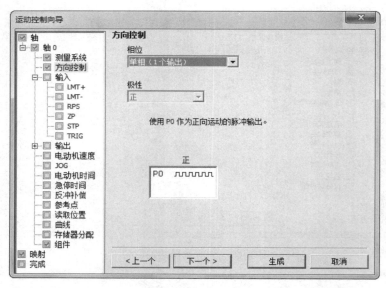

图 3-71　设置脉冲方向输出

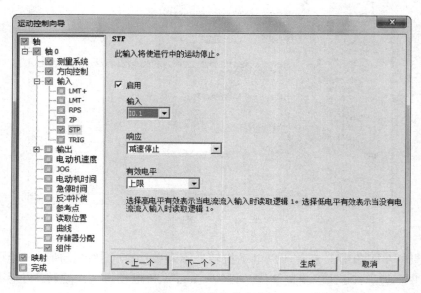

图 3-72　输入分配点

应方式为"减速停止"，指定输入信号有效电平为"上限"电平有效，再单击"下一个"按钮。

（7）指定电动机速度

MAX_SPEED：定义电动机运动的最大速度。

SS_SPEED：根据定义的最大速度，在运动曲线中可以指定的最小速度。如果 SS_SPEED 数值过高，电动机可能在起动时失步，并且在尝试停止时，负载可能使电动机不能立即停止而多行走一段。停止速度也为 SS_SPEED。

电动机速度设置如图 3-73 所示。输入最大速度、最小速度、起动和停止速度，再单击

"下一个"按钮。

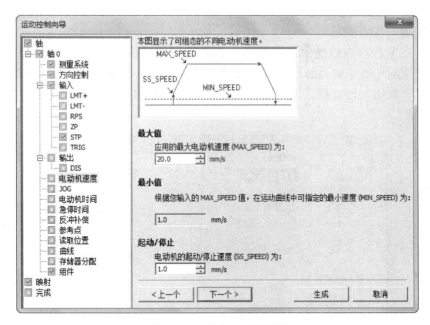

图 3-73　指定电动机速度

（8）设置加速和减速时间

ACCEL_TIME（加速时间）：电动机从 SS_SPEED 加速至 MAX_SPEED 所需要的时间，默认值 = 1000 ms（1 s）。在此选用默认设置，如图 3-74 所示。

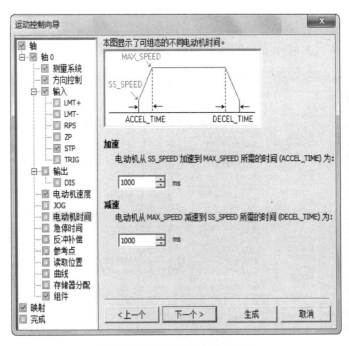

图 3-74　设置加速或减速时间

DECEL_TIME（减速时间）：电动机从 MAX_SPEED 减速至 SS_SPEED 所需要的时间，默认值＝1000 ms（1 s）。在此选用默认设置，如图 3-74 所示，再单击"下一个"按钮。

（9）为配置分配存储区

指令向导在 V 内存中以受保护的数据块页形式生成子程序，在编写程序时不能使用运动向导已经使用的地址，此地址段可以由系统推荐，也可以人为分配。人为分配的好处是可以避开用户习惯使用的地址段。为配置分配的存储器的 V 内存地址如图 3-75 所示，再单击"下一个"按钮。

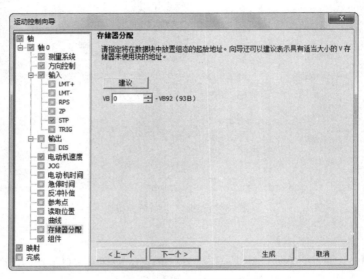

图 3-75　为配置分配存储区

（10）组件

在组件窗口，显示由向导生成的所有组件，如图 3-76 所示，单击"下一个"按钮。

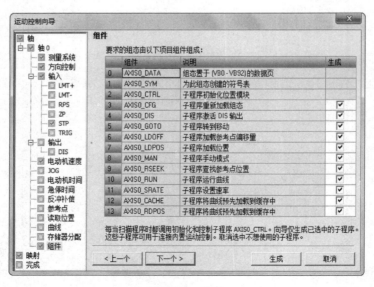

图 3-76　组件

（11）完成组态

在图 3-77 中，单击"生成"按钮，生成相应子程序，并完成组态过程。

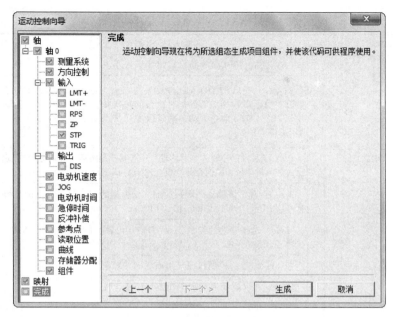

图 3-77　生成程序代码

6. 子程序简介

AXISx_CTRL 子程序：（控制）启用和初始化运动轴，方法是自动命令运动轴，在每次 CPU 更改为 RUN 模式时，加载组态/包络表，每个运动轴使用此子程序一次，并确保程序会在每次扫描时调用此子程序。AXISx_CTRL 子程序的参数表如表 3-22 所示。

表 3-22　AXISx_CTRL 子程序参数表

子程序	各输入/输出参数的含义	数据类型
	EN：使能	BOOL
	MOD_EN：参数必须开启，才能启用其他运动控制子例程对运动轴发送命令	BOOL
AXIS0_CTRL EN MOD_EN Done Error C_Pos C_Speed C_Dir	Done：当完成任何一个子程序时，Done 参数会开启	BOOL
	C_Pos：运动轴的当前位置。根据测量单位，该值是脉冲数（DINT）或工程单位数（REAL）	DINT/REAL
	C_Speed：运动轴的当前速度。如果针对脉冲组态运动轴的测量系统，是一个 DINT 数值，其中包括脉冲数/s。如果针对工程单位组态测量系统，是一个 REAL 数值，其中包含选择的工程单位数/s（REAL）	DINT/REAL
	C_Dir：电动机的当前方向，0 代表正向，1 代表反向	BOOL
	Error：出错时返回错误代码	BYTE

AXISx_GOTO：其功能是命令运动轴转到所需要位置，这个子程序提供绝对位移和相对位移两种模式。AXISx_GOTO 子程序的参数表如表 3-23 所示。

表 3-23　AXISx_GOTO 子程序参数表

子程序	各输入/输出参数的含义	数据类型
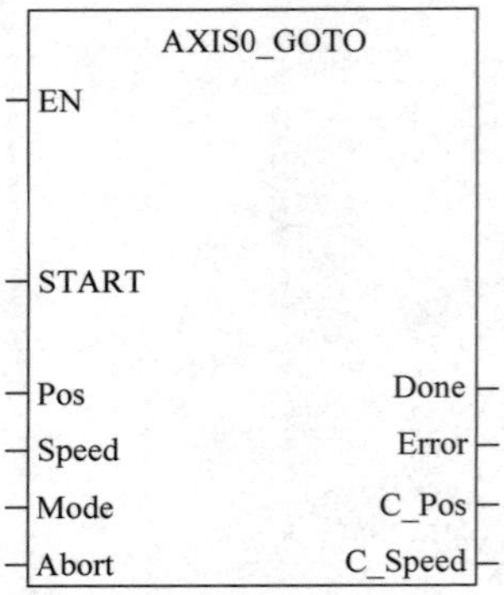	EN：使能，开启 EN 位会启用此子程序	BOOL
	START：开启 START 向运动轴发送 GOTO 命令。对于在 START 参数开启且运动轴当前不繁忙时执行的每次扫描，该子程序向运动轴发送一个 GOTO 命令。为了确保仅发送一条命令，应以脉冲方式开启 START 参数	BOOL
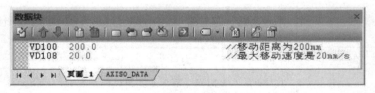	Pos：要移动的位置（绝对移动）或要移动的距离（相对移动）。根据所选的测量单位，该值是脉冲数（DINT）或工程单位数（REAL）	DINT/REAL
	Speed：确定该移动的最高速度。根据选的测量单位，该值是脉冲数/s（DINT）或工程单位数/s（REAL）	DINT/REAL
	Mode：选择移动的类型。0 代表绝对位置，1 代表相对位置，2 代表单速连续正向旋转，3 代表单速连续反向旋转	BYTE
	Abort：命令位控模块停止当前轮廓并减速至电动机停止	BOOL
	Done：当完成任何一个子程序时，会开启 Done 参数	BOOL
	Error：出错时返回错误代码	BYTE
	C_Pos：运动轴的当前位置。根据测量单位，该值是脉冲数（DINT）或工程单位数（REAL）	DINT/REAL
	C_Speed：运动轴的当前速度。如果针对脉冲组态运动轴的测量系统，是一个 DINT 数值，其中包含脉冲数/s（DINT）。如果针对工程单位组态测量系统，是一个 REAL 数值，其中包含选择的工程单位数/s（REAL）	DINT/REAL

7. 编写程序

首先使用数据块对相关数据进行赋值，如图 3-78 所示，步进电动机控制梯形图如图 3-79 所示。

图 3-78　数据块的赋值

8. 调试程序

将程序块和数据块下载到 PLC 中，启动程序监控功能。首先按下起动按钮 SB1 起动系统，观察步进电动机是否运行，是否旋转 20 圈后停止运行。此时观察定时器 T37，延时时间到后，步进电动机是否再次运行。如果电动机的运行方向和旋转的圈数符合控制要求，则说明程序编写正确。

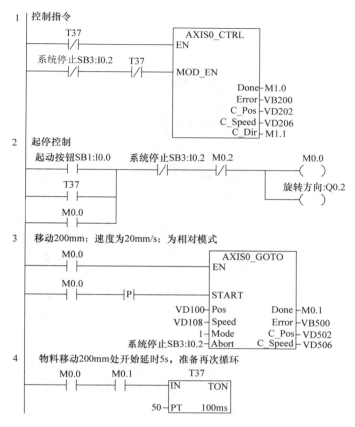

图 3-79　步进电动机控制梯形图

3.6.4　实训交流——PWM 向导

STEP 7-Micro/WIN SMART 软件提供了 PWM 指令向导功能，能快速生成控制子程序，具体使用步骤如下。

（1）打开指令向导

打开编程软件 STEP 7-Micro/WIN SMART，执行"指令树"→"向导"命令，双击"PWM"图标，或执行菜单中命令"工具"→"向导"，双击 PWM 图标，打开"PWM向导"对话框，如图 3-80 所示。

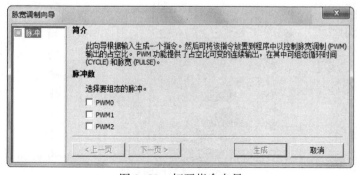

图 3-80　打开指令向导

（2）选择输出点

CPU ST40 有 3 个高速输出点，在此选择 Q0.0，即勾选"PWM0"选项，如图 3-81 所示，单击"下一页"按钮。

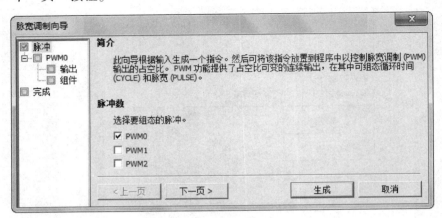

图 3-81　选择 PWM 输出点

（3）子程序命名

在图 3-82 中，可对子程序命名，在此使用默认的名称 PWM0，单击"下一页"按钮。

图 3-82　子程序命名

（4）选择时间基准

PWM 的时间基准有"毫秒"和"微秒"，在此选择"毫秒"，如图 3-83 所示，单击"下一页"按钮。

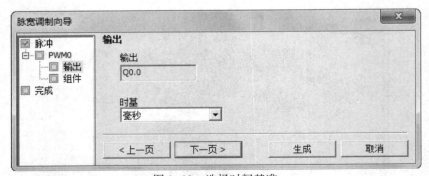

图 3-83　选择时间基准

（5）组件

在图3-84中可以看出，采用默认的PWM子程序的名称PWM0_RUN。

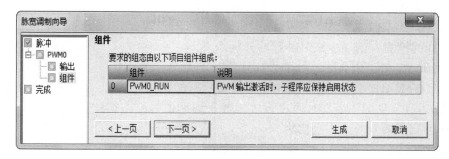

图3-84　组件

（6）完成向导

在图3-84中，单击"生成"按钮，完成向导配置，生成子程序"PWM0_RUN"，用户可以在项目树的文件夹"\ 程序块 \ 向导"中找到生成的子程序。

（7）编写梯形图程序

用户需要在主程序中调用子程序PWM0_RUN，具体位置在指令树中"调用子例程"文件夹中。子程序PWM0_RUN的参数RUN用来控制是否产生脉冲，周期Cycle的允许范围为 $10 \sim 65\,535\ \mu s$ 或 $2 \sim 65\,535\ ms$，脉冲宽度Pulse的允许范围为 $0 \sim 65\,535\ \mu s$ 或 $0 \sim 65\,535\ ms$。图3-85所示梯形图功能同【例3-2】。

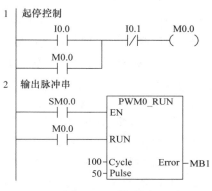

图3-85　梯形图

3.6.5　实训拓展——使用PWM向导实现灯泡亮度控制

训练1：某步进电动机，脉冲当量是3°/脉冲，编写程序控制电动机的转速为250 r/min时，转10圈后停止。

训练2：使用PWM向导实现灯泡亮度控制，灯泡额定电压为直流24 V。编程实现当第1次按下按钮时，灯泡电压为15 V；当第2次按下按钮时，灯泡电压为18 V；当第3次按下按钮时，灯泡电压为24 V；当第四次按下按钮时，灯泡熄灭。

3.7　习题与思考

1. S7-200 SMART模拟量扩展模块分别有_____、_____、_____、_____、_____。

2. S7-200 SMART硬件系统中，第2个模拟量模块EM AM06放置在第3号信号模块位置上时，其模拟量输入和输出地址分配为_____、_____、_____、_____、_____、_____。

3. S7–200 SMART 单极性模拟量值 0~10 V 经 A–D 转换得到的数值为_____。

4. S7–200 SMART 使用特殊寄存器_____和_____识别第 1 个扩展信号模块。

5. S7–200 SMART 提供了_____路 PID 控制。

6. S7–200 SMART 有_____个高速计数器，可以设置_____种不同的工作模式。

7. HSC0 的模式 6 的加、减时钟脉冲分别由 I_____和 I_____提供。

8. S7–200 SMART 中高速计数器最高计数频率为_____。

9. S7–200 SMART 为高速脉冲输出分别提供_____和_____两种时间基准。

10. 在使用 PWM 时，若脉冲宽度设置为等于周期值时，占空比为_____，输出连续接通。若脉冲宽度为 0 时，占空比为_____，输出断开。

11. 如何组态 S7–200 SMART 硬件系统中的模拟量输入和输出？

12. 对于模拟量热电阻输入模块 EM AR02，其外围接线分别有几种？

13. 编码器的作用是什么？

14. 如何组态 S7–200 SMART 中数字量的滤波时间？

15. 使用高速计数器产生的中断方式有哪些？

16. S7–200 SMART 的 ST 系列 PLC 中，分别提供几路高速脉冲输出端？支持的最高脉冲频率为多少？

17. AIW16 中 A–D 转换得到的数值（0~27 648）正比于温度值（0~500℃）。编写程序在 I0.0 的上升沿将 AIW16 的值转换为对应的温度值存储在 VW20 中。

18. 如何进行 PID 控制的数据标准化转化？

19. PLC 控制系统中常用的节约输入和输出点的方法有哪些？

20. 如何使用向导生成 PID 控制程序？

21. 如何使用向导生成高速计数器控制程序？

22. 如何使用向导生成 PWM 控制程序？

第4章　网络通信的编程及应用

4.1　通信简介

4.1.1　通信基础知识

通信是指一地与另一地之间的信息传递。PLC 通信是指 PLC 与计算机、PLC 与 PLC、PLC 与人机界面（触摸屏）、PLC 与变频器、PLC 与其他智能设备之间的数据传递。

1. 通信方式

（1）有线通信和无线通信

有线通信是指以导线、电缆、光缆及纳米材料等看得见的材料为传输媒质的通信。无线通信是指以看不见的材料（如电磁波）为传输媒质的通信，常见的无线通信有微波通信、短波通信、移动通信和卫星通信等。

（2）并行通信与串行通信

并行通信是指数据的各个位同时进行传输的通信方式，其特点是数据传输速度快。由于它需要的传输线多，故成本高，只适合近距离的数据通信。PLC 主机与扩展模块之间通常采用并行通信。

串行通信是指数据一位一位进行传输的通信方式，其特点是数据传输速度慢，但由于只需要一条传输线，故成本低，适合远距离的数据通信。PLC 与计算机、PLC 与 PLC、PLC 与人机界面、PLC 与变频器之间通信采用串行通信。

（3）异步通信和同步通信

串行通信又可分异步通信和同步通信。PLC 与其他设备通信主要采用串行异步通信方式。

在异步通信中，数据是一帧一帧传送。一帧数据传送完成后，可以传送下一帧数据，也可以等待。串行通信时，数据是以帧为单位传送的，帧数据有一定的格式，它是由起始位、数据位、奇偶校验位和停止位组成。每一帧数据发送前要用起始位，在结束时要用停止位，这样会导致数据传输速度较慢。

为了提高数据传输速度，在计算机与一些高速设备数据通信时，常采用同步通信。同步通信的数据后面取消了停止位，前面的起始位用同步信号代替，在同步信号后面可以跟很多数据，所以同步通信传输速度快。但由于同步通信要求发送端和接收端严格保持同步，这需要用复杂的电路来保证，所以 PLC 不采用这种通信方式。

（4）单工通信和双工通信

在串行通信中，根据数据的传输方向不同，可分为 3 种通信方式：单工通信、半双工通信和全双工通信。

单工通信，顾名思义，数据只能往一个方向传送的通信，即只能由发送端传输给接收端。

半双工通信，数据可以双向传送，但在同一时间内，只能往一个方向传送。只有一个方向的数据传送完成后，才能往另一个方向传送数据。

全双工通信，数据可以双向传送，通信的双方都有发送器和接收器，由于有两条数据线，所以双方在发送数据的同时可以接收数据。

2. 通信传输介质

有线通信采用的传输介质主要有双绞线、同轴电缆和光缆。

（1）双绞线电缆

双绞线是将两根导线扭在一起，以减少电磁波的干扰，如果再加上屏蔽套层，则抗干扰能力更好。双绞线的成本低、安装简单，RS-232C、RS-422 和 RS-485 等接口多通过双绞线进行通信。

（2）同轴电缆

同轴电缆的结构从内到外依次为内导体（芯线）、绝缘线、屏蔽层及外保护层。由于从截面看这 4 层构成了 4 个同心圆，故称为同轴电缆。根据通频带不同，同轴电缆可分为基带和宽带两种，其中基带同轴电缆常用于 Ethernet（以太网）中。同轴电缆的传送速度高、传输距离远，但价格比双绞线高。

（3）光缆

光缆是由石英玻璃经特殊工艺拉成细丝结构，这种细丝比头发丝还要细，但它能传输的数据量却是巨大的。它以光的形式传输信号，其优点是传输的是数字光脉冲信号，不会受电磁干扰，不怕雷击，不易被窃听，数据传输安全性好，传输距离长，且带宽宽、传输速度快。但由于通信双方发送和接收的都是电信号，因此通信双方都需要价格昂贵的光纤设备进行光电转换。另外光纤连接头的制作与光纤连接需要专门工具和专门的技术人员。

4.1.2 RS-485 标准串行接口

1. RS-485 接口

RS-485 接口是在 RS-422 基础上发展起来的一种 EIA 标准串行接口，采用"平衡差分驱动"方式。RS-485 接口满足 RS-422 的全部技术规范，可以用于 RS-422 通信。RS-485 接口常采用 9 针连接器。RS-485 接口的引脚功能如表 4-1 所示。

表 4-1　RS-485 接口的引脚功能

连接器	针	信号名称	信号功能
	1	SG 或 GND	机壳接地
	2	24 V 返回	逻辑地
	3	RXD+或 TXD+	RS-485 信号 B，数据发送/接收+端
	4	发送申请	RTS（TTL）
	5	5 V 返回	逻辑地
	6	+5 V	+5 V、100 Ω 串联电阻
	7	+24 V	+24 V
	8	RXD-或 TXD-	RS-485 信号 A，数据发送/接收-端
	9	不用	10 位协议选择（输入）
	连接器外壳	屏蔽	机壳接地

2. 西门子 PLC 的连线

西门子 PLC 的 PPI 通信、MPI 通信和 PROFIBUS-DP 现场总线通信的物理层都是 RS-485 通信，而且都是采用相同的通信线缆和专用网络接头。西门子提供两种网络接头，其一是标准网络接头（用于连接 PRO-FIBUS 站和 PROFIBUS 电缆实现信号传输，一般带有内置的终端电阻。如果该站为通信网络节点的终端，则需将终端电阻连接上，即将开关拨至 ON 端）。网络总线连接器如图 4-1 所示。其二是编程端口接头，可方便地将多台设备与网络连接，编程端口允许用

图 4-1　网络总线连接器

户将编程站或 HMI 与网络连接，且不会干扰任何现有的网络连接。编程端口接头通过编程端口传送所有来自 S7-200 SMART CPU 的信号，这对于连接由 S7-200 SMART CPU 供电的设备特别有用。标准网络接头和编程端口接头均有两套终端螺钉，用于连接输入和输出网络电缆。

4.2　自由口通信

S7-200 SMART 的自由口通信是基于 RS-485 通信基础的半双工通信，西门子 S7-200 SMART 系列 PLC 拥有自由口通信功能，即没有标准的通信协议，用户可以自己规定协议。第三方设备大多数支持 RS-485 串口通信，西门子 S7-200 SMART 系列 PLC 可以通过自由口通信模式实现串口通信。

自由口通信的核心就是发送（XMT）和接收（RCV）两条指令，以及对相应的特殊寄存器的控制。由于 S7-200 SMART CPU 通信端口是 RS-485 半双工通信口，因此发送和接收不能同时处于激活状态。RS-485 半双工通信串口通信的格式可以包括 1 个起始位、7 或 8 位字符（数据字节）、1 个奇/偶校验（或没有检验位）、1 个停止位。

标准的 S7-200 SMART 只有一个串口（为 RS-485），为 Port0 口；还可以扩展一个信号板，这个信号板在组态时设定为 RS-485 或者 RS-232，为 Port1 口。

自由口通信传输速率可以设置为 1 200 bit/s、2 400 bit/s、4 800 bit/s、9 600 bit/s、19 200 bit/s、38 400 bit/s、57 600 bit/s 或 115 200 bit/s。凡是符合这些格式的串口通信设备，理论上都可以和 S7-200 SMART CPU 通信。自由口模式可以灵活应用。STEP 7-Micro/WIN SMART 的两个指令库（USS 和 Modbus RTU）就是使用自由口模式编程实现的。

1. 设置自由口通信协议

S7-200 SMART 正常的通信字符数据格式是 1 个起始位、8 个数据位、1 个停止位，即 10 位数据，或者再加上 1 个奇偶校验位，组成 11 位数据。传输速率一般为 9 600~19 200 bit/s。

S7-200 SMART CPU 使用 SMB30（Port0）和 SMB130（Port1）定义通信口的工作模式，控制字节的定义如图 4-2 所示。

1）通信模式由控制字节的最低的两位"mm"决定。

mm=00：PPI 从站模式（默认值）。

mm=01：自由口模式。

mm=10：保留（默认 PPI 从站模式）。

mm=11：保留（默认 PPI 从站模式）。

2）控制字节的"pp"是奇偶校验选择。

pp=00：无奇偶校验。

pp=01：偶校验。

pp=10：无奇偶校验。

pp=11：奇校验。

3）控制字节的"d"是每个字符的位数。

d=0：每个字符是 8 位。

d=1：每个字符是 7 位。

4）控制字节的"bbb"是传输速率的选择。

bbb=000：38 400 bit/s。　　　　bbb=001：19 200 bit/s。

bbb=010：9 600 bit/s。　　　　bbb=011：4 800 bit/s。

bbb=100：2 400 bit/s。　　　　bbb=101：1 200 bit/s。

bbb=110：115 200 bit/s。　　　bbb=111：56 700 bit/s。

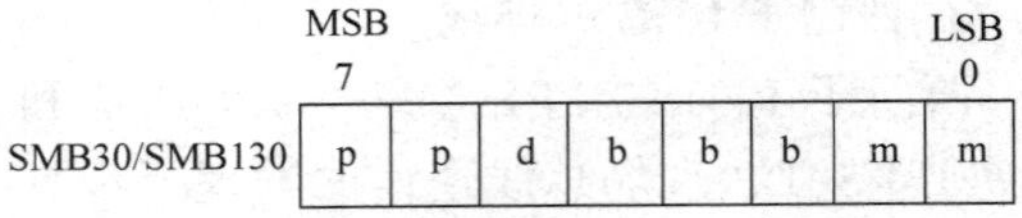

图 4-2　控制字节的定义

2. 自由口通信时的中断事件

在 S7-200 SMART PLC 的中断事件中，与自由口通信有关的中断事件如下。

1）中断事件 8：通信端口 0 单字符接收中断。

2）中断事件 9：通信端口 0 发送完成中断。

3）中断事件 23：通信端口 0 接收完成中断。

4）中断事件 25：通信端口 1 单字符接收中断。

5）中断事件 26：通信端口 1 发送完成中断。

6）中断事件 24：通信端口 1 接收完成中断。

3. 自由口通信指令

在自由口通信模式下，可以用自由口通信指令接收和发送数据，其通信指令有两条：数据接收指令 RCV 和数据发送指令 XMT。其指令梯形图及语句表如表 4-2 所示。

表 4-2　自由口通信指令的梯形图及语句表

梯　形　图	语　句　表	指令名称
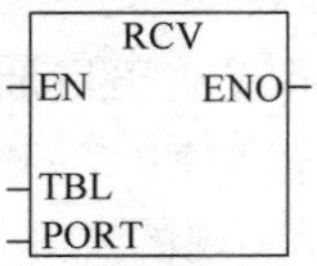 RCV ─EN　ENO─ ─TBL ─PORT	RCV　TBL, PORT	数据接收指令
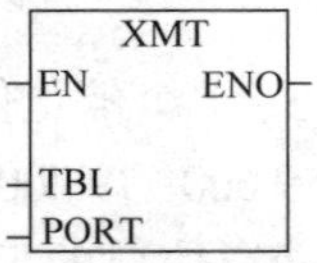 XMT ─EN　ENO─ ─TBL ─PORT	XMT　TBL, PORT	数据发送指令

TBL：缓冲区首地址，操作数为字节。

PORT：操作端口，若通过 S7-200 SMART 本机上串口进行通信，则操作端口号为 0；

若通过扩展信号板进行通信，则操作端口号为1。

数据接收指令通过端口接收远程设备的数据并保存到首地址为 TBL 的数据接收缓冲区中。数据接收缓冲区一次最多可接收 255 个字符的信息，数据缓冲区格式如表 4-3 所示。

数据发送指令通过端口将数据表首地址为 TBL（发送数据缓冲区）的数据发送到远程设备上。发送数据缓冲区一次最多可发送 255 个字符的信息。

表 4-3　数据缓冲区格式

序　号	字节编号	发送内容	接收内容
1	T+0	发送字节的个数	接收字节的个数
2	T+1	数据字节	起始字符（如果有）
3	T+2	数据字节	数据字节
⋮	⋮	数据字节	数据字节
256	T+255	数据字节	结束字符（如果有）

（1）发送

发送完成后，会产生一个中断事件，对于端口 0 为中断事件 9，而对于端口 1 为中断事件 26。当然也可以不通过中断，而通过监视 SM4.5（端口 0）或 SM4.6（端口 1）的状态来判断发送是否完成，如果状态为 1，说明发送完成。

（2）接收

可以通过中断的方式接收数据，在接收字符数据时，有如下两种中断事件产生。

1）利用字符中断控制接收数据。

每接收完成一个字符，就产生一个中断事件 8（通信端口 0）或中断事件 25（通信端口 1）。特殊继电器 SMB2 作为自由口通信接收缓冲区，接收到的字符存放在其中，以便用户程序访问。奇偶校验状态存放在特殊继电器 SMB3 中，如果接收到的字符奇偶校验出现错误，则 SM3.0 为 1，可利用 SM3.0 为 1 的信号，将出现错误的字符去掉。

2）利用接收结束中断控制接收数据。

当指定的多个字符接收结束后，产生中断事件 23（通信端口 0）和 24（通信端口 1）。如果有一个中断服务程序连接到接收结束中断事件上，就可以实现相应的操作。当然也可以不通过中断，而通过监控 SMB86（端口 0）或 SMB186（端口 1）的状态来判断接收是否完成，如果状态非零，说明完成。SMB86 和 SMB186 含义如表 4-4 所示。

表 4-4　SMB86 和 SMB186 含义

端口 0	端口 1	控制字节各位的含义
SM86.0	SM186.0	为 1 说明奇偶校验错误而终止接收
SM86.1	SM186.1	为 1 说明接收字符超长而终止接收
SM86.2	SM186.2	为 1 说明接收超时而终止接收
SM86.3	SM186.3	默认为 0
SM86.4	SM186.4	默认为 0
SM86.5	SM186.5	为 1 说明是正常接收到结束字符
SM86.6	SM186.6	为 1 说明输入参数错误或者缺少起始和终止条件而结束接收
SM86.7	SM186.7	为 1 说明用户通过禁止命令结束接收

S7-200 SMART 在接收信息字符时还要用到一些特殊寄存器，对通信端口 0 要用到 SMB87～SMB94，对通信端口 1 要用到 SMB187～SMB194，如表 4-5 和表 4-6 所示。

表 4-5　SMB87 和 SMB187 含义

端口 0	端口 1	控制字节各位的含义
SM87.0	SM187.0	0
SM87.1	SM187.1	1 表示使用中断条件，0 表示不使用中断条件
SM87.2	SM187.2	1 表示使用 SM92 或者 SM192 时间段结束接收 0 表示不使用 SM92 或者 SM192 时间段结束接收
SM87.3	SM187.3	1 表示定时器是消息定时器，0 定时器是内部字符定时器
SM87.4	SM187.4	1 表示使用 SM90 或者 SM190 检测空闲状态 0 表示不使用 SM90 或者 SM190 检测空闲状态
SM87.5	SM187.5	1 表示使用 SM89 或者 SM189 终止符检测终止信息 0 表示不使用 SM89 或者 SM189 终止符检测终止信息
SM87.6	SM187.6	1 表示使用 SM88 或者 SM188 起始符检测终止信息 0 表示不使用 SM88 或者 SM188 起始符检测终止信息
SM87.7	SM187.7	0 表示禁止接收，1 允许接收

表 4-6　SMB88~SMB94 和 SMB188~SMB194 含义

端口 0	端口 1	控制字节或控制字的含义
SMB88	SMB188	消息字符的开始
SMB89	SMB189	消息字符的结束
SMW90	SMW190	空闲线时间段，按毫秒设定。空闲线时间用完后接收的第一个字符是新消息的开始
SMW92	SMW192	中间字符/消息定时器溢出值，按毫秒设定。如果超过这个时间段，则终止接收消息
SMW94	SMW194	要接收的最大字符数（1~255 B）。此范围必须设置为期望的最大缓冲区大小，即是否使用字符计数消息终端

【例 4-1】　发送和接收指令示例如图 4-3~图 4-6 所示。

　本程序接收字符串，直至接收到换行字符。然后消息会送至发送方。
1　首次扫描时：
　1.初始化自由端口：选择9600 bps。选择8位数据位。选择无奇偶校验。
　2.初始化RCV消息控制字节：启用RCV。检测消息结束字符。检测是否以线路空闲条件作为消息起始条件。
　3.将消息结束字符设为十六进制0A(换行)。
　4.将线路空闲超时设为5ms。
　5.将最大字符数设为100。
　6.将中断0连接到接收完成事件。
　7.将中断2连接到发送完成事件。
　8.启用用户中断。
　9.启用具有VB100缓冲区的接收功能框。

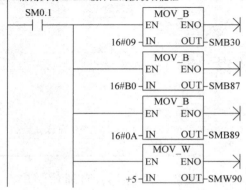

图 4-3　示例主程序

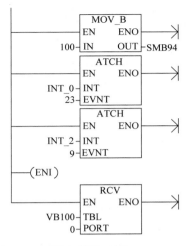

图 4-3 示例主程序（续）

1 | 接收完成中断：
1.如果接收状态显示接收结束字符，则连接10ms定时器，触发发送指令并返回。
2.如果因其他原因完成接收，则启动新的接收。

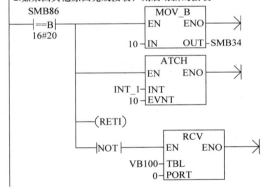

图 4-4 示例中断程序 0

1 | 10ms定时器中断：
1.断开定时器中断。
2.将消息发送给端口上的用户。

图 4-5 示例中断程序 1

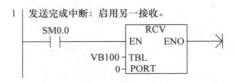

1 | 发送完成中断: 启用另一接收。

图 4-6 示例中断程序 2

4.3 以太网通信

1. S7 协议

S7 协议是专门为西门子优化产品控制而设计的通信协议,它是面向连接的协议,在进行数据交换之前,必须与通信伙伴建立连接。

连接是指两个通信伙伴之间为了执行通信服务建立的逻辑链路,而不是指两个站之间用物理媒体(如电缆)实现的连接。S7 连接是需要组态的静态连接,静态连接要占用 CPU 的连接资源。

基于连接的通信分为单向连接和双向连接,S7-200 SMART 只有单向连接功能。单向连接中的客户机是向服务器请求服务的设备,客户机调用 GET/PUT 指令读、写服务器的存储区。服务器是通信中的被动方,用户不用编写服务器的 S7 通信程序,S7 通信是由服务器的操作系统完成的。

S7-200 SMART 的以太网端口有很强的通信功能,除了一个用于编程计算机的连接,还有 8 个用于 HMI(人机界面)的连接、8 个用于以太网设备的主动的 GET/PUT 连接和 8 个被动的 GET/PUT 连接。上述的 25 个连接可以同时使用。

GET/PUT 连接可以用于 S7-200 SMART 之间的以太网通信,也可以用于 S7-200 SMART 与 S7-300/400/1200 之间的以太网通信。

2. GET 和 PUT 指令

GET 和 PUT 指令适用于通过以太网进行的 S7-200 SMART CPU 之间的通信,以太网通信指令梯形图及语句表如表 4-7 所示。GET 和 PUT 指令用它唯一的输入参数 TABLE(数据类型为 BYTE,如 IB、QB、VB、MB、SMB、SB、*VD、*LD、*AC)定义 16B 的表格,该表格定义了 3 个状态位、错误代码、远程站的 CPU 的 IP 地址、指向远程站中要访问的数据的指针和数据长度、指向本地站中要访问的数据的指针,如表 4-8 所示。

表 4-7 以太网通信指令的梯形图及语句表

梯 形 图	语 句 表	指 令 名 称
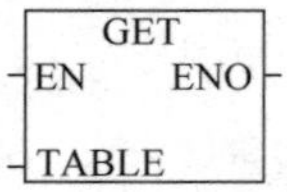 GET EN ENO TABLE	GET TABLE	网络读指令
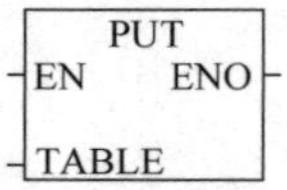 PUT EN ENO TABLE	PUT TABLE	网络写指令

表 4-8　GET 和 PUT 指令 TABLE 参数定义的数据表的格式

字节偏移地址	名称	描述							
0	状态字节	D	A	E	0	E1	E2	E3	E4
1	远程站 IP 地址	被访问的 PLC 远程站 IP 地址（将要访问的数据在 CPU 中所处的 IP 地址）							
2									
3									
4									
5	保留 = 0	必须设置为零							
6	保留 = 0	必须设置为零							
7	指向远程站（此 CPU）中数据区的指针	存放被访问数据区（I、Q、M、V 或 DB1）的首地址							
8									
9									
10									
11	数据长度	读写的字节数，远程站中将要访问的数据的字节数（PUT 为 1~212B，GET 为 1~222B）							
12	指向本地站（此 CPU）中数据区的指针	存放从远程站接收的数据或存放要向远程站发送的数据（I、Q、M、V 或 DB1）的首地址							
13									
14									
15									

状态字节说明：

数据表的第 1 字节为状态字节，各个位的意义如下。

1）D 位：操作完成位。0：未完成；1：已完成。

2）A 位：有效位，操作已被排队。0：无效；1：有效。

3）E 位：错误标志位。0：无错误；1：有错误。

4）E1、E2、E3、E4 位：错误码。如果执行读/写指令后 E 位为 1，则由这 4 位返回一个错误码。这 4 位构成的错误码及含义如表 4-9 所示。

表 4-9　错误代码表

E1、E2、E3、E4	错误码	说明
0000	0	无错误
0001	1	PUT/GET 表中存在非法参数： • 本地区域不包括 I、Q、M 或 V； • 本地区域的大小不足以提供请求的数据长度； • 对于 GET，数据长度为零或大于 222B；对于 PUT，数据长度大于 212B； • 远程区域不包括 I、Q、M 或 V； • 远程 IP 地址是非法的（0.0.0.0）； • 远程 IP 地址为广播地址或组播地址； • 远程 IP 地址与本地 IP 地址相同； • 远程 IP 地址位于不同的子网

（续）

E1、E2、E3、E4	错 误 码	说 明
0010	2	当前处于活动状态的 PUT/GET 指令过多（仅允许 16 个）
0011	3	无可用连接。当前所有连接都在处理未完成的请求
0100	4	从远程 CPU 返回的错误： • 请求或发送的数据过多； • STOP 模式下不允许对 Q 存储器执行写入操作； • 存储区处于写保护状态（请参见 SDB 组态）
0101	5	与远程 CPU 之间无可用连接： • 远程 CPU 无可用的服务器连接； • 与远程 CPU 之间的连接丢失（CPU 断电、物理断开）
0110~1001	6~9	未使用（保留以供将来使用）
1010~1111	A~F	

GET 指令启动以太网端口的通信操作，按 TABLE 表的定义从远程设备读取最多 222B 的数据。PUT 指令启动以太网端口上的通信操作，按 TABLE 表的定义将最多 212B 的数据写入远程设备。

执行 GET 和 PUT 指令时，CPU 与 TABLE 表中的远程 IP 地址建立起以太网连接。连接建立后，该连接将一直保持到 CPU 进入 STOP 为止。

程序中可以使用任意条数的 GET/PUT 指令，但是同时最多只能激活 8 条 GET/PUT 指令，例如，在给定 CPU 中，可同时激活 4 个 GET 指令和 4 个 PUT 指令，或者同时激活两个 GET 指令和 6 个 PUT 指令。所有与同一 IP 地址直接相连的 GET/PUT 指令采用同一个连接。如对远程 IP 地址 192.168.2.10 同时启用 3 条 GET 指令时，将在一个 IP 地址为 192.168.2.10 的以太网连接上按顺序执行这些 GET 指令。

如果尝试创建第 9 个连接（第 9 个 IP 地址），CPU 将搜索所有的连接，查找处于未激活状态时间最长的一个连接。CPU 将断开该连接，然后再与新的 IP 地址创建连接。

【例 4-2】 PUT 指令应用示例，如图 4-7 所示。

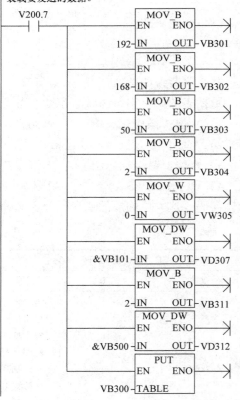

图 4-7　PUT 指令应用示例程序

在接收"完成"时，即 V200.7 为"1"时，启动 PUT 写指令。远程 CPU 的 IP 地址为 192.168.50.2，将偏移地址 T+5 和 T+6 清 0，设置远程站存放数据的指针（即将本地数据发送到远程站后存放这些数据的初始位置 VB101），写入数据长度为 2，置本地站发送数据的首地址 VB500，启动写指令。

4.4 USS 通信

1. USS 概述

西门子公司的变频器都有一个串行通信接口，采用 RS-485 半双工通信方式，以通用串行接口协议（Universal Serial Interface Protocol，USS）作为现场监控和调试协议，其设计标准适用于工业环境的应用对象。USS 是主从结构的协议，规定了在 USS 总线上可以有一个主站和最多 30 个从站，总线上的每个从站都有一个站地址（在从站参数中设置），主站依靠它识别每个从站，每个从站也只能对主站发来的报文做出响应并回送报文，从站之间不能直接进行数据通信。另外，还有一种广播通信方式，主站可以同时给所有从站发送报文，从站在接收到报文并做出相应的回应后可不回送报文。

（1）使用 USS 的优点

1）USS 对硬件设备要求低，减少了设备之间布线的数量。

2）不需要重新布线就可以改变控制功能。

3）可通过串行接口设置来修改变频器的参数。

4）可连续对变频器的特性进行监测和控制。

5）利用 S7-200 SMART PLC CPU 组成 USS 通信的控制网络具有较高的性价比。

（2）S7-200 SMART PLC CPU 通信接口的引脚分配

S7-200 SMART 上的通信接口是与 RS-485 兼容的 D 型连接器，具体引脚定义如表 4-1 所示。

（3）USS 通信硬件连接

1）通信注意事项。

① 在条件允许的情况下，USS 主站尽量选用直流型的 CPU。当使用交流型的 CPU 与单相变频器进行 USS 通信时，CPU 和变频器的电源必须接成同相位。

② 一般情况下，USS 通信电缆采用双绞线即可，如果干扰比较大，可采用屏蔽双绞线。

③ 在采用屏蔽双绞线作为通信电缆时，把具有不同电位参考点的设备互联后在连接电缆中会形成不应有的电流，这些电流会导致通信错误或设备损坏。要确保通信电线连接的所有设备共用一个公共电路参考点，或是相互隔离以防止干扰电流产生。屏蔽层必须接到外壳地或 9 针连接器的 1 脚。

④ 尽量采用较高的通信速率，通信速率只与通信距离有关，与干扰没有直接关系。

⑤ 终端电阻的作用是用来防止信号反射的，并不用来抗干扰。如果通信距离很近，波特率较低或点对点的通信情况下，可不用终端电阻。

⑥ 不要带电插拔通信电缆，尤其是正在通信过程中，这样极易损坏传动装置和 PLC 的通信端口。

2）S7-200 SMART 与变频器的连接。

将变频器（在此以 MM440 为例）的通信端口 P+（29）和 N-（30）分别接至 S7-200 SMART通信口的 3 号与 8 号针即可。

2. USS 专用指令

所有的西门子变频器都可以采用 USS 传递信息，西门子公司提供了 USS 指令库，指令库中包含专门为通过 USS 与变频器通信而设计的子程序和中断程序。使用指令库中的 USS 指令编程，使得 PLC 对变频器的控制变得非常方便。

图 4-8　USS_INIT 指令的梯形图

（1）USS_INIT 指令

USS_INIT 指令用于启用和初始化或禁止 MicroMaster 变频器通信。在使用其他任何 USS 指令之前，必须执行 USS_INIT 指令且无错，可以用 SM0.1 或者信号的上升沿或下降沿调用该指令。一旦该指令完成，立即置位"Done"位，才能继续执行下一条指令。USS_INIT 指令的梯形图如图 4-8 所示，USS_INIT 指令参数的类型如表 4-10 所示。

表 4-10　USS_INIT 指令参数的类型

输入/输出	数据类型	操　作　数
Mode、Port	Byte	IB、QB、VB、MB、SMB、SB、LB、AC、*VD、*LD、*AC、常数
Baud、Active	Dword	ID、QD、VD、MD、SMD、SD、LD、AC、*VD、*LD、*AC、常数
Done	Bool	I、Q、V、M、SM、S、L、T、C
Error	Byte	IB、QB、VB、MB、SMB、SB、LB、AC、*VD、*LD、*AC

指令说明如下：

1）仅限每次通信状态时执行一次 USS_INIT 指令。使用边沿检测指令，以脉冲方式打开 EN 输入。要改动初始化参数，可执行一条新的 USS_INIT 指令。

2）"Mode"表示用输入数值选择通信协议。输入值 1 将端口分配给 USS，并启用该协议；输入值 0 将端口分配给 PPI，并禁止 USS。

3）"Baud"为 USS 通信速率，此参数要和变频器的参数设置一致，允许值为 1 200 bit/s、2 400 bit/s、4 800 bit/s、9 600 bit/s、19 200 bit/s、38 400 bit/s、57 600 bit/s 或 115 200 bit/s。

4）设置物理通信端口（0 为 CPU 中集成的 RS-485，1 为可选 CM01 信号板上的 RS-485 或 RS-232）。

5）"Done"为初始化完成标志，即当 USS_INIT 指令完成后接通。

6）"Error"为初始化错误代码。

7）"Active"表示起动变频器，表示网络上哪些 USS 从站要被主站访问，即在主站的轮询表中起动。网络上作为 USS 从站的每个变频器都有不同的 USS 地址，主站要访问的变频器，其地址必须在主站的轮询表中才能起动。USS_INIT 指令只用一个 32 位的双字来映像 USS 从站有效地址表，Active 的无符号整数值就是它在指令输入端口的取值。Active 参数设置示意表如表 4-11 所示，在这个 32 位的双字中，每一位的位号表示 USS 从站的地址号；要在网络中起动某地址号的变频器，则需要把相应位号的位设为"1"，不需要起动的 USS 从站相应的位设置为"0"，最后对此双字取无符号整数就可以得出 Active 参数的取值。本例中，使用站地址为 2 的 MM440 变频器，则须在位号为 02 的位单元格中填入 1，其他不需要起动的地址对应位设置为 0，取整数，计算出的 Active 值为 00000004H，即16#00000004，也等于十进制数 4。

表 4-11　Active 参数设置示意表

位　　号	MSB 31	30	29	28	…	04	03	02	01	LSB 00
对应从站地址	31	30	29	28	…	04	03	02	01	00
从站起动标志	0	0	0	0	…	0	0	1	0	0
取十六进制无符号数	0				0			4		
Active=	16#00000004									

（2）USS_CTRL 指令

USS_CTRL 指令用于控制处于起动状态的变频器，每台变频器只能使用一条该指令。该指令将用户放在一个通信缓冲区内，如果数据端口 Drive 指定的变频器被 USS_INIT 指令的 Active 参数选中，则缓冲区内的命令将被发送到该变频器。USS_CTRL 指令的梯形图如图 4-9 所示，USS_CTRL 指令参数的类型如表 4-12 所示。

表 4-12　USS_CTRL 指令参数的类型

输入/输出	数据类型	操　作　数
RUN、OFF2、OFF3、F_ACK、DIR、Resp_R、Run_EN、D_Dir、Inhibit、Fault	Bool	I、Q、V、M、SM、S、L、T、C
Drive、Type	Byte	IB、QB、VB、MB、SMB、SB、LB、AC、＊VD、＊LD、＊AC、常数
Error	Byte	IB、QB、VB、MB、SMB、SB、LB、AC、＊VD、＊LD、＊AC、常数
Status	Word	IW、QW、VW、MW、SMW、SW、LW、AC、T、C、AQW、＊VD、＊LD、＊AC
Speed_SP	Real	ID、QD、VD、MD、SMD、SD、LD、AC、＊VD、＊LD、＊AC、常数
Speed	Real	IB、QB、VB、MB、SMB、SB、LB、AC、＊VD、＊LD、＊AC

指令说明如下。

1）USS_CTRL 指令用于控制 Active（起动）变频器。USS_CTRL 指令将选择的命令放在通信缓冲区中，然后送至编址的变频器 Drive（变频器地址）参数，条件是已在 USS_INIT 指令的 Active（起动）参数中选择该变频器。

2）仅限为每台变频器指定一条 USS_CTRL 指令。

3）某些变频器仅将速度作为正值报告。如果速度为负值，变频器将速度作为正值报告，但会与 D_Dir（方向）位相反的方向进行旋转。

4）EN 位必须为 ON，才能启用 USS_CTRL 指令。该指令应当始终启用（可使用 SMB0.0）。

5）RUN 表示变频器是运行（ON）还是停止（OFF）。当 RUN（运行）位为 ON 时，变频器收到一条命令，按指定的速度和方向开始运行。为了使变频器运行，必须满足以下条件：

① Drive（变频器地址）在 USS_CTRL 中必须被选为 Active（起动）。

② OFF2 和 OFF3 必须被设为 0。

③ Fault（故障）和 Inhibit（禁止）必须为 0。

6）当 RUN 为 OFF 时，会向变频器发出一条命令，将速度降低，直至电动机停止。OFF2 位用于允许变频器自由降速至停止。OFF3 用于命令变频器迅速停止。

7）Resp_R（收到应答）位确认收到变频器应答。对所有的起动变频器进行轮询，查找最新变频器状态信息。每次 S7-200 SMART 收到变频器应答时，Resp_R 位均会打开，进行一次扫描，所有数值均被更新。

8）F_ACK（故障确认）位用于确认变频器中的故障。当从 0 变为 1 时，变频器清除故障。

9）DIR（方向）位（"0/1"）用来控制电动机转动方向。

10）Drive（变频器地址）输入的是 MicroMaster 变频器的地址，向该地址发送 USS_CTRL 命令，有效地址为 0~31。

11）Type（变频器类型）输入选择的变频器类型。将 MicroMaster3（或更早版本）变频器的类型设为 0，将 MicroMaster 4 或 SINAMICS G110 变频器的类型设为 1。

12）Speed_SP（速度设定值）必须是一个实数，给出的数值是变频器的额定转速百分比还是绝对的频率值取决于变频器中的参数设置（如 MM440 的 P2009）。如为额定转速的百分比，则范围为 -200.0%~200.0%。Speed_SP 的负值会使变频器反向旋转。

13）Fault 表示故障位的状态（0=无错误，1=有错误），变频器显示故障代码（有关变频器信息，请参阅用户手册）。要清除故障位，需纠正引起故障的原因，并接通 F_ACK 位。

14）Inhibit 表示变频器上的禁止位状态（0=不禁止，1=禁止）。欲清除禁止位，Fault 位必须为 OFF，RUN、OFF2 和 OFF3 输入也必须为 OFF。

15）D_Dir（运行方向回馈）表示变频器的旋转方向。

16）Run_EN（运行模式回馈）表示变频器是在运行（1）还是停止（0）。

17）Speed（速度回馈）是变频器返回的实际运转速度值。若以额定转速百分比表示变频器速度，其范围为 -200.0%~200.0%。

18）Status 是变频器返回的状态字原始数值，MicroMaster 4 的标准状态字各数据位的含义如图 4-10 所示。

19）Error 是一个包含对变频器最新通信请求结果的错误字节。USS 指令执行错误代码定义了可能因执行指令而导致的错误条件。

20）Resp_R（收到的响应）位确认来自变频器的响应。对所有的起动变频器都要轮询最新的变频器状态信息。每次 S7-200 SMART PLC 接收到来自变频器的响应时，Resp_R 位就会接通一次扫描并更新一次所有相应的值。

（3）USS_RPM 指令

USS_RPM 指令用于读取变频器的参数，USS 有 3 条读指令。

1）USS_RPM_W 指令读取一个无符号字类型的参数。

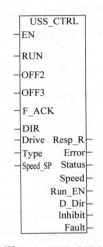

图 4-9　USS_CTRL 指令的梯形图

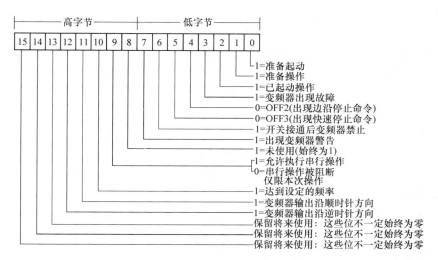

图 4-10　MicroMaster 4 的标准状态字各数据位的含义

2）USS_RPM_D 指令读取一个无符号双字类型的参数。

3）USS_RPM_R 指令读取一个浮点数类型的参数。

同时只能有一个读（USS_RPM）或写（USS_WPM）变频器参数的指令启动。当变频器确认接收命令或返回一条错误信息时，就完成了对 USS_RPM 指令的处理，在进行这一处理并等待响应到来时，逻辑扫描依然继续进行。USS_RPM 指令的梯形图如图 4-11 所示，USS_RPM 指令参数的类型如表 4-13 所示。

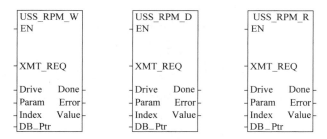

图 4-11　USS_RPM 指令的梯形图

表 4-13　USS_RPM 指令参数的类型

输入/输出	数据类型	操 作 数
XMT_REQ	Bool	I、Q、V、M、SM、S、L、T、C、上升沿有效
Drive	Byte	IB、QB、VB、MB、SMB、SB、LB、AC、*VD、*LD、*AC、常数
Param、Index	Word	IW、QW、VW、MW、SMW、SW、LW、AC、T、C、AIW、*VD、*LD、*AC、常数
DB_Ptr	Dword	&VB
Value	Word、Dword、Real	IW、QW、VW、MW、SMW、SW、LW、AC、T、C、AQW、ID、QD、VD、MD、SMD、SD、LD、*VD、*LD、*AC
Done	Bool	I、Q、V、M、SM、S、L、T、C
Error	Real	IB、QB、VB、MB、SMB、SB、LB、AC、*VD、*LD、*AC

指令说明如下：

1）一次仅限启用一条读取（USS_RPM）或写入（USS_WPM）指令。

2）EN 位必须为 ON，才能启用请求传送功能，并应当保持 ON，直到设置"完成"位，表示进程完成。例如，当 XMT_REQ 位为 ON，在每次扫描时向 MicroMaster 变频器传送一条 USS_RPM 请求。因此 XMT_REQ 输入应当通过一个脉冲方式打开。

3）Drive 中输入的是 MicroMaster 变频器的地址，USS_RPM 指令被发送至该地址。单台变频器的有效地址是 0~31。

4）Param 是参数号码。Index 是需要读取参数的索引值。Value 是返回的参数值。必须向 DB_Ptr 输入提供 16B 的缓冲区地址。该缓冲区被 USS_RPM 指令使用且存储向 MicroMaster 变频器发出的命令的结果。

5）当 USS_RPM 指令完成时，Done 输出为 ON，Error 输出字节和 Value 输出包含执行指令的结果。Error 和 Value 输出在 Done 输出打开之前无效。

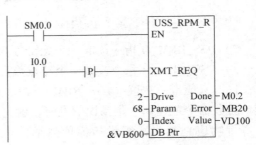

例如，如图 4-12 所示程序段为读取电动机的电流值（参数 r0068），由于此参数是一个实数，而参数读/写指令必须与参数的类型配合，因此选用实数型参数读功能块。

图 4-12　读参数功能块示意图

（4）USS_WPM 指令

USS_WPM 指令用于写变频器的参数，USS 有 3 条写入指令。

1）USS_WPM_W 指令写入一个无符号字类型的参数。

2）USS_WPM_D 指令写入一个无符号双字类型的参数。

3）USS_WPM_R 指令写入一个浮点数类型的参数。

USS_WPM 指令梯形图如图 4-13 所示，USS_WPM 指令参数的类型如表 4-14 所示。

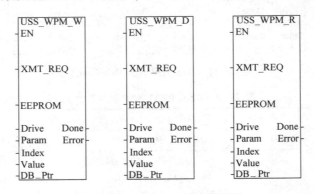

图 4-13　USS_WPM 指令梯形图

指令说明如下：

1）一次仅限启用一条写入（USS_WPM）指令。

2）当 MicroMaster 变频器确认收到命令或发送一个错误条件时，USS_WPM 事项完成。当该进程等待应答时，逻辑扫描继续执行。

表 4-14　USS_WPM 指令参数的类型

输入/输出	数据类型	操作数
XMT_REQ	Bool	I、Q、V、M、SM、S、L、T、C、上升沿有效
Drive	Byte	IB、QB、VB、MB、SMB、SB、LB、AC、*VD、*LD、*AC、常数
Param、Index	Word	IW、QW、VW、MW、SMW、SW、LW、AC、T、C、AIW、*VD、*LD、*AC、常数
DB_Ptr	Dword	&VB
Value	Word、Dword、Real	IW、QW、VW、MW、SMW、SW、LW、AC、T、C、AQW、ID、QD、VD、MD、SMD、SD、LD、*VD、*LD、*AC
EEPROM	Bool	I、Q、V、M、SM、S、L、T、C
Done	Bool	I、Q、V、M、SM、S、L、T、C
Error	Real	IB、QB、VB、MB、SMB、SB、LB、AC、*VD、*LD、*AC

3）EN 位必须为 ON，才能启用请求传送，并应当保持打开状态，直到设置 Done 位，表示进程完成。例如，当 XMT_REQ 位为 ON，在每次扫描时向 MicroMaster 变频器传送一条 USS_WPM 请求。因此 XMT_REQ 输入应当通过一个脉冲方式打开。

4）当变频器打开时，EEPROM 输入时启用对变频器的 RAM 和 EEPROM 的写入；当变频器关闭时，仅启用对 RAM 的写入。请注意该功能不支持 MM3 变频器，因此该输入必须关闭。

5）其他参数的含义及使用方法，请参考 USS_RPM 指令。

注意：在任一时刻 USS 主站内只能有一个参数读/写功能块有效，否则会出错。因此如果需要读/写多个参数（来自一个或多个变频器），在编程时必须进行读/写指令之间的轮流处理。

4.5　实训 15　电动机异地起停的 PLC 控制

4.5.1　实训目的——掌握自由口通信指令

1）了解通信的基础知识。
2）掌握自由口通信协议。
3）能使用自由口通信指令编写应用程序。

4.5.2　实训任务

用 PLC 实现两台电动机的异地控制。控制要求如下：按下本地的起动按钮和停止按钮，本地电动机起动和停止。按下本地控制远程电动机的起动按钮和停止按钮，远程电动机起动和停止。

4.5.3　实训步骤

1. I/O 分配

根据项目分析可知，异地起停控制 I/O 分配表如表 4-15 所示（可将本地站和远程站输入/输出地址分配一样，在此只给出本地站地址的 I/O 分配表）。

表 4-15　异地起停控制本地站地址 I/O 分配表

输 入		输 出	
输入继电器	元器件	输出继电器	元器件
I0. 0	本地起动 SB1	Q0. 0	交流接触器 KM
I0. 1	本地停止 SB2		
I0. 2	远程起动 SB3		
I0. 3	远程停止 SB4		
I0. 4	本地过载 FR		

2. PLC 硬件原理图

根据控制要求及表 4-15 的 I/O 分配表，异地起停控制本地站电路硬件原理图如图 4-14 所示（远程站的主电路及控制电路同本地站）。

3. 创建工程项目

创建一个工程项目，并命名为异地起停控制。

4. 编辑符号表

编辑符号表如图 4-15 所示。

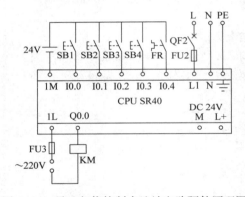

图 4-14　异地起停控制本地站电路硬件原理图　　　　图 4-15　符号表

5. 编写程序

根据要求，使用自由口通信指令编写的异地起停控制梯形图如图 4-16~图 4-19 所示。

6. 调试程序

将两台 PLC 的端口 0 通过带有网络连接头的 PROFIBUS 电缆相连，再将程序块下载到 PLC 中，启动程序监控功能。首先按下本地站的起动按钮 SB1 和停止按钮 SB2，观察本地站电起动是否能正常起停；然后按下控制远程站的起动按钮 SB3 和停止按钮 SB4，观察远程站电起动是否能正常起停；如能正常起停，同样在远程站进行同样的操作，观察两站电动机是否能正常起停，如能正常起停，则说明程序编写正确。

1 首次扫描时，初始化自由端口，选择8个数据位，选择无校验；
允许接收；
字符长度为1B；
I0.2的上升沿为中断0；
I0.3的上升沿为中断1；
接收单字符中断2；
允许中断

First_Scan_On:SM0.1

```
                    ┌─────────────────┐
                    │      MOV_B       │
                    │  EN        ENO   ├──╱
                    │                  │
           16#09 ───┤  IN        OUT   ├── P0_Config:SMB30
                    └─────────────────┘
                    ┌─────────────────┐
                    │      MOV_B       │
                    │  EN        ENO   ├──╱
                    │                  │
           16#B0 ───┤  IN        OUT   ├── P0_Ctrl_Rcv:SMB87
                    └─────────────────┘
                    ┌─────────────────┐
                    │      MOV_B       │
                    │  EN        ENO   ├──╱
                    │                  │
               1 ───┤  IN        OUT   ├── VB0
                    └─────────────────┘
                    ┌─────────────────┐
                    │      ATCH        │
                    │  EN        ENO   ├──╱
                    │                  │
        INT_0:INT0 ─┤  INT             │
               4 ───┤  EVNT            │
                    └─────────────────┘
                    ┌─────────────────┐
                    │      ATCH        │
                    │  EN        ENO   ├──╱
                    │                  │
        INT_1:INT1 ─┤  INT             │
               6 ───┤  EVNT            │
                    └─────────────────┘
                    ┌─────────────────┐
                    │      ATCH        │
                    │  EN        ENO   ├──╱
                    │                  │
        INT_2:INT2 ─┤  INT             │
               8 ───┤  EVNT            │
                    └─────────────────┘
                    ─( ENI )
```

2 对本地站电动机的起停控制

本地起动SB1:I0.0 本地停止SB2:I0.1 本地过载FR:I0.4 交流接触器KM:Q0.0
```
    ───┤ ├──────────────┤/├──────────────┤/├──────────────( )
   交流接触器KM:Q0.0
    ───┤ ├───
```

图 4-16 异地起停控制梯形图——主程序

1 对远程站电动机的起动信息存储在VB1中；
发送信息

Always_On:SM0.0
```
   ───┤ ├───┬──┌─────────────────┐
            │  │      MOV_B       │
            │  │  EN        ENO   ├──╱
            │  │                  │
            │ 1┤  IN        OUT   ├── VB1
            │  └─────────────────┘
            │  ┌─────────────────┐
            │  │      XMT         │
            └──┤  EN        ENO   ├──╱
               │                  │
        VB0 ───┤  TBL             │
          0 ───┤  PORT            │
               └─────────────────┘
```

图 4-17 异地起停控制梯形图——中断程序 0

1 对远程站电动机的停止信息存储在VB1中；
发送信息

Always_On:SM0.0
```
   ───┤ ├───┬──┌─────────────────┐
            │  │      MOV_B       │
            │  │  EN        ENO   ├──╱
            │  │                  │
            │ 0┤  IN        OUT   ├── VB1
            │  └─────────────────┘
            │  ┌─────────────────┐
            │  │      XMT         │
            └──┤  EN        ENO   ├──╱
               │                  │
        VB0 ───┤  TBL             │
          0 ───┤  PORT            │
               └─────────────────┘
```

图 4-18 异地起停控制梯形图——中断程序 1

1 SMB2接收到的字符为0时，停止本地站电动机

Receive_Char:SMB2 交流接触器KM:Q0.0
```
    ───┤==B├──────────────(R)
        0                   1
```

2 SMB2接收到的字符为1时，起动本地站电动机

Receive_Char:SMB2 交流接触器KM:Q0.0
```
    ───┤==B├──────────────(S)
        1                   1
```

图 4-19 异地起停控制梯形图——中断程序 2

4.5.4 实训交流——超长数据的发送和接收及多台设备之间的自由口通信

1. 超长数据的发送和接收

使用自由口通信指令每次只能发送和接收 255B 数据，那超过 255B 的数据如何使用自由口通信进行传输呢？若发送超过 255B 时，可将待发送的数据每 255B 使用发送指令 XMT 发送一次即可，但是在程序中会出现多条发送指令 XMT，若同时发送，则发送完成后都会产生同一事件号的中断事件，这样极易出现错误，这时最好使用定时器或定时器中断分别执行相应的发送指令 XMT。若接收超过 255B，也可通过每 255B 接收一次，但必须将对方发送数据的第一个字节作为发送数据区的标识符，在接收时通过比较指令将接收到的数据存储到相应的存储区中。

2. 多台设备之间的自由口通信

在总线网络上使用自由口通信时因不要求对方的站地址，那多台设备之间如何使用自由口通信呢？其实也很简单，同上所述只要将发送数据区的第一个数据作为发送数据区的标识符，虽然其他站都收到同样数据，但通过比较来确定此数据是否为本站接收的数据，若是，则将接收缓冲数据区的数据传送到指定的数据接收区；若不是，则不做任何处理即可。

4.5.5 实训拓展——使用接收中断实现电动机异地起停的 PLC 控制

训练 1：使用接收中断实现本项目的控制。

训练 2：控制要求同本项目，系统还要求本地站有远程站的运行指示。

4.6 实训 16 电动机同向运行的 PLC 控制

4.6.1 实训目的——掌握以太网通信指令

1）掌握以太网通信协议。
2）能使用以太网通信指令编写应用程序。
3）能使用 GET/PUT 指令向导生成用户程序。

4.6.2 实训任务

用 PLC 实现两台电动机的同向运行控制。控制要求如下：用本地按钮控制本地电动机的起动和停止。若本地电动机正向起动运行，则远程电动机只能正向起动运行；若本地电动机反向起动运行，则远程电动机只能反向起动运行。同样，若先起动远程电动机，则本地电动机也得与远程电动机运行方向一致。

4.6.3 实训步骤

1. I/O 分配

根据项目分析可知，同向运行控制 I/O 分配表如表 4-16 所示（可将本地站和远程站输入/输出地址分配一样，在此只给出本地站地址的 I/O 分配表）。

表 4-16 同向运行控制本地站 I/O 分配表

输 入		输 出	
输入继电器	元器件	输出继电器	元器件
I0.0	正向起动 SB1	Q0.0	正向接触器 KM1
I0.1	反向起动 SB2	Q0.1	反向接触器 KM2
I0.2	停止 SB3		
I0.3	热继电器 FR		

2. PLC 硬件原理图

根据控制要求及表 4-16 的 I/O 分配表，同向运行控制本地站电路硬件原理图如图 4-20 所示（远程站的主电路及控制电路同本地站）。

3. 创建工程项目

创建一个工程项目，并命名为同向运行控制。

4. 编辑符号表

编辑符号表如图 4-21 所示。

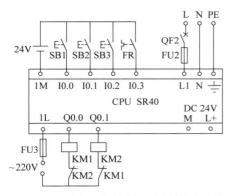

图 4-20 同向运行控制电路硬件原理图

图 4-21 符号表

5. 编写程序

根据要求，使用以太网通信指令编写的同向运行控制梯形图如图 4-22 和图 4-23 所示。

6. 调试程序

将两台 PLC 的以太网端口通过带有水晶头的以太网网线相连，再将程序块下载到 PLC 中，启动程序监控功能。首先按下本地站的正向起动按钮 SB1，正向起动本地站电动机，再按下远程站的反向起动按钮 SB2，观察电动机能否起动；再按下远程站的正向起动按钮 SB1，观察电动机能否起动；然后按下本地站的反向起动按钮 SB2，反向起动本地站电动机，再按下远程站的正向起动按钮 SB1，观察电动机能否起动；再按下远程站的反向起动按钮 SB2，观察电动机能否起动。同样，先起动远程站电动机，然后再起动本地站电动机，观察两站点的电动机是否只能同向起动。如能同向起动和运行，则说明程序编写正确。

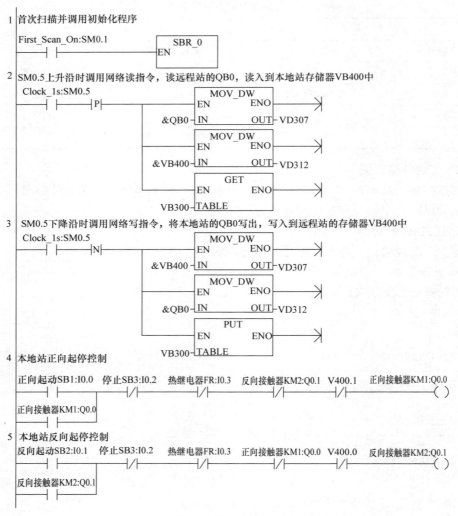

1 首次扫描并调用初始化程序

First_Scan_On:SM0.1 ─┤ ├─   SBR_0 EN

2 SM0.5上升沿时调用网络读指令，读远程站的QB0，读到到本地站存储器VB400中

Clock_1s:SM0.5 ─┤ ├─ ─┤P├─

MOV_DW
EN ENO
&QB0─IN OUT─VD307

MOV_DW
EN ENO
&VB400─IN OUT─VD312

GET
EN ENO
VB300─TABLE

3 SM0.5下降沿时调用网络写指令，将本地站的QB0写出，写入到远程站的存储器VB400中

Clock_1s:SM0.5 ─┤ ├─ ─┤N├─

MOV_DW
EN ENO
&VB400─IN OUT─VD307

MOV_DW
EN ENO
&QB0─IN OUT─VD312

PUT
EN ENO
VB300─TABLE

4 本地站正向起停控制

正向起动SB1:I0.0 停止SB3:I0.2 热继电器FR:I0.3 反向接触器KM2:Q0.1 V400.1 正向接触器KM1:Q0.0
─┤ ├─────┤/├─────┤/├─────┤/├─────┤/├──────( )

正向接触器KM1:Q0.0
─┤ ├─

5 本地站反向起停控制

反向起动SB2:I0.1 停止SB3:I0.2 热继电器FR:I0.3 正向接触器KM1:Q0.0 V400.0 反向接触器KM2:Q0.1
─┤ ├─────┤/├─────┤/├─────┤/├─────┤/├──────( )

反向接触器KM2:Q0.1
─┤ ├─

图 4-22　同向运行控制梯形图——主程序

4.6.4　实训交流——用 GET/PUT 向导生成客户机的通信程序

直接用 GET/PUT 指令编程既烦琐又容易出错，S7-200 SMART 提供了 GET/PUT 指令向导，可方便用户快速实现以太网通信程序。

用 GET/PUT 向导建立的连接为主动连接，CPU 是 S7 通信的客户机。通信伙伴作为 S7 通信的客户机时，S7-200 SMART 是 S7 通信的服务器，不需要用 GET/PUT 指令向导组态，建立的连接是被动连接。

使用向导创建的步骤如下：

1）打开向导。

双击项目树的"向导"文件夹的"GET/PUT"，或双击"工具"中的"GET/PUT"图标，打开"GET/PUT 向导"对话框，如图 4-24 所示。

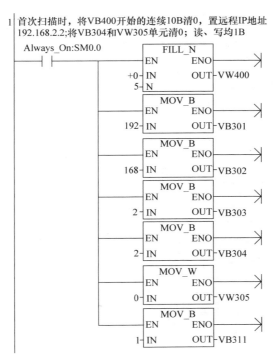

图 4-23　同向运行控制梯形图——初始化子程序

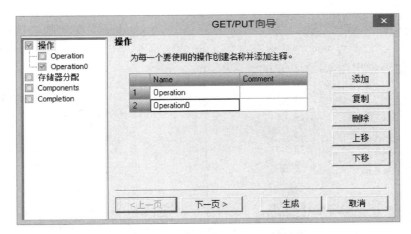

图 4-24　"GET/PUT 向导" 对话框

2）添加操作。

打开向导对话框时，只有一个默认的操作（Operation），如果使用时既需要 GET 操作又需要 PUT 操作时，或需要多次 GET 操作或 PUT 操作时，就在图 4-24 的对话框中单击 "添加" 按钮，添加相应的操作次数。可以为每一条操作添加注释，该向导最多允许组态 24 项独立的网络操作。可以组态对具有不同 IP 地址的多个通信伙伴的读、写操作。然后单击 "下一页" 按钮，弹出图 4-25 所示的对话框。

3）组态读操作。

在图 4-25 中，在 "类型" 选项中选择 "GET"，即组态 "读操作"，在传送大小（字节）

栏中输入需要读的字节，在此设为"2"；远程 CPU 的 IP 地址，在此设为"192.168.2.10"；

本地站和远程站保存数据的起始地址分别为 VB100 和 VB300。然后单击"下一页"按钮，弹出图 4-26 所示的对话框。

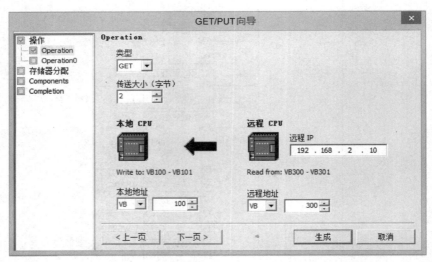

图 4-25　组态读操作

4）组态写操作。

在图 4-26 中，在"类型"选项中选择"PUT"，即"写操作"，在传送大小（字节）栏中输入需要写的字节，在此设为"2"；远程 CPU 的 IP 地址，在此则与读操作一致，即"192.168.2.10"；本地站和远程站保存数据的起始地址分别为 VB300 和 VB100。然后单击"下一页"按钮，弹出图 4-27 所示的对话框。

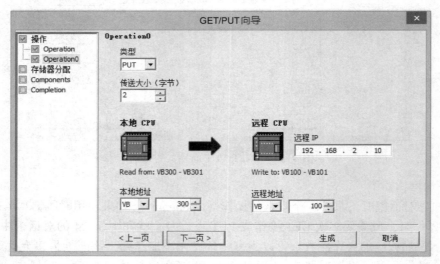

图 4-26　组态写操作

5）存储器分配。

在图 4-27 中，设置存储器分配地址，用来保存组态数据的 V 存储区的起始地址，可单击"建议"按钮，采用系统生成的地址，也可以手动输入，在此存储器分配的起始地址设为 VB500，共需 43B。然后单击"下一页"按钮，弹出图 4-28 所示的对话框。

图 4-27 存储器分配

6）组件。

在图 4-28 中，可以看到要求的组态的项目组件的默认名称。然后单击"下一页"按钮，弹出图 4-29 所示的对话框。

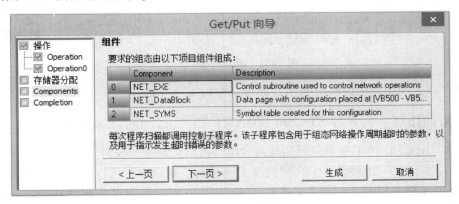

图 4-28 组件操作界面

7）生成代码。

在图 4-29 中，单击"生成"按钮，自动生成用于子程序 NET_EXT、保存组态数据的数据页 NET_DataBlock 和符号表 NET_SYMS。

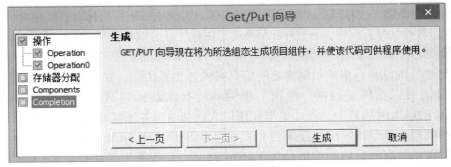

图 4-29 组态完成操作界面

8）调用子程序 NET_EXE。

向导完成后，在主程序 MAIN 中需使用 SM0.0 的常开触点，调用指令树的文件夹"程序块\向导"中的 NET_EXE（见图 4-30），该子程序执行用 GET/PUT 向导配置的网络读/写功能。INT 型参数"超时"为 0 表示不设置超时定时器，为 1 个数值（1~32 767）表示以秒为单位的超时时间，每次完成所有的网络操作时，都会切换 BOOL 变量"周期"的状态。BOOL 变量"错误"为 0 时表示没有错误，为 1 时表示有错误，错误代码在 GET/PUT 指令定义的表格的状态字中。

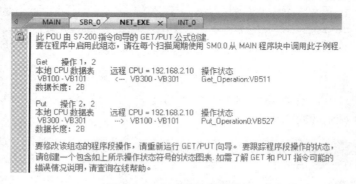

图 4-30　调用子程序 NET_EXE

双击文件夹"\程序块\向导"中的 NET_EXE，可查看组态相关信息，如图 4-31 所示。

图 4-31　组态的相关信息

二维码 4-1

视频"以太网向导的使用"可通过扫描二维码 4-1 播放。

4.6.5　实训拓展——3 台 S7-200 SMART PLC 之间的以太网通信

训练 1：用 GET/PUT 指令向导实现两台电动机的同向运行控制。

训练 2：3 台 S7-200 SMART 之间的以太网通信。要求甲、乙、丙机都为电动机，甲机的 I0.0 和 I0.1 使乙机起动和停止，乙机的 I0.1 和 I0.2 控制丙机的起动和停止运行，丙机的 I1.0 和 I1.1 控制甲机的起动和停止。

4.6.6　实训进阶——呼叫信号及派梯信息的传送控制

任务：呼叫信号及派梯信息的传送控制。

THJDDT-5 型电梯模型群控时采用外呼的统一管理，由主梯（在程序中定义主梯和副梯）进行计算，以距离优先、时间优先等原则进行派梯。无论主梯还是副梯有外呼信号时，主梯都得接收到这个外呼信号；同样，若有外呼信号时，主梯计算后得出派副梯响应的信息，在这种情况下，副梯需把本梯的外呼信息传送给主梯，主梯把指派副梯响应外呼的信息传送给副梯。

根据上述分析可知，主梯和副梯之间信息必须能相互传送，在此电梯模型中信息之间的相互传送是通过以太网进行的。使用一根两端接有水晶头的网线分别插入两台 S7-200 SMART PLC 的以太网插口中，在此要求使用以太网指令向导来实现它们之间的数据通信。

将电梯模型中 6 个外呼按钮连接到 PLC 的扩展模块 EM DR32 的输入端 I8.0~I8.5，由主梯计算后得出派副梯响应的位信号为 V8.0~V8.5。此任务主要是把副梯的 I8.0~I8.5 位信息和主梯的 V8.0~V8.5 位信息进行相互传送（在此，不讨论主梯如何通过计算得出指派副梯响应信息）。

根据上述要求，在此使用以太网指令 GET/PUT 向导完成此任务（还可以继续使用 GET/PUT 指令编写通信程序），向导中将副梯 PLC 中 IB8 数据传送给主梯 PLC 的 VB18，将主梯 PLC 中 VB8 数据传送给副梯 PLC 的 VB18，最后在主梯 PLC 的主程序中调用以太网指令 GET/PUT 向导生成的子程序，如图 4-32 所示（通信"超时"时间设为 0，"周期"状态位设为 V0.0，"错误"状态位设为 V0.1）。使用以太网指令 GET/PUT 向导创建本任务的步骤如下：

1）打开 GET/PUT 指令向导；

2）在指令向导对话框中两次单击"GET/PUT 向导"对话框中的"添加"按钮，添加两个操作（操作名称可修改）；

3）选择第一个"操作"，单击"下一页"按钮，在弹出的"Get/Put"对话框中的"类型"选项中选择"GET"；在"传送大小（字节）"选项中输入"1"；若本机 CPU 的 IP 地址为"192.168.2.1"，将远程 CPU 的 IP 地址改为"192.168.2.x（x 属于 2~254 中任一个值）"；在"本地地址"栏中选择"VB18"；将"远程地址"栏改为"IB8"；

4）设置完上述内容后单击"Get/Put"对话框中"下一页"按钮，在弹出的"Get/Put"对话框中的"类型"选项中选择"PUT"；在"传送大小（字节）"选项中输入"1"；在"本地地址"栏中选择"VB8"；将"远程地址"栏改为"VB18"；

5）设置完上述内容后单击"Get/Put""下一页"按钮，在弹出的"Get/Put"对话框中单击"建议"按钮，此时系统自动指定在数据块中放置上述组态的起始地址，共 43B 大小。在项目编程时，此范围内的地址不能使用；

6）单击"Get/Put""下一页"按钮，在弹出的对话框中可以看到使用 GET/PUT 指令向导所生成的组态的组件组成；

7）单击"Get/Put""下一页"按钮，在弹出的"生成"对话框中，单击"生成"按钮，便可生成本任务的项目代码。

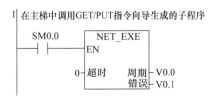

图 4-32　主副梯间呼叫及派梯信息的传送控制程序

4.7　实训 17　电动机速度的 PLC 控制

4.7.1　实训目的——掌握 USS 通信指令

1）了解 USS 通信。

2）掌握 USS 通信指令的应用。

3）掌握 PLC 与变频器的电气连接及通信程序的编写。

4.7.2 实训任务

用 PLC 实现由变频器驱动的传输链速度控制。控制要求如下：按下起动按钮后传输链电动机起动，并以 20 Hz 运行。在系统起动后，若长按速度设置按钮 3 s 及以上可进入速度设置状态，此时通过"增速"或"减速"按钮来调节传输链的运行速度，每按一次，传输链运行速度增加或减少 2 Hz，速度调节按钮按下的时间若超过 3 s，则系统自动退出速度设置状态。系统下次起动后仍以 20 Hz 运行。无论何时按停止按钮，传输链电动机停止运行。

4.7.3 实训步骤

1. I/O 分配

根据项目分析可知，电动机速度控制 I/O 分配表如表 4-17 所示。

表 4-17 电动机速度控制 I/O 分配表

输　入		输　出	
输入继电器	元器件	输出继电器	元器件
I0.0	起动按钮 SB1	Q0.0	交流接触器 KM
I0.1	停止按钮 SB2		
I0.2	速度设置按钮 SB3		
I0.3	增速按钮 SB4		
I0.4	减速按钮 SB5		

2. PLC 硬件原理图

根据控制要求及表 4-17 的 I/O 分配表，电动机速度控制硬件原理图如图 4-33 所示（此项目变频器采用西门子 MM440）。

3. 创建工程项目

创建一个工程项目，并命名为电动机速度控制。

4. 编辑符号表

编辑符号表如图 4-34 所示。

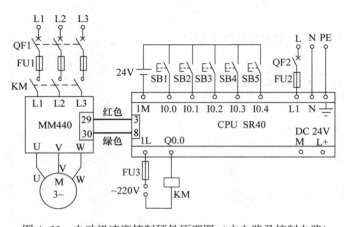

图 4-33 电动机速度控制硬件原理图（主电路及控制电路）

图 4-34 符号表

222

5. 编写程序

根据要求，使用 USS 以太网通信指令编写的电动机速度控制梯形图如图 4-35 所示。

6. 变频器的参数设置

在将变频器连接到 PLC 并使用 USS 进行通信以前，必须对变频器的有关参数进行设置。设置步骤如下：

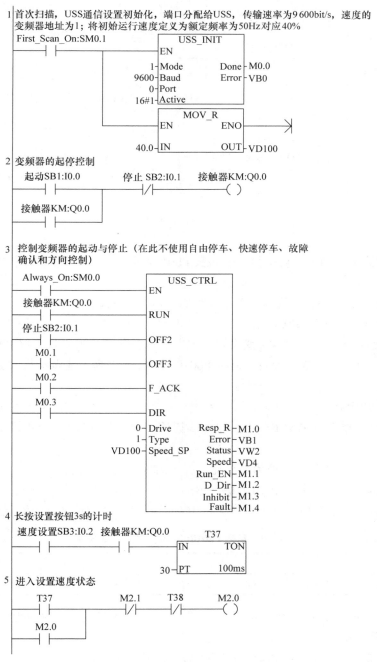

图 4-35　电动机速度控制梯形图

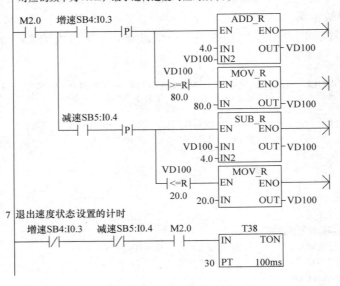

图 4-35 电动机速度控制梯形图（续）

1）将变频器恢复到工厂设定值，令参数 P0010＝30（工厂的设定值），P0970＝1（参数复位）。

2）令参数 P0003＝3，允许读/写所有参数（用户访问级为专家级）。

3）用 P0304、P0305、P0307、P0310 和 P0311 分别设置电动机的额定电压、额定电流、额定功率、额定频率和额定转速（要设置上述电动机参数，必须先将参数 P0010 设为 1，即快速调试模式，当完成参数设置后，再将 P0010 设为 0。因为上述电动机参数只能在快速调试模式下修改）。

4）令参数 P0700＝5，选择命令源为远程控制方式，即通过 RS-485 的 USS 通信接收命令。令 P1000＝5，设定源来自 RS-485 的 USS 通信，使其允许通过 COM 链路的 USS 通信发送频率设定值。

5）P2009 为 0 时频率设定值为百分比，为 1 时为绝对频率值。

6）根据表 4-18 设置参数 P2010[0]（RS-485 串行接口的传输速率），这一参数必须与 PLC 主站采用的传输速率相一致，如本项目中 PLC 和变频器的传输速率都设为 9 600 bit/s。

表 4-18　参数 P2010[0] 与传输速率的关系

参数值	4	5	6	7	8	9	12
传输速率/(bit/s)	2 400	4 800	9 600	19 200	38 400	57 600	115 200

7）设置从站地址 P2011[0]＝0～31，这是为变频器指定的唯一从站地址，本项目中变频器的站地址设为 0。

8）P2012[0]＝2，即 USS PZD（过程数据）区长度为 2B。

9）串行链路超时时间 P2014[0]＝0～65 535 ms，是两个输入数据报文之间的最大允许

224

时间间隔。收到了有效的数据报文后，开始定时。如果在规定的时间间隔内没有收到其他资料报文，变频器跳闸并显示错误代码 F0008。将该值设定为 0，将断开控制。

10）基准频率 P2000 = 1~650，单位为 Hz，默认值为 50，是串行链路或模拟 I/O 输入的满刻度频率设定值。

11）设置斜坡上升时间（可选）P1120 值在 1~650.00 之间，这是一个以秒（s）为单位的时间，在这个时间内，电动机加速到最高频率，在此设为 3 s。

12）设置斜坡下降时间（可选）P1121 值在 1~650.00 之间，这是一个以秒（s）为单位的时间，在这个时间内，电动机减速到完全停止，在此设为 3 s。

13）P0971 = 1，设置的参数保存到 MM440 的 E^2PROM 中。

14）退出参数设置方式，返回运行显示状态。

7. 调试程序

将 PLC 与变频器用 PROFIBUS 电缆相连，带有总线连接器的一头插入 PLC 的 RS-485 通信端口 0，不带总线连接器另一头的红色线与变频器 29 号端子相连，绿色线与变频器 30 号端子相连；再将程序块下载到 PLC 中，启动程序监控功能。首先按下起动按钮，观察电动机能否起动，运行频率是否为 20 Hz；长按设置速度按钮 3 s 以上，然后再调节速度增加或速度减少按钮，观察变频器的输出频率是否有变化，而且最大运行频率为 40 Hz，最小运行频率为 10 Hz；再按下停止按钮，观察电动机是否在按下停止按钮后停止运行。若调试现象与控制要求相同，则说明程序编写正确。

4.7.4 实训交流——轮流读/写变频器参数及 USS 通信的 V 存储区地址分配

1. 轮流读/写变频器参数

USS 协议规定，一次仅限启动一条读取（USS_RPM_X）或写入（USS_WPM_X）指令，在实际应用中常常需要读取多条参数或写入多条参数，那又如何编程实现多条读/写呢？可通过轮流的方法进行读取或写入，其方法如下：如果只读写两个参数时，可使用 SM0.5 和边沿指令相结合的方法，即在读或写第一个参数时用 SM0.5 上升沿，在读或写第二个参数时用 SM0.5 下降沿；如果需要读写两个以上参数时，可结合定时器进行读写，或设置指令轮替功能。通过上述方法可轮流读写变频器有关参数。

2. USS 的 V 存储区地址分配

在使用 USS 通信时，系统需要将一个 V 存储区地址分配给 USS 全局符号表中的第一个存储单元。所有其他地址都将自动地分配，总共需要 400 个连续字节。如果不分配 V 存储区地址给 USS，在程序编辑时将会出现若干错误，那该如何解决呢？当执行"编译"功能时，在编程的输出窗口将显示在哪个网络、哪行、相应的错误号及共有多少个错误，并提示："未为库分配 V 存储区"。对指令树中程序块右击，在弹出的快捷菜单项目中选择"库存储区..."，这时必须给相应指令分配 V 存储区地址，可按上述提示进行操作：右击指令树中的"程序块"，这时会出现一个对话框，选择"库存储区"，在弹出的对话框中单击"建议地址"后，单击"确定"按钮即可。这种方法同样适用于其他通信协议或指令需要分配 V 存储区地址的情况。

4.7.5 实训拓展——用 USS 通信实现电动机的正反转控制

训练 1：用 USS 通信读/写指令读写本项目中变频器的相关参数，要求读取变频器的直流回路电压实际值（参数 r0026）和将变频器的斜坡下降时间（参数 P1121）改为 3.0 s。

训练 2：用 USS 通信实现电动机的正反转控制，要求系统起动后，若电动机正转，则运行频率为 30 Hz，若电动机反转，则运行频率为 20 Hz。

4.8 习题与思考

1. 通信方式有哪几种？何谓并行通信和串行通信？
2. PLC 可与哪些设备进行通信？
3. 何谓单工、半双工和全双工通信？
4. 西门子 PLC 与其他设备通信的传输介质有哪些？
5. 通信端口 RS-485 接口每个针脚的作用是什么？
6. RS-485 半双工通信串行字符通信的格式可以包括哪几位？
7. 西门子 PLC 的常见通信方式有哪几种？
8. 自由口通信涉及哪些特殊寄存器？
9. 自由口通信涉及哪些中断事件？
10. 西门子 PLC 通信的常用传输速率有哪些？
11. S7-200 SMART 的 S7 单向通信中何为客户机？何为服务器？
12. GET 和 PUT 指令 TABLE 参数数据表格式是什么？
13. USS 协议的全称是什么？使用 USS 通信的优点有哪些？
14. 西门子 PLC 与变频器在使用 USS 通信时，硬件线路如何连接？
15. 使用自由口通信使本地站的 I0.0~I0.7 控制远程站的 Q0.0~Q0.7，远程站的 I0.0~I0.7 控制本地站的 Q0.0~Q0.7。
16. 使用 GET/PUT 向导生成 S7 通信的客户机的通信子程序，要求客户机的 I0.0~I0.7 控制服务器的 Q0.0~Q0.7，用服务器的 I0.0~I0.7 控制客户机的 Q0.0~Q0.7。

第5章　顺序控制系统的编程及应用

5.1　顺序控制系统

5.1.1　顺序控制

在工业应用现场中诸多控制系统的加工工艺有一定的顺序性，它是按照生产工艺预先规定的顺序，在各个输入信号的作用下，根据内部状态和时间的顺序，在生产过程中各个执行机构自动地、有秩序地进行操作，这样的控制系统称为顺序控制系统。采用顺序控制设计法很容易被初学者接受，对于有经验的工程师，也会提高设计的效率，对程序的调试、修改和阅读也很方便。

图 5-1 为机械手搬运工件的动作过程：在初始状态下（步 S0）若在工作台 E 点处检测到有工件，则机械手下降（步 S1）至 D 点处，然后开始夹紧工件（步 S2），夹紧时间为 3 s，机械手上升（步 S3）至 C 点处，手臂向左伸出（步 S4）至 B 点处，然后机械手下降（步 S5）至 D 点处，释放工件（步 S5），释放时间为 3 s，将工件放在工作台的 F 点处，机械手上升（步 S6）至 C 点处，手臂向右缩回（步 S7）至 A 点处，至此一个工作循环结

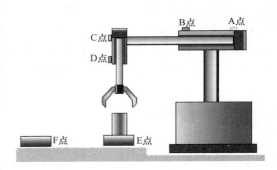

图 5-1　机械手动作过程——顺序动作示例

束。若再次检测到工作台 E 点处有工件，则又开始下一工作循环，周而复始。

从以上描述可以看出，机械手搬运工件过程是由一系列步（S）或功能组成，这些步或功能按顺序由转换条件激活，这样的控制系统就是最为典型的顺序控制系统，或称为步进系统。

5.1.2　顺序控制系统的结构

一个完整的顺序控制系统由 4 个部分组成：方式选择、顺控器、命令输出和故障及运行信号，如图 5-2 所示。

1. 方式选择

方式选择部分主要处理各种运行方式的条件和封锁信号。运行方式是在操作台上通过选择开关或按钮进行设置和显示。设置的结果形成使能信号或封锁信号，并影响"顺控器"和"命令输出"部分的工作。基本的运行方式有以下几种。

1）自动方式：在该方式下，系统将按照顺控器中确定的控制顺序，自动执行各控制环节的功能，一旦系统起动就不再需要操作人员的干预，但可以响应停止和急停操作。

2）单步方式：在该方式下，系统在操作人员的控制下，依据控制按钮一步一步地完成整个系统的功能，但并不是每一步都需要操作人员确认。

3）键控方式：在该方式下，各执行机构（输出端）动作需要由手动控制实现，不需要 PLC 程序。

2. 顺控器

顺控器是顺序控制系统的核心，是实现按时间顺序控制工业生产过程的一个控制装置。这里所讲的顺控器专指用 S7-GRAPH 语言或 LAD 语言编写的一段 PLC 控制程序，使用顺序功能图描述控制系统的控制过程、功能和特性。

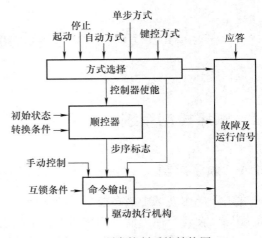

图 5-2　顺序控制系统结构图

3. 命令输出

命令输出部分主要实现控制系统各控制步的具体功能，如驱动执行机构。

4. 故障及运行信号

故障及运行信号部分主要处理控制系统运行过程中的故障及运行状态，如当前系统工作于哪种方式、已经执行到哪一步、工作是否正常。

5.2　顺序功能图

5.2.1　顺序控制设计法

1. 顺序控制设计法的基本思想

将系统的一个工作周期划分为若干个顺序相连的阶段，这些阶段称为步（Step），并用编程元件（如位存储器 M）来代表各步。在任何一步之内，输出量的状态保持不变，这样使步与输出量的逻辑关系变得十分简单。

2. 步的划分

根据输出量的状态来划分步，只要输出量的状态发生变化就在该处划出一步，如图 5-1 所示，共分为 8 步。

3. 步的转换

系统不能总停在一步内工作，从当前步进入到下一步称为步的转换，这种转换的信号称为转换条件。转换条件可以是外部输入信号，也可以是 PLC 内部信号或若干个信号的逻辑组合。顺序控制设计就是用转换条件去控制代表各步的编程元件，让它们按一定的顺序变化，然后用代表各步的元件去控制 PLC 的各输出位。

5.2.2　顺序功能图的结构

顺序功能图（Sequential Function Chart）是描述控制系统的控制过程、功能和特性的一种图形，也是设计 PLC 的顺序控制程序的有力工具。它涉及所描述的控制功能的具体技术，是一种通用的技术语言。在 IEC 的 PLC 编程语言标准（IEC 61131-3）中，顺序功能图被确定为 PLC 位居首位的编程语言。现在还有相当多的 PLC（包括 S7-200PLC）没有配备顺序功能图语言，但是可以用顺序功能图来描述系统的功能，根据它来设计梯形图程序。

顺序功能图主要由步、有向连线、转换、转换条件和动作（或命令）组成。

1. 步

步表示系统的某一工作状态，用矩形框表示，方框中可以用数字表示该步的编号，也可以用代表该步的编程元件的地址作为步的编号（如 M0.0），这样在根据顺序功能图设计梯形图时较为方便。

2. 初始步

初始步表示系统的初始工作状态，用双线框表示，初始状态一般是系统等待起动命令的相对静止的状态。每一个顺序功能图至少应该有一个初始步。

3. 与步对应的动作或命令

在每一步内把状态为 ON 的输出位表示出来，即为与步对应的动作或命令。可以将一个控制系统划分为被控系统和施控系统。对于被控系统，在某一步要完成某些"动作"（action）；对于施控系统，在某一步要向被控系统发出某些"命令"（command）。

为了方便，以后将命令或动作统称为动作，也用矩形框中的文字或符号表示，该矩形框与对应的步相连表示在该步内的动作，并放置在步序框的右边。在每一步之内只标出状态为 ON 的输出位，一般用输出类指令（如输出、置位、复位等）。步相当于这些指令的子母线，这些动作命令平时不被执行，只有当对应的步被激活才被执行。

如果某一步有几个动作，可以用图 5-3 中的两种画法来表示，但是并不隐含这些动作之间的任何顺序。

4. 有向连线

有向连线把每一步按照它们成为活动步的先后顺序用直线连接起来。

图 5-3 动作

5. 活动步

活动步是指系统正在执行的那一步。步处于活动状态时，相应的动作被执行，即该步内的元件为 ON 状态；处于不活动状态时，相应的非存储型动作被停止执行，即该步内的元件为 OFF 状态。有向连线的默认方向由上至下，凡与此方向不同的连线均应标注箭头表示方向。

6. 转换

转换用有向连线上与有向连线垂直的短画线来表示，将相邻两步分隔开。步的活动状态的进展是由转换的实现来完成的，并与控制过程的发展相对应。

转换实现的条件：该转换所有的前级步都是活动步，且相应的转换条件得到满足。

转换实现后的结果：使该转换的后续步变为活动步，前级步变为不活动步。

7. 转换条件

使系统由当前步进入到下一步的信号称为转换条件。转换是一种条件，当条件成立时，称为转换使能。该转换如果能够使系统的状态发生转换，则称为触发。转换条件是指系统从一个状态向一个状态转移的必要条件。

转换条件是与转换相关的逻辑命令，转换条件可以用文字语言、布尔代数表达式或图形符号标注在表示转换的短画线旁边，使用最多的是布尔代数表达式。

在顺序功能图中，只有当某一步的前级步是活动步时，该步才有可能变成活动步。如果用没有断电保持功能的编程元件代表各步，进入 RUN 工作方式时，它们均处于 0 状态，必须在开机时将初始步预置为活动步，否则因顺序功能图中没有活动步，系统将无法工作。

绘制顺序功能图应注意以下几点：

1）步与步不能直接相连，要用转换隔开。

2）转换也不能直接相连，要用步隔开。

3）初始步描述的是系统等待起动命令的初始状态，通常在这一步里没有任何动作。但是初始步是不可不画的，因为如果没有该步，无法表示系统的初始状态，系统也无法返回停止状态。

4）自动控制系统应能多次重复完成某一控制过程，要求系统可以循环执行某一程序，因此顺序功能图应是一个闭环，即在完成一次工艺过程的全部操作后，应从最后一步返回初始步，系统停留在初始状态（单周期操作）；在连续循环工作方式下，系统应从最后一步返回下一工作周期开始运行的第一步。

5.2.3 顺序功能图的类型

顺序功能图主要用 3 种类型：单序列、选择序列和并行序列。

1. 单序列

单序列由一系列相继激活的步组成，每一步的后面仅有一个转换，每一个转换的后面只有一个步，如图 5-4a 所示。

2. 选择序列

选择序列的开始称为分支，转换符号只能标在水平连线之下，如图 5-4b 所示。步 5 后有两个转换 h 和 k 所引导的两个选择序列，如果步 5 为活动步并且转换条件 h 为 ON，则步 8 被触发；如果步 5 为活动步并且转换条件 k 为 ON，则步 10 被触发。一般只允许选择一个序列。

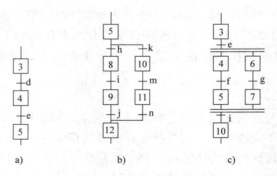

图 5-4　顺序功能图类型

a）单序列　b）选择序列　c）并行序列

选择序列的合并是指几个选择序列合并到一个公共序列。此时，用需要重新组合的序列相同数量的转换符号和水平连线来表示，转换符号只允许在水平连线之上。图 5-4b 中如果步 9 为活动步并且转换条件 j 为 ON，则步 12 被触发；如果步 11 为活动步并且转换条件 n 为 ON，则步 12 也被触发。

3. 并行序列

并行序列用来表示系统的几个同时工作的独立部分情况。并行序列的开始称为分支，如图 5-4c 所示。当转换的实现导致几个序列同时激活时，这些序列称为并行序列。当步 3 是活动步并且转换条件 e 为 ON，步 4、步 6 这两步同时变为活动步，同时步 3 变为不活动步。为了强调转换的实现，水平连线用双线表示。步 4、步 6 被同时激活后，每个序列中活动步的进展将是独立的。在表示同步的水平双线上，只允许有一个转换符号。并行序列的结束称为合并，在表示同步水平双线之下，只允许有一个转换符号。当直接连在双线上的所有前级步（步 5、步 7）都处于活动状态，并且转换条件 i 为 ON 时，才会发生步 5、步 7 到步 10 的进展，步 5、步 7 同时变为不活动步，而步 10 变为活动步。

视频"顺序功能图"可通过扫描二维码 5-1 播放。

二维码 5-1

5.3　顺序功能图的编程方法

根据控制系统的工艺要求画出系统的顺序功能图后，若 PLC 没有配备顺序功能图语言，则必须将顺序功能图转换成 PLC 执行的梯形图程序（S7-300 PLC 配备有顺序功能图语言）。将顺序功能图转换成梯形的方法主要有两种，分别是采用起保停电路设计方法和采用置位（S）与复位（R）指令的设计方法。

5.3.1　起保停设计法

起保停电路仅仅使用与触点和线圈有关的指令，任何一种 PLC 的指令系统都有这一类指令，因此这是一种通用的编程方法，可以用于任意型号的 PLC。

图 5-5a 给出了自动小车运动的示意图。当按下起动按钮时，小车由原点 SQ0 处前进（Q0.0 动作）到 SQ1 处，停留 2s 返回（Q0.1 动作）到原点，停留 3s 后前进至 SQ2 处，停留 2s 后返回到原点。当再次按下起动按钮时，重复上述动作。

设计起保停电路的关键是找出它的起动条件和停止条件。根据转换实现的基本规则，转换实现的条件是它的前级步为活动步，并且满足相应的转换条件。在起保停电路中，则应将代表前级步的存储器位 Mx.x 的常开触点和代表转换条件的如 Ix.x 的常开触点串联，作为控制下一位的起动电路。

图 5-5b 给出了自动小车运动顺序功能图，当 M0.1 和 SQ1 的常开触点（I0.2）均闭合时，步 M0.2 变为活动步，这时步 M0.1 应变为不活动步，因此可以将 M0.2 为 ON 状态作为使存储器位 M0.1 变为 OFF 的条件，即将 M0.2 的常闭触点与 M0.1 的线圈串联。上述的逻辑关系可以用逻辑代数式表示如下。

$$M0.1 = (M0.0 \cdot I0.0 + M0.1) \cdot \overline{M0.2}$$

根据上述的编程方法和顺序功能图，很容易画出梯形图如图 5-5c 所示。

顺序控制梯形图输出电路部分的设计：由于步是根据输出变量的状态变化来划分的，它们之间的关系极为简单，可以分为两种情况来处理。其一某输出量仅在某一步为 ON，则可

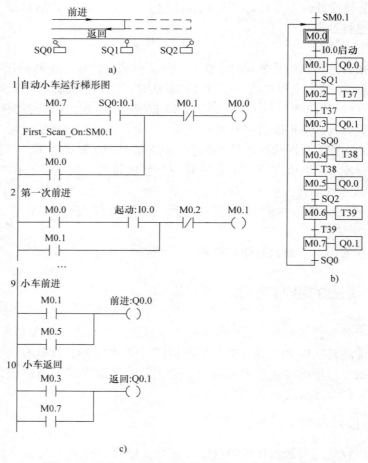

图 5-5 自动小车运动示意图、顺序功能图、梯形图

a) 小车运动示意图 b) 小车运动顺序功能图 c) 小车运动梯形图

以将它原线圈与对应步的存储器位 M 的线圈相并联;其二如果某输出在几步中都为 ON,应将使用各步的存储器位的常开触点并联后,驱动其输出的线圈,如图 5-5c 中程序段 9 和程序段 10 所示。

5.3.2 置位/复位指令设计法

1. 使用 S、R 指令设计顺序控制程序

在使用 S、R 指令设计顺序控制程序时,将各转换的所有前级步对应的常开触点与条件转换对应的触点或电路串联,该串联电路即起保停电路中的起动电路,用它作为使所有后续步置位(使用 S 指令)和使所有前级步复位(使用 R 指令)的条件。在任何情况下,各步的控制电路都可以用这一原则来设计,每一个转换对应一个这样的控制置位和复位的电路块,有多少个转换就有多少个这样的电路块。这种设计方法特别有规律可循,梯形图与转换实现的基本规则之间有着严格的对应关系,在设计复杂的顺序功能图的梯形图时,既容易掌握,又不容易出错。

2. 使用 S、R 指令设计顺序功能图的方法

（1）单序列的编程方法

某组合机床的动力头在初始状态时停在最左边，限位开关 I0.1 为 ON 状态，按下起动按钮 I0.0，动力头的进给运动如图 5-6a 所示，工作一个循环后，返回并停在初始位置。控制电磁阀的 Q0.0、Q0.1 和 Q0.2 在各工步的状态如图 5-6b 的顺序功能图所示。

顺序功能图 5-6b 中 I0.2 对应的转换需要同时满足两个条件，即该步的前级步是活动步（M0.1 为 ON）和转换条件满足（I0.2 为 ON）。在梯形图中，可以用 M0.1 和 I0.2 的常开触点组成的串联电路来表示上述条件。该电路接通时，两个条件同时满足。此时应将该转换的后续步变为活动步，即用置位指令"S M0.2，1"将 M0.2 置位；还应将该转换的前级步变为不活动步，即用复位指令"R M0.1，1"将 M0.1 复位。

使用这种编程方法时，不能将输出位的线圈与置位指令和复位指令并联，这是因为图 5-6 中控制置位、复位的串联电路接通的时间只有一个扫描周期，转换条件满足后前级步马上被复位，该串联电路断开，而输出位的线圈至少应该在某一步对应的全部时间内被接通。所以应根据顺序功能图，用代表步的存储器位的常开触点或它们的并联电路来驱动输出位的线圈。

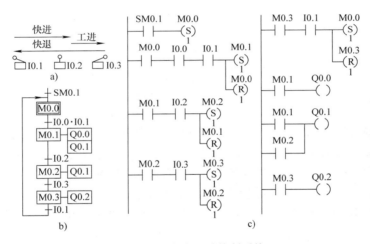

图 5-6　动力头运动控制系统

a）运动示意图　b）顺序功能图　c）梯形图

（2）并行序列的编程方法

图 5-7 所示是一个并行序列的顺序功能图，采用 S、R 指令进行并行序列控制程序设计的梯形图如图 5-8 所示。

1）并行序列分支的编程。

在图 5-7 中，步 M0.0 之后有一个并行序列的分支。当 M0.0 是活动步，并且转换条件 I0.0 为 ON 时，步 M0.1 和步 M0.3 应同时变为活动步，这时用 M0.0 和 I0.0 的常开触点串联电路使 M0.1 和 M0.3 同时置位，用复位指令使步 M0.0 变为不活动步，如图 5-8 所示。

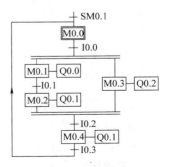

图 5-7　并行序列的顺序功能图

2）并行序列合并的编程。

在图 5-7 中，在转换条件 I0.2 之前有一个并行序列的合并。当所有的前级步 M0.2 和 M0.3 都是活动步，并且转换条件 I0.2 为 ON 时，实现并行序列的合并。用 M0.2、M0.3 和 I0.2 的常开触点串联电路使后续步 M0.4 置位，用复位指令使前级步 M0.2 和 M0.3 变为不活动步，如图 5-8 所示。

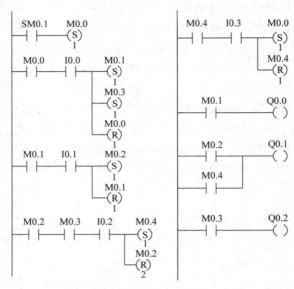

图 5-8　并行序列控制的梯形图

某些控制要求有时需要并行序列的合并和并行序列的分支由一个转换条件同步实现，如图 5-9a 所示，转换的上面是并行序列的合并，转换的下面是并行序列的分支，该转换实现的条件是所有的前级步 M1.0 和 M1.1 都是活动步且转换条件 I0.1 或 I0.3 为 ON。因此，应将 I0.1 的常开触点与 I0.3 的常开触点并联后再与 M1.0、M1.1 的常开触点串联，作为 M1.2、M1.3 置位和 M1.0、M1.1 复位的条件。其梯形图如图 5-9b 所示。

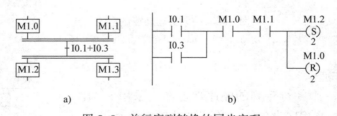

图 5-9　并行序列转换的同步实现
a）并行序列合并顺序功能图　b）梯形图

（3）选择序列的编程方法

图 5-10 所示是一个选择序列的顺序功能图，采用 S、R 指令进行选择序列控制程序设计的梯形图如图 5-11 所示。

1）选择序列分支的编程。

在图 5-10 中，步 M0.0 之后有一个选择序列的分支。当 M0.0 为活动步时，可以有两种不同的选择，当转换条件 I0.0 满足时，后续步 M0.1 变为活动步，M0.0 变为不活动步；而当转换条件 I0.1 满足时，后续步 M0.3 变为活动步，M0.0 变为不活动步。

当 M0.0 被置为 1 时，后面有两个分支可以选择。若转换条件 I0.0 为 ON 时，该程序段中的指令"S M0.1，1"，将转换到步 M0.1，然后向下继续执行；若转换条件 I0.1 为 ON 时，该程序段中的指令"S M0.3，1"，将转换到步 M0.3，然后向下继续执行。

2）选择序列合并的编程。

在图 5-10 中，步 M0.5 之前有一个选择序列的合并，当步 M0.2 为活动步，并且转换条件 I0.4 满足，或者步 M0.4 为活动步，并且转换条件 I0.5 满足时，步 M0.5 应变为活动步。在步 M0.2 和步 M0.4 后续对应的程序段中，分别用 I0.4 和 I0.5 的常开触点驱动指令"S M0.5，1"，就能实现选择序列的合并。

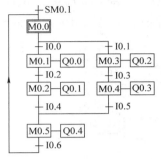

图 5-10 选择序列的顺序功能图

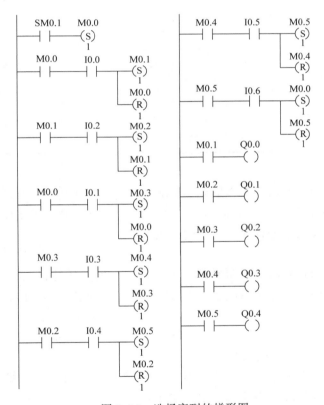

图 5-11 选择序列的梯形图

5.4 顺序控制继电器指令 SCR

1. 顺序控制继电器指令

S7-200 SMART 中的顺序控制继电器指令 SCR（Sequence Control Relay）专门用于编制

顺序控制程序。顺序控制程序被顺序控制继电器指令划分为若干个 SCR 段，一个 SCR 段对应顺序功能图中的一步。

顺序控制继电器指令包括装载指令 LSCR（Load Sequence Control Relay）、结束指令 SCRE（Sequence Control Relay End）和转换指令 SCRT（Sequence Control Relay Transition）。顺序控制继电器指令的梯形图及语句表如表 5-1 所示。

表 5-1　顺序控制继电器指令的梯形图及语句表

梯　形　图	语　句　表	指　令　名　称
S_bit SCR	LSCR　S_bit	装载指令
S_bit —(SCRT)	SCRT　S_bit	转换指令
—(SCRE)	SCRE	条件结束指令
—|(SCRE)	SCRE	结束指令

（1）装载指令

装载指令 LSCR S_bit 表示一个 SCR 段（即顺序功能图中的步）的开始。指令中的操作数 S_bit 为顺序控制继电器 S（布尔 BOOL 型）的地址（如 S0.0），顺序控制继电器为 ON 状态时，执行对应的 SCR 段中的程序，反之则不执行。

（2）转换指令

转换指令 SCRT S_bit 表示一个 SCR 段之间的转换，即步活动状态的转换。当有信号流流过 SCRT 线圈时，SCRT 指令的后续步变为 ON 状态（活动步），同时当前步变为 OFF 状态（不活动步）。

（3）结束指令

结束指令 SCRE 表示 SCR 段的结束。

LSCR 指令中指定的顺序控制继电器被放入 SCR 堆栈和逻辑堆栈的栈顶，SCR 堆栈中 S 位的状态决定对应的 SCR 段是否执行。由于逻辑堆栈的栈顶装入了 S 位的值，所以将 SCR 指令直接连接到左母线上。

2. 采用顺序控制继电器指令设计顺序功能图的方法

（1）单序列的编程方法

图 5-12a 中的两条运输带顺序相连，按下起动按钮 I0.0，2 号运输带开始运行，10 s 后 1 号运输带自动起动。停机的顺序与起动的顺序刚好相反，间隔时间为 10 s。

在设计顺序功能图时只要将存储器位 M 换成相应的顺序控制继电器 S 就成为采用顺序

控制继电器指令设计的顺序功能图了，如图 5-12b 所示。

在设计梯形图时，用 LSCR（梯形图中为 SCR）指令和 SCRE 指令表示 SCR 段的开始和结束。在 SCR 段中用 SM0.0 的常开触点来驱动在该步中应为 ON 状态的输出点 Q 的线圈，并用转换条件对应的触点或电路来驱动转换后续步的 SCRT 指令。

如果用编程软件的"程序状态"功能来监视处于运行模式的梯形图，可以看到因为直接接在左母线上，每一个 SCR 方框都是蓝色的，但是只有活动步对应的 SCRE 线圈通电，并且只有活动步对应的 SCR 段内的 SM0.0 常开触点闭合，不活动步的 SCR 段内的 SM0.0 的常开触点处于断开状态，因此 SCR 段内所有的线圈受到对应的顺序控制继电器的控制，SCR 段内线圈还受到与它串联的触点或电路的控制。

首次扫描时，SM0.1 的常开触点接通一个扫描周期，使顺序控制继电器 S0.0 置位，初始步变为活动步，只执行 S0.0 对应的 SCR 段。按下起动按钮 I0.0，指令"SCRT　S0.1"对应的线圈得电，使 S0.1 变为 ON 状态，操作系统使 S0.0 变为 OFF 状态，系统从初始步转换到第 2 步，只执行 S0.1 对应的 SCR 段。在该段中，因为 SM0.0 的常开触点闭合，T37 的线圈得电，开始定时。在梯形图结束处，因为 S0.1 的常开触点闭合，Q0.1 的线圈得电，2 号运输带开始运行。在操作系统没有执行 S0.1 对应的 SCR 段时，T37 的线圈不会得电。T37 定时时间到时，T37 的常开触点闭合，将转换到步 S0.2。以后将一步一步地转换下去，直到返回初始步，如图 5-12c 所示。

在图 5-12 中，Q0.1 在 S0.1~S0.3 这 3 步中均应工作，不能在这 3 步的 SCR 段内分别设置一个 Q0.1 的线圈，所以用 S0.1~S0.3 的常开触点组成的并联电路来驱动 Q0.1 的线圈。

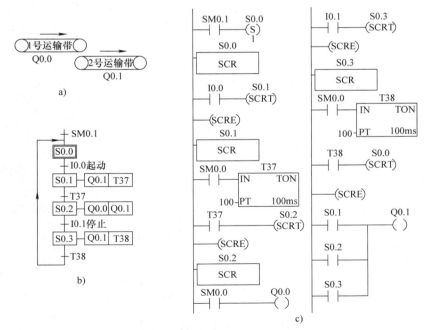

图 5-12　运输带控制系统
a）示意图　b）顺序功能图　c）梯形图

（2）并行序列的编程方法

图 5-13 是某控制系统的并行序列和选择序列的顺序功能图，图 5-14 是其相应的使用顺序控制继电器指令 SCR 编写的并行序列和选择序列的梯形图。

1）并行序列分支的编程。

图 5-13 中，步 S0.1 之后有一个并行序列的分支，当步 S0.1 是活动步，并且转换条件 I0.1 满足时，步 S0.2 与步 S0.4 应同时变为活动步，这是用 S0.1 对应的 SCR 段中 I0.1 的常开触点同时驱动指令 "SCRT S0.2" 和 "SCRT S0.4" 来实现的。与此同时，S0.1 被自动复位，步 S0.1 变为不活动步。

2）并行序列合并的编程。

图 5-13 中，步 S0.6 之前有一个并行序列的合并，因为转换条件为 1（总是满足），转换实现的条件是所有的前级步（即步 S0.3 和步 S0.5）都是活动步。图 5-13 中用 S、R 指令的编程方法，将 S0.3 和 S0.5 的常开触点串联，来控制对 S0.6 的置位和对 S0.3、S0.5 的复位，从而使步 S0.6 变为活动步，步 S0.3 和步 S0.5 变为不活动步。

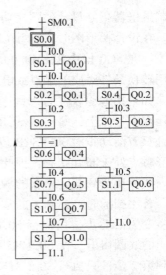

图 5-13　并列序列和选择序列的顺序功能图

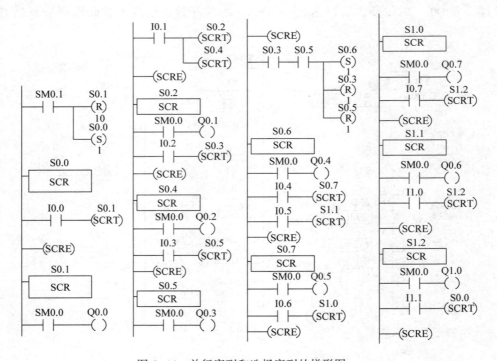

图 5-14　并行序列和选择序列的梯形图

238

（3）选择序列的编程方法

1）选择序列分支的编程。

图 5-13 中，步 S0.6 之后有一个选择序列的分支，如果步 S0.6 是活动步，并且转换条件 I0.4 满足，后续步 S0.7 将变为活动步，S0.6 变为不活动步。如果步 S0.6 是活动步，并且转换条件 I0.5 满足，后续步 S1.1 将变为活动步，S0.6 变为不活动步。

当 S0.6 为 ON 状态时，它对应的 SCR 段被执行，此时若转换条件 I0.4 为 ON 状态，该程序段中的指令 "SCRT　S0.7" 被执行，将转换到步 S0.7。若 I0.5 为 ON 状态，将执行指令 "SCRT　S1.1"，转换到步 S1.1。

2）选择序列合并的编程。

图 5-13 中，步 S1.2 之前有一个选择序列的合并，当步 S1.0 为活动步，并且转换条件 I0.7 满足，或步 S1.1 为活动步，并且转换条件 I1.0 满足时，步 S1.2 都应变为活动步。在步 S1.0 和步 S1.1 对应的 SCR 段中，分别用 I0.7 和 I1.0 的常开触点驱动指令 "SCRT S1.2"，就能实现选择序列的合并。

5.5　实训 18　液压机系统的 PLC 控制

5.5.1　实训目的——掌握顺序功能图的绘制及起保停设计顺序控制程序的编写

1）掌握顺序功能图的绘制。
2）掌握单序列顺序控制程序的设计方法。
3）掌握起保停电路设计顺序控制程序的编写。

5.5.2　实训任务

用 PLC 实现液压机系统的控制。图 5-15 为某液压机工作示意图。控制要求如下：系统通电时，按下液压泵起动按钮 SB2，起动液压泵电动机。当液压缸活塞处于原位的位置检测传感器 SQ1 处时，按下活塞下行按钮 SB3，活塞快速下行（电磁阀 YV1、YV2 得电），当遇到快转慢的转换检测传感器 SQ2 时，活塞慢行（仅电磁阀 YV1 得电），在压到工件时继续下行，当压力达到设置值时，压力继电器 KP 动作，即停止下行（电磁阀 YV1 失电），保压 3 s 后，电磁阀 YV3 得电，活塞开始返回，当到达 SQ1 时返回停止。

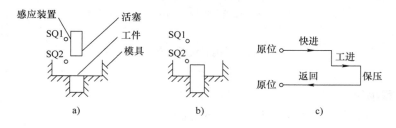

图 5-15　液压机工作示意图

a) 放料图　b) 成型图　c) 活塞运动过程

控制系统还要求有：工作指示 HL1，活塞下行指示 HL2、保压指示 HL3 及返回指示 HL4。

5.5.3 实训步骤

1. I/O 分配

根据项目分析可知，液压机系统控制 I/O 分配表如表 5-2 所示。

表 5-2　液压机系统控制 I/O 分配表

输　入		输　出	
输入继电器	元器件	输出继电器	元器件
I0.0	液压泵停止 SB1	Q0.0	液压泵电动机 KM
I0.1	液压泵起动 SB2	Q0.1	电磁阀 YV1
I0.2	活塞下行 SB3	Q0.2	电磁阀 YV2
I0.3	原位 SQ1	Q0.3	电磁阀 YV3
I0.4	快转慢 SQ2	Q0.4	工作指示灯 HL1
I0.5	压力继电器 KP	Q0.5	下行指示灯 HL2
I0.6	热继电器 FR	Q0.6	保压指示灯 HL3
		Q0.7	返回指示灯 HL4

2. PLC 硬件原理图

根据控制要求及表 5-2 的 I/O 分配表，液压机系统控制硬件原理图如图 5-16 所示。

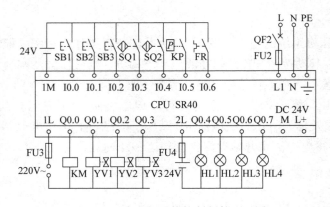

图 5-16　液压机系统控制硬件原理图

3. 创建工程项目

创建一个工程项目，并命名为液压机系统控制。

4. 编辑符号表

编辑符号表如图 5-17 所示。

5. 编写程序

根据要求，画出液压机控制顺序功能图如图 5-18 所示，并使用起保停电路编写的液压机系统控制梯形图如图 5-19 所示。

图 5-17　符号表

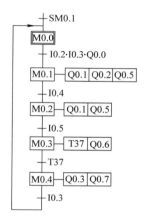

图 5-18　液压机控制顺序功能图

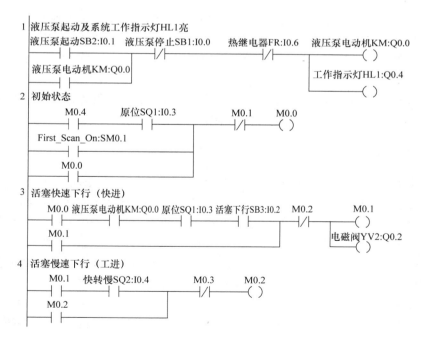

图 5-19　液压机系统控制梯形图

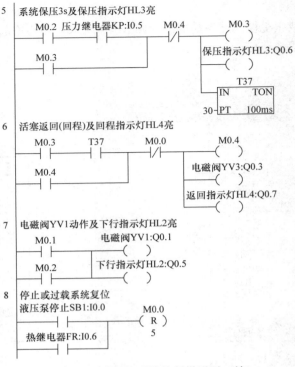

图 5-19 液压机系统控制梯形图（续）

6. 调试程序

将程序块下载到 PLC 中，起动程序监控功能。首先起动液压泵，观察电动机能否起动及系统工作指示灯 HL1 是否点亮；按下活塞下行按钮 SB3，观察电磁阀 YV1 和 YV2 及下行指示灯 HL2 是否动作；当遇到快转慢开关时，观察电磁阀 YV2 是否失电；当压力继电器 KP 动作时，活塞是否停止下行，同时进行保压，观察保压指示灯 HL3 是否点亮；3 s 后观察返回电磁阀 YV3 及指示灯 HL4 是否动作；返回到原点时，活塞是否停止；再次按下活塞下行按钮 SB3，若能进行上述循环，则说明程序编写正确。

5.5.4 实训交流——仅有两步的闭环处理

如果在顺序功能图中有仅有两步组成的小闭环，如图 5-20a 所示，用起保停电路设计的梯形图不能正常工作。如 M0.2 和 I0.2 均为 ON 状态时，M0.3 的起动电路接通，但是这时与 M0.3 的线圈相串联的 M0.2 的常闭触点却是断开的，所以 M0.3 的线圈不能"通电"。出现上述问题的根本原因在于步 M0.2 既是步 M0.3 的前级步，又是它的后续步。

如果用转换条件 I0.2 和 I0.3 的常闭触点分别代替后续步 M0.3 和 M0.2 的常闭触点如图 5-20b 所示，将引发出另一问题。假设步 M0.2 为活动步时 I0.2 变为 ON 状态，执行修改后的图 5-20b 中第 1 个起保停电路时，因为 I0.2 为 ON 状态，它的常闭触点断开，使 M0.2 的线圈断电。M0.2 的常开触点断开，使控制 M0.3 的起保停电路的起动电路开路，因此不能转换到步 M0.3。

为了解决这一问题，应在此梯形图中增设一个受 I0.2 控制的中间元件 M1.0，如图 5-20c 所示，用 M1.0 的常闭触点取代修改后的图 5-20b 中 I0.2 的常闭触点。如果 M0.2

242

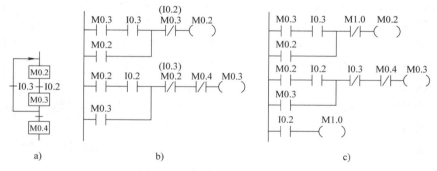

图 5-20 仅有两步的闭环处理

a）顺序功能图　b）不能工作的梯形图　c）能工作的梯形图

为活动步时 I0.2 变为 ON 状态，执行图 5-20c 中的第 1 个起保停电路时，M1.0 尚为 OFF 状态，它的常闭触点闭合，M0.2 的线圈通电，保证了控制 M0.3 的起保停电路的起动电路接通，使 M0.3 的线圈通电。执行完图 5-20c 中最后一行的电路后，M1.0 变为 ON 状态，在下一个扫描周期使 M0.2 的线圈断电。

5.5.5　实训拓展——交通灯控制及三台电动机顺起逆停的控制

训练 1：用起保停电路的顺控设计法实现交通灯的控制。系统起动后，东西方向绿灯亮 15 s，闪烁 3 s，黄灯亮 3 s，红灯亮 18 s，闪烁 3 s；同时，南北方向红灯亮 18 s，闪烁 3 s，绿灯亮 15 s，闪烁 3 s，黄灯亮 3 s。如此循环，无论何时按下停止按钮，东西南北方向交通灯全灭。

训练 2：用起保停电路的顺控设计法实现 3 台电动机顺起逆停的控制。按下起动按钮后，第 1 台电动机立即起动，10 s 后第 2 台电动机起动，15 s 后第 3 台电动机起动，工作 2 h 后第 3 台电动机停止，15 s 后第 2 台电动机停止，10 s 后第 1 台电动机停止。无论何时按下停止按钮，当前所运行的电动机中最大号电动机立即停止（第 3 台电动机编号最大，第 2 台电动机编号次之，第一台电动机编号最小），然后按照逆停的方式依次停止运行，直到电动机全部停止运行。

5.6　实训 19　剪板机系统的 PLC 控制

5.6.1　实训目的——掌握 S、R 指令设计顺序控制系统程序

1）熟悉掌握顺序功能图的绘制。
2）掌握并行序列顺序控制程序的设计方法。
3）掌握使用 S、R 指令编写顺序控制系统程序。

5.6.2　实训任务

用 PLC 实现剪板机系统的控制。图 5-21 是某剪板机的工作示意图。开始时压钳和剪刀都在上限位，限位开关 I0.0 和 I0.1 都为 ON。按下压钳下行按钮 I0.5 后，首先板料右行

（Q0.0 为 ON）至限位开关 I0.3，然后压钳下行（Q0.3 为 ON 并保持）压紧板料后，压力继电器 I0.4 为 ON，压钳保持压紧，剪刀开始下行（Q0.1 为 ON）。剪断板料后，剪刀下限位开关 I0.2 变为 ON，Q0.1 和 Q0.3 为 OFF，延时 1 s 后，剪刀和压钳同时上行（Q0.2 和 Q0.4 为 ON），它们分别碰到限位开关 I0.1 和 I0.0 后，分别停止上行，直至再次按下压钳下行按钮，方可进行下一个周期的工作。为简化程序工作量，板料及剪刀驱动电动机均忽略。

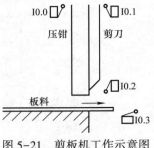

图 5-21　剪板机工作示意图

5.6.3　实训步骤

1. I/O 分配

根据项目分析可知，剪板机系统控制 I/O 分配表如表 5-3 所示。

表 5-3　剪板机系统控制 I/O 分配表

输　入		输　出	
输入继电器	元器件	输出继电器	元器件
I0.0	压钳上限位 SQ1	Q0.0	板料右行 KM1
I0.1	剪刀上限位 SQ2	Q0.1	剪刀下行 KM2
I0.2	剪刀下限位 SQ3	Q0.2	剪刀上行 KM3
I0.3	板料右限位 SQ4	Q0.3	压钳下行 YV1
I0.4	压力继电器 KP	Q0.4	压钳上行 YV2
I0.5	压钳下行 SB		

2. PLC 硬件原理图

根据控制要求及表 5-3 的 I/O 分配表，剪板机系统控制硬件原理图如图 5-22 所示。

3. 创建工程项目

创建一个工程项目，并命名为剪板机系统控制。

4. 编辑符号表

编辑符号表如图 5-23 所示。

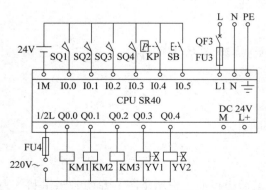

图 5-22　剪板机系统控制硬件原理图

图 5-23　符号表

244

5. 编写程序

根据要求，画出剪板机的顺序功能图如图 5-24 所示，并使用置位复位指令编写的剪板机系统控制梯形图如图 5-25 所示。

6. 调试程序

将程序块下载到 PLC 中，起动程序监控功能。观察压钳和剪刀上限位是否动作；若已动作，按下压钳下行按钮，观察板料是否右行；若碰上右限位开关，是否停止运行，同时压钳是否下行，当压力继电器动作时，观察剪刀是否下行；当剪完本次板料时，是否延时一段时间后压钳和剪刀均上升，各自上升到位后，是否停止上升；若再次按下压钳下行按钮，压钳是否再次下行，若下行，则能进行循环剪料，即说明程序编写正确。在此程序中，为了减少编程工作量，对驱动压钳动作的液压泵的起停控制已省略。

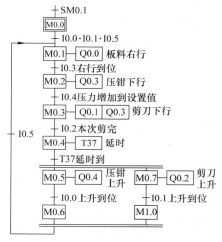

图 5-24　剪板机的顺序功能图

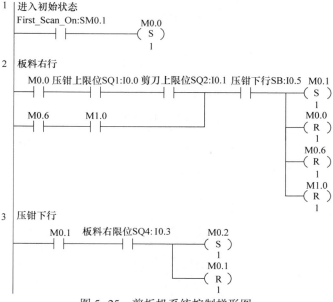

图 5-25　剪板机系统控制梯形图

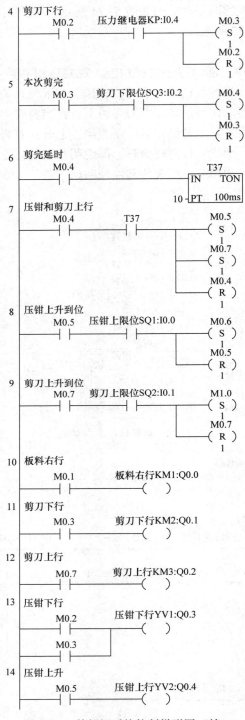

图 5-25　剪板机系统控制梯形图（续）

246

5.6.4 实训交流——首次扫描清除所有步

若本次下载的程序不是 PLC 的首次下载项目，可能会发生系统在未起动情况下就有输出，那如何处理类似问题呢？发生上述现象的原因可能是本次下载的程序段较少，未能将最近一次 PLC 中的程序完全覆盖（西门子 PLC 在程序结束时无需加无条件结束指令），本项目程序中后面未覆盖的程序已运行，或某些寄存器被用户设置为断电保持了。为了解决上述问题，可将 PLC 中程序先进行清除，然后再下载本次项目。也可以在首次扫描时将本项目中所涉及的所有寄存器先清零，如本项目在程序段 1 中可采用如图 5-26 所示的编程方法。

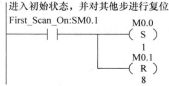

图 5-26　首次扫描时清除初始步外的其他所有步

5.6.5 实训拓展——用置位/复位指令实现剪板机控制

训练 1：用起保停电路的顺控设计法实现本项目的控制。

训练 2：用置位复位指令实现剪板机控制。控制要求同本项目，系统还要求，在液压泵电动机起动情况下方可进行剪板工作，同时对剪板数量进行计数。

5.7　实训 20　硫化机系统的 PLC 控制

5.7.1 实训目的——掌握 SCR 指令设计顺序控制系统程序

1）熟练掌握顺序功能图的绘制。

2）掌握选择序列顺序控制程序的设计方法。

3）掌握使用顺控指令 SCR 编写顺序控制系统程序。

5.7.2 实训任务

用 PLC 实现硫化机系统的控制。某轮胎硫化机一个工作周期由初始、合模、反料、硫化、放气和开模等 6 步组成（S0.0 ~ S0.5）。硫化机控制的顺序功能图如图 5-27 所示。此设备在实际运行中"合模到位"和"开模到位"的限位开关的故障率较高，容易出现合模、开模已到位，但是相应电动机不能停机的现象，甚至可能损坏设备。为了解决这个问题，需在程序中设置了诊断和报警功能，例如在合模时（S0.1 为活动步），用 T40 延时。

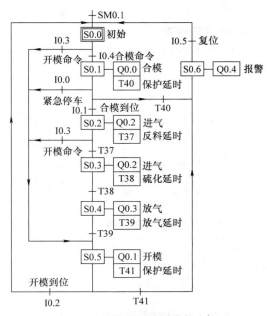

图 5-27　硫化机控制的顺序功能图

在正常情况下，当合模到位时，T40 的延时时间还没到就转换到步 S0.2，T40 被复位，所以它不起作用。“合模到位”限位开关出现故障时，T40 使系统进入报警步 S0.6，Q0.0 控制的合模电动机断电，同时 Q0.4 接通报警装置，操作人员按复位按钮 I0.5 后解除报警。在开模过程中，用 T41 来实现保护延时。开合模及进放气驱动设备控制在此省略。

5.7.3 实训步骤

1. I/O 分配

根据项目分析可知，硫化机系统控制 I/O 分配表如表 5-4 所示。

表 5-4 硫化机系统控制 I/O 分配表

输入		输出	
输入继电器	元器件	输出继电器	作用
I0.0	紧急停车 SB1	Q0.0	合模
I0.1	合模到位 SQ1	Q0.1	开模
I0.2	开模到位 SQ2	Q0.2	进气
I0.3	开模按钮 SB2	Q0.3	放气
I0.4	合模按钮 SB3	Q0.4	报警
I0.5	复位按钮 SB4		

2. PLC 硬件原理图

根据控制要求及表 5-4 的 I/O 分配表，硫化机系统控制硬件原理图如图 5-28 所示。

3. 创建工程项目

创建一个工程项目，并命名为硫化机系统控制。

4. 编辑符号表

编辑符号表如图 5-29 所示。

图 5-28 硫化机系统控制硬件原理图

符号表

	符号	地址	注释
1	紧急停车SB1	I0.0	
2	合模到位SQ1	I0.1	
3	开模到位SQ2	I0.2	
4	开模按钮SB2	I0.3	
5	合模按钮SB3	I0.4	
6	复位按钮SB4	I0.5	
7	合模	Q0.0	
8	开模	Q0.1	
9	进气	Q0.2	
10	放气	Q0.3	
11	报警	Q0.4	

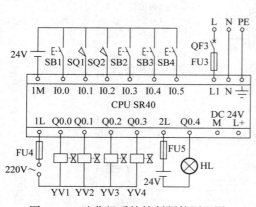

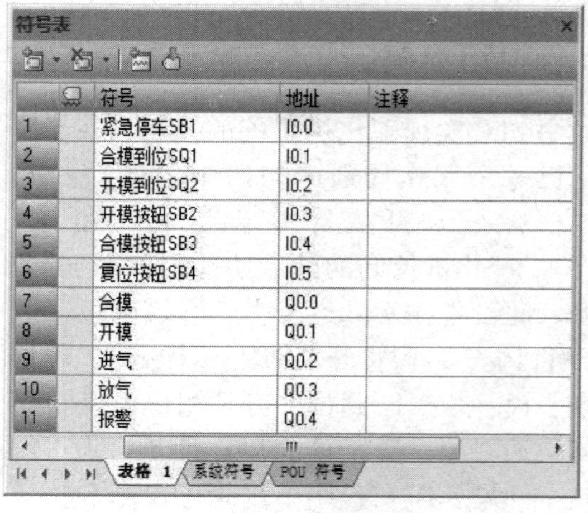

图 5-29 符号表

5. 编写程序

根据控制要求及顺序功能图 5-27，并使用顺控继电器指令 SCR 编写的硫化机系统控制梯形图如图 5-30 所示。

5.7.4 实训交流——SCR 指令使用注意事项

在使用 SCR 指令时，应注意以下几点。

1）S7-200 SMART PLC 中顺序控制继电器 S 位的有效范围为 S0.0~S31.7。

2）不能把同一个 S 位用于不同的程序中。如在主程序中使用了 S0.1，在子程序中就不能再用了。

3）不能在 SCR 段之间使用 JMP 和 LBL 指令，即不允许跳入或跳出 SCR 段。

4）不能在 SCR 段中使用 FOR、NEXT 和 END 指令。

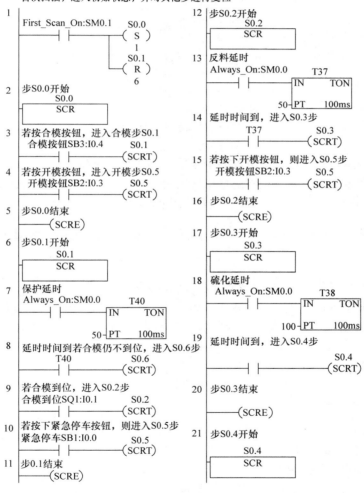

图 5-30　硫化机系统控制梯形图

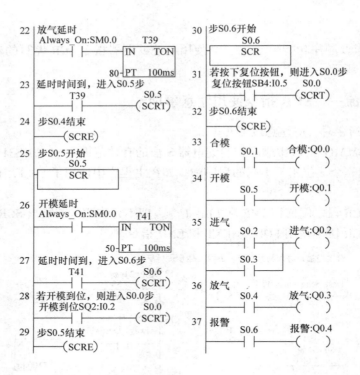

图 5-30　硫化机系统控制梯形图（续）

5）在使用功能图时，状态继电器的编号可以不按顺序编排。

6）若要求在多个步中需要相同的输出线圈时，必须将其逻辑流合并后对此输出线圈进行驱动，即 SCR 指令在不同步中不支持使用双线圈输出。

5.7.5　实训拓展——用起保停电路或置位/复位指令实现硫化机系统的 PLC 控制

训练1：用起保停电路或置位/复位指令实现本项目的控制。

训练2：控制要求同本项目，对系统不做要求。若按下停止按钮，完成当前循环周期后停止，若按下急停按钮，则进入"开模"步，并对零件加工数量进行统计。

5.8　习题与思考

1. 什么是顺序控制系统？
2. 在功能图中，什么是步、初始化、活动步、动作和转换条件？
3. 步的划分原则是什么？
4. 设计梯形图时要注意什么？
5. 编写顺序控制梯形图程序有哪些常用的方法？
6. 编写梯形图程序时要注意哪些问题？
7. 简述转换实现的条件和转换实现时应完成的操作。

8. 根据图 5-31 所示的功能图编写程序，要求用起保停电路、置位/复位指令及顺控指令分别进行编写。

9. 应用 PLC 设计液体混合装置控制系统，其装置如图 5-32 所示，上、中、下限位液位传感器被液体淹没时为 ON 状态，阀 A、阀 B 和阀 C 为电磁阀，线圈通电时打开，线圈断电时关闭。在初始状态时容器是空的，各阀门均关闭，所有传感器均为 OFF 状态。按下起动按钮后，打开阀 A，液体 A 流入容器，中限位开关变为 ON 状态时，关闭阀 A，打开阀 B，液体 B 流入容器。液面升到上限位开关时，关闭阀 B，电动机 M 开始运行，搅拌液体，60 s 后停止搅拌，打开阀 C，放出混合液，当液面降至下限位开关之后 5 s，容器放空，关闭阀 C，打开阀 A，又开始下一轮周期的操作，任意时刻按下停止按钮，当前工作周期的操作结束后，才停止操作，返回并停留在初始状态。

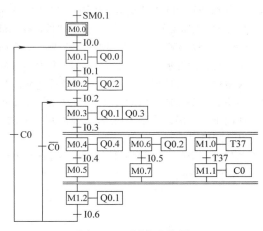

图 5-31 顺序功能图

10. 应用 PLC 对某专用钻床控制系统进行设计，其工作示意图如图 5-33 所示。此钻床用来加工圆盘状零件上均匀分布的 6 个孔，开始自动运行时两个钻头在最上面的位置，限位开关 I0.3 和 I0.5 均为 ON。操作人员放好工件后，按下起动按钮 I0.0，Q0.0 变为 ON，工件被夹紧，夹紧后压力继电器 I0.1 为 ON，Q0.1 和 Q0.3 使两只钻头同时开始工作，分别钻到由限位开关 I0.2 和 I0.4 设定的深度时，Q0.2 和 Q0.4 使两只钻头分别上行，升到由限位开关 I0.3 和 I0.5 设定的起始位置时，分别停止上行，此时设定值为 3 的计数器 C0 的当前值加 1。两个都上行到位后，若没有钻完 3 对孔，C0 的常闭触点闭合，Q0.5 使工件旋转 120°旋转后又开始钻第 2 对孔。3 对孔都钻完后，计数器的当前值等于设定值 3，C0 的常开触点闭合，Q0.6 使工件松开，松开到位时，限位开关 I0.7 为 ON，系统返回初始状态。

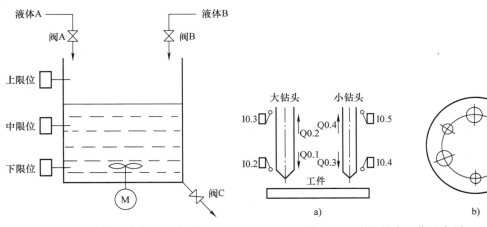

图 5-32 液体混合装置示意图

图 5-33 专用钻床工作示意图
a) 侧视图 b) 工件俯视图

参 考 文 献

［1］侍寿永. S7-200 PLC 技术及应用 ［M］. 北京：机械工业出版社，2020.

［2］侍寿永. 机床电气与 PLC 控制技术项目教程 ［M］. 西安：西安电子科技大学出版社，2013.

［3］侍寿永. S7-300 PLC、变频器与触摸屏综合应用教程 ［M］. 北京：机械工业出版社，2015.

［4］史宜巧，侍寿永. PLC 技术及应用项目教程 ［M］. 3 版. 北京：机械工业出版社，2020.

［5］廖常初. S7-200 SMART PLC 应用教程 ［M］. 2 版. 北京：机械工业出版社，2019.

［6］向晓汉. S7-200 SMART PLC 完全精通教程 ［M］. 北京：机械工业出版社，2013.

［7］西门子（中国）有限公司. 深入浅出西门子 S7-200 SMART PLC ［M］. 北京：北京航空航天大学出版社，2015.

［8］西门子（中国）有限公司. S7-200 SMART PLC 可编程序控制器产品目录 ［Z］，2014.